普通高等院校"十二五"规划教材

计算机应用基础

主　编　武文芳

副主编　周　萍　赵相坤　袁国铭

参　编　刘冬冬　杜　菁　杨秋英　杨　淼
　　　　武　博　景　斌　董建鑫

中国铁道出版社有限公司

CHINA RAILWAY PUBLISHING HOUSE CO., LTD.

内 容 简 介

随着信息技术的发展，掌握计算机的理论及操作知识是当今社会的一项基本技能，基于这种理念，编者紧跟计算机新技术的发展编写了本书。本书共分 7 章，包括计算机基础及 Windows 操作、计算机网络应用基础、Word 2010 文字处理、Excel 2010 电子表格、PowerPoint 2010 演示文稿、Photoshop CS6 图像处理及常用工具软件。每一章都附有相应的习题及参考答案，书中各章习题包括选择题、判断题、填空题、简答题、操作题等多种题型。

本书由拥有丰富计算机教学经验的教师编写，内容注重理论与实践相结合，通过案例操作巩固理论知识，加强实际操作能力；前后内容连贯，引导读者一步步掌握计算机的基本概念、基本操作，提高学生的计算机应用能力。

本书内容紧密结合医学特点，突出了对学生进行实用能力教育的理念，实验新颖翔实，信息量丰富，适合作为高等院校和高职高专院校医学类专业"大学算机基础"课程教材，也可作为全国计算机等级考试的复习参考书。

图书在版编目（CIP）数据

计算机应用基础/武文芳主编. —北京：中国铁
道出版社，2014.6（2019.8 重印）
普通高等院校"十二五"规划教材
ISBN 978-7-113-18589-3

Ⅰ．①计… Ⅱ．①武… Ⅲ．①电子计算机－高等学校
－教材 Ⅳ．①TP3

中国版本图书馆 CIP 数据核字（2014）第 096127 号

书 名：计算机应用基础			
作 者：武文芳 主编			

策 划：魏 娜 孟 欣		读者热线：（010）63550836
责任编辑：孟 欣		
封面设计：付 魏		
封面制作：白 雪		
责任校对：汤淑梅		
责任印制：郭向伟		

出版发行：中国铁道出版社有限公司（100054，北京市西城区右安门西街 8 号）
网　　址：http://www.tdpress.com/51eds/
印　　刷：三河市宏盛印务有限公司
版　　次：2014 年 6 月第 1 版　　2019 年 8 月第 4 次印刷
开　　本：787mm×1092mm　1/16　印张：19.5　字数：502 千
书　　号：ISBN 978-7-113-18589-3
定　　价：37.00 元

随着信息化社会的飞速发展，计算机应用已经深入到人们生活的各个角落，掌握计算机的理论及操作是当今大学生成长为复合型人才必备的基本技能。

目前，已有大量的关于"大学计算机基础"课程教材，为什么还要出版这样一本计算机基础的教材呢？首都医科大学计算机教研室的全体老师多年来一直承担全校七年制、五年制、四年制、三年制全日制学生和夜大、函授、成人教育等多种类型学生的计算机基础课程的教学，在教学过程中，我们发现，由于学生起点的差异、教学课时的不同，以及医学专业学生的实际情况，迫切需要编写一本针对这些差异、适合医学专业学生的计算机基础教材。

我国高校的计算机基础教育从 20 世纪 70 年代至今一共经历了 5 个阶段，即萌芽阶段、起初阶段、形成阶段、发展阶段和提高阶段。教育部 1997 年 155 号文件中，全面提出了对大学生进行计算机基础教育的目标、要求和内容，并提出了计算机文化基础、计算机技术基础和计算机应用基础 3 个层次。2004 年，教育部正式颁发了《计算机基础教育白皮书》，使得计算机基础教育在高校的地位明显提高，同时，由于高校教学条件有了很大改善，教学质量有了很好的保证。但是，我们也应该看到，在大学计算机基础教育质量稳步提升的同时，中学计算机教育水平也在不断提高，这就给今天的大学计算机教育提出了更大的挑战：如何与中学教学衔接？特别是针对成人教育，如何为有工作经验的学生选定教学内容？在医院信息系统（HIS）在全国绝大部分三级医院初具规模的背景下，如何使得计算机基础教育成为推动医院专家决策、交流病人诊治信息、获取帮助支持的有效推介载体？如此林林总总，都是编写本书需要考虑以及尽可能满足的要求。

作为非计算机专业的"大学计算机基础"课程教材，本书基于 Windows 7+Office 2010 平台，主要包括计算机基础及 Windows 操作、计算机网络应用基础、Word 2010 文字处理、Excel 2010 电子表格、PowerPoint 2010 演示文稿、Photoshop CS6 图像处理和常用工具软件 7 章内容。所有内容均已在首都医科大学的本、专科学生中试用多年，得到了学生的充分肯定和好评。

本书从实际教学出发，本着"厚理论、重实践、突应用"的原则，结合医学特点，以医学案例驱动，循序渐进地引导读者一步步掌握实际的计算机操作与应用能力。例如在第 4 章，重点讲解数据处理的概念、数据表方法和函数，并结合医学、卫生统计学的案例培养学生的数据处理能力，通过这种教学设计，使得学生在学习计算机知识的同时还养成了关注身边的医学问题的习惯。

本书由长期从事大学计算机教学的教师编写，武文芳任主编，周萍、赵相坤、袁国铭任副主编，刘冬冬、杜菁、杨秋英、杨淼、武博、景斌、董建鑫参编。本书具体编写分工为：第 1 章由武博和景斌编写，第 2 章由杨淼和董建鑫编写，第 3 章由袁国铭编写、第 4 章由赵相坤编写，第 5 章由周萍和杨秋英编写，第 6 章由杜菁和刘冬冬编写，第 7 章由武文芳编写。

　　本书内容丰富、图文并茂、通俗易懂，突出了对医学类学生进行信息化教育的理念，可作为医学高等院校和高职高专院校医学类专业"大学计算机基础"课程的教学用书，也可供各培训机构作为全国计算机等级考试（一级）的复习参考书。

　　由于时间仓促，编者水平有限，书中疏漏和不妥之处在所难免，欢迎广大读者和同行批评指正。

编　者

2014 年 5 月

目录

CONTENTS

第1章 计算机基础及 Windows 操作

本章首先介绍了计算机的历史、分类、应用及数制转换；其次，讲解了计算机硬件系统，包括 CPU、主板、内存、硬盘和显卡等几部分；再次，介绍了在医疗信息系统中计算机科学的应用；最后，对 Windows 7 系统进行了概述，包括 Windows 7 的版本、安装、桌面增强功能、实用附件工具、常用系统软件、文件操作等基本知识。

学习目标：

- 掌握计算机的定义、功能和发展历史；
- 掌握计算机"存储程序"的工作原理、计算机的分类；
- 了解计算机科学的新应用，掌握数制转换；
- 掌握计算机硬件设备的重要参数及参数的意义；
- 了解电子病历和 HIS 系统，以及计算机科学在其中的应用；
- 了解 Windows 7 操作系统的版本特征及安装方法；
- 掌握 Windows 7 桌面增强功能的设置与使用；
- 熟悉 Windows 7 的附件工具及系统软件的使用；
- 掌握 Windows 7 的文件操作。

1.1 计算机概述

计算机是一种能够按照事先存储的程序，自动、高效地对数值和信息进行加工、计算、处理、存储的现代化电子设备。计算机由硬件和软件组成，两者相辅相成、缺一不可，没有安装任何软件的计算机称为裸机，裸机不能完成任何工作和实现任何功能。

计算机具有很多优越特性，使它成为人们生产、生活中不能缺少的工具。首先，计算机的运算速度惊人，运算速度指每秒钟所执行的指令条数。从 1946 年诞生的第一台计算机 ENIAC（Electronic Numerical Integrator And Computer）约 5 000 次/s 的加法运算速度，到目前运算速度已超过千万亿次的超级计算机，计算机不断超越运算速度的极限，极大地推动了现代科学的发展；其次，计算机的运算精度很高，从理论上讲随着计算机技术的不断发展，计算精度可以提高到任意精度，为科学发展提供了有效的支持；同时，计算机具有超强的存储能力，现在普通台式机硬盘的存储容量都达到了 TB 级；另外，计算机具有准确的逻辑判断能力，除了能进行算术运算外，还能进行比较、判断等逻辑运算。这种逻辑判断能力是实现信息处理高度智能化的重要因素，例如战胜过国际象棋冠军卡斯帕罗夫的"深蓝"；计算机具有很强的自动控制能力，例如目前非常热门的 3D 打印技术，主要由计算机进行控制。

1.1.1　计算机重要历史人物及其思想

阿兰·麦席森·图灵（Alan Mathison Turing）是英国著名的数学家和逻辑学家，是计算机理论的奠基者，提出了"图灵机"和"图灵测试"等重要概念。在 1937 年的研究中，图灵提出了计算机的原型机"图灵机"的概念。"图灵机"是一种抽象的计算模型，由一个控制器、一条无限延伸的带子和带子上左右移动的磁头组成，理论上这台机器可以做任何计算。在 1945 年，图灵开始在泰丁顿（Teddington）国家物理研究所从事"自动计算机"研究，1950 年在图灵的设计思想指导下，制成"自动计算机"样机。1958 年，制成大型"自动计算机"。人们为纪念其在计算机领域的卓越贡献而设立了"图灵奖"。

约翰·冯·诺依曼（John von Neumann）是美籍匈牙利数学家，首次由他提出的存储程序计算机体系结构，是实现真正计算机的基础。存储程序计算机体系结构一直沿用至今，其要点是数字计算机采用二进制数制，另外计算机应该按照程序顺序执行。冯·诺依曼计算机体系结构由运算器、控制器、存储器、输入设备和输出设备 5 部分组成。它们之间相互关系如图 1-1 所示。

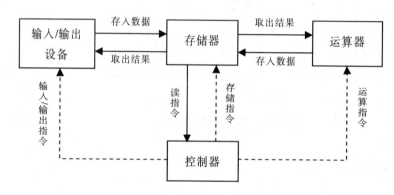

图 1-1　计算机体系结构示意图

各部分的功能如下：

① 运算器（Arithmetic Logical Unit，ALU）是进行数据加工处理的部件，能够完成算术运算和逻辑运算。

② 控制器（Control Unit，CU）是计算机系统中的指挥中心，向内存中存取指令；并对指令进行译码，产生相应的控制信号，以便启动控制动作；指挥并控制内存、输入/输出设备之间数据流动的方向。

③ 控制器和运算器组成中央处理器（Central Processing Unit，CPU），CPU 是计算机系统的核心部件。

④ 存储器（Memory）是具有记忆功能的部件，可以完成数据、指令和程序等各种信息的存储。

⑤ 输入/输出设备（Input/Output Device）是向计算机系统输入信息或从计算机系统中输出信息的部件。

图灵机和冯·诺依曼体系结构两者不冲突，事实上它们是等价的。图灵机是一个抽象的概念，用来描述计算模型，偏重逻辑上的描述。冯·诺依曼模型是实际的概念，用来描述实际计算机的组成，偏重于现实计算机结构的描述。

　　小贴士：图灵奖由美国计算机协会（ACM）于 1966 年设立，专门用于奖励对计算机事业做出重要贡献的个人。图灵奖评选程序严格，一般每年只奖励一位科学家，有"计算机界的诺贝尔"之称。

1.1.2　计算机发展历程

图 1-2　ENIAC

　　1946 年，世界上著名的早期现代电子计算机"埃尼阿克"（ENIAC，见图 1-2）诞生于美国宾夕法尼亚大学。ENIAC 采用电子管为基本元件，占地面积达 170 m^2，重约 30 t。ENIAC 在 1 s 内可进行 5 000 次加法运算，比当时最快的继电器计算机运算速度快 1 000 多倍。但是，ENIAC 也存在缺点，它没有存储器，并且需要布线接板进行控制，编制程序和布线需要浪费很多时间，抵消了 ENIAC 运算速度快的优势。冯·诺依曼在仔细研究过 ENIAC 的优缺点后，在别人的协助下，于 1946 年给出了新机 EDVAC（Electronic Discrete Variable Automatic Computer）的设计方案，该方案中的计算机包括计算器、控制器、存储器、输入/输出装置，为提高运算速度首次在电子计算中采用了二进制，并实现了程序存储。它使全部运算真正成为自动过程。到目前为止，它是一切电子计算机设计的基础。这份设计方案是计算机发展史上一个划时代的文献，它向世界宣告：电子计算机的时代开始了。

　　电子技术的发展促进了计算机的更新换代。

　　① 第一代计算机（1946 年—1958 年）：构成计算机的主要器件为电子管；软件主要采用机器语言、汇编语言；应用以科学计算为主。

　　② 第二代计算机（1959 年—1964 年）：构成计算机的主要器件为晶体管。这时候的计算机软件有了很大发展，出现了高级语言及其编译程序，还出现了以批处理为主的操作系统，应用以科学计算和数据处理为主，并开始用于工业控制。

　　③ 第三代计算机（1965 年—1970 年）：此时进入了集成电路时代，集成电路使计算机的体积更小型化、耗电量更少、可靠性更高。软件逐渐完善，分时操作系统、会话式语言等多种高级语言都有新的发展。应用领域也扩展到文字处理和图形处理等方面。

　　④ 第四代计算机（1971 年至今）：以大规模集成电路的应用为标志。随着大规模集成电路技术的迅速发展，计算机除了向巨型机方向发展外，还朝着超小型机和微型机方向飞速前进，特别是 IBM-PC 系列机诞生使得计算机进入寻常百姓家成为现实。

　　随着处理器技术的快速发展，计算机越来越便携，功能越来越强大。如 2010 年出现的苹果 iPad 产品，掀起了全球平板计算机的热潮。平板计算机具有个人计算机的很多功能，例如通过无线网络连接 Internet，可以非常方便地接收电子邮件、登录社交网站、获取最新的资讯。目前，用得比较多的平板计算机处理器有高通骁龙处理器、苹果 A5/A7 处理器、Intel ATOM 处理器等。

1.1.3　计算机分类

　　按计算机规模及其应用领域，可将其分为巨型机、大型机、服务器、个人计算机（Personal

Computer，PC）等。著名的巨型机有 2000 年美国商用机器公司（IBM）研制成功的超高速巨型计算机 ASCI White-2000，如图 1-3 所示。它的峰值速度达到了每秒钟 12.3 万亿次，这是世界上第一台运算速度超过 10 万亿次的超级计算机，用于开发模拟核弹头安全性试验和核爆炸的三维工具。此前，曾有很多科学家认为 10 万亿次是一个不可逾越的门槛。2009 年 10 月 29 日，中国国防科技大学成功研制出的峰值性能为每秒 1 206 万亿次的"天河一号"，如图 1-4 所示。这是我国首台千万亿次超级计算机。2010 年 11 月 14 日，国际 TOP 500 组织在网站上公布了全球超级计算机前 500 强排行榜，"天河一号"位居第一；2013 年 11 月 18 日，中国国防科技大学研制的"天河二号"以比第二名——美国的"泰坦"快近一倍的速度荣登榜首。

图 1-3　ASCI White-2000

图 1-4　天河一号

　　常用的大型机，例如刀片式服务器，是指在标准高度的机架式机箱内可插装多个卡式的服务器单元，实现高可用和高密度，如图 1-5 所示。每一块"刀片"实际上就是一块系统主板，它们可以通过"板载"硬盘启动自己的操作系统，如 Windows、Linux 等，类似于一个个独立的服务器。在这种模式下，每一块母板运行自己的系统，服务于指定的不同用户群，相互之间没有关联。但是，管理员可以使用系统软件将这些母板集合成一个服务器集群。在集群模式下，所有的母板可以连接起来提供高速的网络环境，并同时共享资

图 1-5　曙光 TC2600 刀片服务器

源，为相同的用户群服务。在集群中插入新的"刀片"，就可以提高整体性能。由于每块"刀片"都是热插拔的，所以系统可以轻松地进行替换，大大减少了维护时间。

　　服务器与个人计算机是两种概念，服务器（见图 1-6、图 1-7）要求更可靠、性能更高，因此成本更高。首先硬件不同，如服务器要具备很强的处理能力，因此大多数服务器采用多 CPU 技术，计算能力较强，可以满足应用方面的需求。而 PC 基本上配置的是单颗多核 CPU。对服务器而言，更重要的是高可靠性和稳定性，因为大多数服务器都要每天 24 小时、每周 7 天地满负荷工作。因此，服务器采用专用内存、磁盘阵列（RAID）、热插拔、冗余电源、冗余风扇等技术使服务器具备容错能力，以保证系统安全运转，实现其高可靠性。

　　图 1-8、图 1-9、图 1-10 给出的是台式计算机、笔记本式计算机和平板计算机，这些是普通用户常见的计算机类型，属于个人计算机的范畴，为人们的工作、生活带来了很大的方便。

图 1-6 服务器 1

图 1-7 服务器 2

图 1-8 台式计算机

图 1-9 笔记本式计算机

图 1-10 平板计算机

1.1.4 计算机新应用

1. 多媒体与 3C 融合

在多媒体计算机出现之前，计算机仅能对数字或文字等符号式信息进行处理。1984 年，苹果公司推出了第一台多媒体计算机。多媒体计算机是指能够对音频、视频、图像、图形等多媒体信息进行处理，并能对多媒体信息进行交互式控制的计算机。20 世纪 90 年代初，多媒体信息技术成为当时的热点，使计算机进入多媒体时代。多媒体技术对计算机的软、硬件水平提出了更高的要求：首先计算机需要具有能够处理多媒体信息的硬件设备，如功能强大的中央处理器、显卡、声卡以及音视频接口等设备；软件方面需要具有 GUI（Graphical User Interface）图形用户接口，也就是计算机操作系统用户界面采用人机交互的图形化设计，以及支持多媒体应用的应用程序等软件。

随着多媒体技术、互联网的发展和进步，促进了 3C 产业的融合。所谓的 3C 是指计算机（Computer）、通信（Communication）和消费类电子产品（Consumer Electrics），这三者之间的信息共享、互联互通，可以满足人们在任何时间和地点实现信息交互的需求，从而给人们的生活带来更多便利。多媒体技术可以将计算机与消费类电子设备，如电视机、录像机、平板计算机，甚至移动电话等设备上的多媒体信息融为一体，形成多种设备间的信息共享，实现可以相互交流操作的多媒体环境；而网络技术则为设备连接共享提供了通道和桥梁，IEEE 802.11 无线技术又称 Wi-Fi，是无线以太网兼容性联盟（WECA）推出的无线局域网标准，主要用于局域网的无线互连，它的理论速率可以达到 300Mbit/s 以上。Wi-Fi 技术的成熟，可以让更多 3C 产品摆脱网线束缚，通过无线宽带网络紧密地联系在一起，加快 3C 融合的步伐。

2. 云计算

云计算是通过 Internet，以 Web 服务的方式向用户提供动态可伸缩的、虚拟化的计算资源的商业模式。2006 年，Google 首席执行官埃里克·施密特在搜索引擎大会（SES San Jose 2006）首次提出"云计算"（Cloud Computing）的概念。云计算被视为"第三次 IT 浪潮"，因为它使得超级计算能力能够通过 Internet 进行自由流通，使得企业与个人用户通过 Internet 即可购买或租赁计算能力，用户只需为自己所用的计算能力付钱，节省了传统模式下用户在硬件、软件、专业技能等方面花费的成本。云计算包括开发、架构、负载平衡和商业模式等内容，是软件业的未来模式。云计算是分布式计算（Distributed Computing）、并行计算（Parallel Computing）、效用计算（Utility Computing）、网络存储（Network Storage Technologies）、虚拟化（Virtualization）、负载均衡（Load Balance）等计算机和网络技术发展相融合的产物。

目前，云计算技术正逐步进入成熟阶段，解决方案更加成熟，产品不断丰富，用户的了解度和认可度逐步提升。国内云计算提供商有阿里云、华为云服务等，分别面向个人及企业用户。国外的 IBM、微软、苹果、亚马逊等著名公司纷纷推出各自的云计算服务产品。

1.1.5 计算机的数制转换

由于计算机由电子元件组成，电子元件比较容易实现高电平、低电平两种状态。因此，在计算机内部，数据等信息由 0、1 构成的二进制数表示。而我们常用的数制为十进制，为了更好地理解计算机对信息的计算和处理，需要了解二进制与十进制之间的数制转换。

在了解二进制与十进制之间的关系之前，首先需要了解数制和进位计数制的概念。数制也称计数制，是指用一组固定的符号和统一的规则来表示数值的方法。进位计数制是一种科学的计数方法，以累计求和进位的方式进行计数，实现了用较少的符号表示大范围数字的目的。众所周知，在十进位计数制中，按照"累计到 10 进位"的原则进行计数，也就是"逢十进一"；而二进制则是按照"累计到 2 进位"的原则进行计数。

"基数"和"位权"是进位计数制的两个要素。 基数是指进位计数制的数值中每位上的数字可能取到的值的总数。例如，十进制数每位上的数字可以是 0、1、3、…、9 共 10 个数码，所以基数为 10。所谓位权，是指数值每一位上的数字权值的大小。例如，十进制数 2 013 从低位到高位的位权分别为 10^0、10^1、10^2、10^3。任何一种数制的数都可以表示成按位权展开的多项式之和。例如，十进制数 2 013 可以表示为：

$$2\,013 = 2 \times 10^3 + 0 \times 10^2 + 1 \times 10^1 + 3 \times 10^0$$

因为日常生活中常用的是十进制数，所以需要把输入计算机的十进制数换算成计算机能够处理的二进制数。程序在运行结束后，再把二进制数换算成人们所习惯的十进制数进行输出。这两个换算过程完全由计算机自动完成。十进制整数化为非十进制整数采用"余数法"，即除基数取余数。把十进制整数逐次用任意进制数的基数去除，一直到商是 0 为止，然后将所得到的余数由下而上排列即可。下面以十进制转换为二进制、二进制转换为十进制为例，说明数制之间的转换。首先，通过例 1-1 学习将十进制整数转换为二进制数的方法。

【例 1-1】用"余数法"将十进制整数 23 转换成二进制数。

【解】转换过程如下：

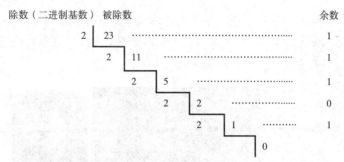

将所得到的余数由下而上排列即得到相应的二进制数，也就是$(23)_{10}=(10111)_{2}$。

非十进制数转换成十制数采用"位权法"，即把非十进制数按位权展开，然后求和。

【例 1-2】采用"位权法"将二进制数 1011011 转换为十进制数。

【解】转换过程如下：

$(1011011)_{2}= 1 \times 2^{6}+ 0 \times 2^{5}+ 1 \times 2^{4}+ 1 \times 2^{3}+ 0 \times 2^{2}+ 1 \times 2^{1}+ 1 \times 2^{0}= (91)_{10}$

除了十进制、二进制，为了表示方便、占用位数少，计算机中也常用八进制与十六进制。这些计算机常用进制及其数字符号和基数如表 1-1 所示。

表 1-1　计算机常用数制的数字符号及其基数对照表

常 用 数 制	十 进 制	二 进 制	八 进 制	十 六 进 制
数字符号	0～9	0、1	0～7	0～9、A、B、C、D、E、F
基数	10	2	8	16

位（bit）是计算机二进制数据存储或处理的最小单元，二进制数当中的 1 位，也就是 1 bit 可取的值可以为 0 或 1。字节（B）指的是计算机处理数据的基本单位，1 字节由 8 位组成（1 B=8 bit）。常用描述存储容量的单位有 KB（Kilobytes）、MB（Megabytes）、GB（Gigabytes）和 TB（Terabytes），它们之间的换算关系如下：

1 KB = 1 024 B，1 MB = 1 024 KB，1 GB = 1 024 MB，1 TB = 1 024 GB

ASCII 码是计算机系统中使用得最广泛的一种编码（American Standard Code for Information Interchange，美国信息交换标准代码），是单字节编码系统。ASCII 码已被国际标准化组织（ISO）认定为国际标准，在世界范围内通用。ASCII 码使用长度为 1 字节的二进制数表示信息，包括字母、字符型的数字，还有一些常用符号（例如*、#、@等）在计算机中使用时也要表示成二进制数。ASCII 码包含 ASCII 码表和扩展码表两种，前者用 128 个二进制数表示了从 Null 到 Del 共 128 个符号，其中包含阿拉伯数字，大、小写英文字母等。如 B 的 ASCII 码值为：1000010，即十进制的 66；b 的 ASCII 码值为：1100010，即十进制的 98；2 的 ASCII 码值为：0110010，即十进制的 50。

我国用户在使用计算机进行信息处理时，都要用到汉字。汉字的输入、输出以及汉字处理都需要汉字编码。汉字的编码分为内码和外码两种。外码即汉字输入码，是专门用来向计算机输入汉字的编码。例如，全拼编码、五笔字型码。计算机处理汉字所用的编码是内码，现在常用的汉字编码是 GB 18030—2005，共收录汉字 7 万多个。

1.2　计算机硬件系统

我们通常使用的计算机，也就是个人计算机根据其外观结构可分为主机、显示器、鼠标、键盘和音箱等几部分，如图 1-11 所示。主机内部则有 CPU、主板、内存、硬盘、显卡、声卡、网卡、光驱、电源等硬件设备，如图 1-12 所示。

显示器
主机
键盘
鼠标

图 1-11　计算机外观结构

电源
DVD 光驱
主板
CPU
硬盘
内存
显卡

图 1-12　计算机内部结构

小贴士：很多主板都集成了显卡、声卡和网卡，当用户对这些设备有特殊要求时可进行单独配置，并插接在主板上。

下面以个人计算机为例，介绍主机内部主要硬件的功能及其技术参数。

1.2.1　CPU

CPU 主要由运算器、控制器、寄存器组和内部总线等构成，是计算机的核心，外观如图 1-13 所示。它的主要任务是负责处理、运算计算机内部的所有数据，它的作用与人的大脑十分相似。寄存器组用于存储指令或数值，控制器负责对指令进行译码，运算器可以执行定点或浮点运算。

CPU 的主要性能参数表如图 1-14 所示，其中部分指标含义如下：

① 主频：指 CPU 内核工作的时钟频率（CPU Clock），单位是赫兹（Hz）。目前，主流 CPU 的主频可以达到 GHz。主频与 CPU 运算速度有较强的相关性，一般来说主频越高，CPU 运行速度就越快，主频是 CPU 性能的最基本指标。

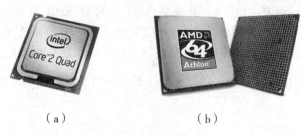

（a）　　　　　　　（b）

图 1-13　CPU 外观

② 外频：指 CPU 与主板控制芯片之间传输数据的频率。

③ 倍频系数：指 CPU 的外频与主频相差的倍数。CPU 的主频 = 外频×倍频系数。

④ CPU 的位宽：指 CPU 在单位时间内能一次处理的二进制数的位数，它决定了 CPU 处理数据信息的精度。由于一次处理二进制数的位数越多，CPU 一次能处理的指令数越多，因此在相同的工作频率下，64 位处理器（见图 1-13（b））的处理速度比 32 位的更快。

⑤ 缓存（Cache）：指 CPU 内部进行高速数据交换的存储器，它先于内存与 CPU 交换数据，对 CPU 性能有重大影响。CPU 的缓存一般分为多级缓存，例如一级（L1）和二级缓存（L2）。

⑥ 核心数：指 CPU 单芯片中集成处理器的个数。多核 CPU 在完成多任务时效率要比单核 CPU 高得多。目前，双核、四核 CPU 已成市场主流，六核 CPU 也已问世。

如图 1-15 所示，安装 CPU 时，先要将 CPU 上的标记与其插座上的标记（如缺针位、三角形等）对齐后小心插入，然后按住 CPU 压下固定杆；再将 CPU 表面均匀涂抹上一薄层硅胶，把带有散热片的风扇固定在 CPU 上。

图 1-14　CPU 参数表　　　　　　　　图 1-15　CPU 的安装

目前世界上最大的两家 CPU 生产厂家是 Intel 公司和 AMD 公司。Intel 公司已推出奔腾（Pentium）、赛扬（Celeron）和酷睿（Core）等系列产品；AMD 公司已推出羿龙（Phenom）、速龙（Athlon）和闪龙（Sempron）等系列产品。CPU 的系列和型号决定了它的性能和价格。

小贴士：中科院计算所在 863 计划支持下研发成功我国自主知识产权的国产 CPU 龙芯（Godson）。

1.2.2　主板

主板是计算机中各种设备的连接载体，是布满各种芯片、插槽、插接件和接口的线路板，如图 1-16 所示。CPU、内存、硬盘等硬件设备，可以通过主板上的各种接口和插槽组合在一起。外围设备，如显示器、键盘、打印机等也可以通过主板上的 I/O 接口连接到计算机上。主板将内、外硬件设备有机地结合在一起，形成完整的计算机硬件系统；同时主板能够协调各部件，使之有序而高效地工作。

图 1-16　计算机主板的主体结构

主板的主要性能指标如下：

① 支持 CPU 的类型与频率范围：支持 CPU 的类型是区分主板类型的主要标志之一，CPU 插槽、外围芯片组（主要是北桥/南桥芯片）要与 CPU 相匹配，支持 CPU 额定频率。

② 总线：用于硬件设备间通信的干线，例如 PCI 总线、ISA 总线、AGP 总线等。

③ 对外接口：主板上有很多结构，以匹配安装不同类型的硬件设备，例如 SATA 接口用于安装硬盘。如今最为流行的 USB 接口，可支持多种外围设备，真正实现即插即用。

④ 支持扩展性能：有足够多的 PCI、PCI-E 等插槽和接口，确保外围设备的可扩展连接。

1.2.3　内存

计算机中的内部存储器包括随机访问存储器（Random Access Memory，RAM）、只读存储器（Read Only Memory，ROM）及高速缓存（Cache）3 种。在制造 ROM 的时候，信息（数据或程序）

就被存入并永久保存。ROM 中的信息在计算机断电后不会丢失，如 BIOS ROM。RAM 与只读存储器不同，既可以从 RAM 中读取数据，也可以写入数据。当机器电源关闭时，存于 RAM 中的数据就会丢失，例如将要讲到的内存（见图 1-17）就属于 RAM。Cache 集成于 CPU 内部，是一个读/写速度比内存更快的存储器，用于解决 CPU 处理速度与内存读取速度间差距大而造成的瓶颈问题，前面 CPU 参数中的一级缓存（L1 Cache）、二级缓存（L2 Cache）指的就是此部件的参数。

内存由内存芯片、电路板、金属引脚（又称金手指）等组成，外形如图 1-17 所示。它是用来临时存储数据的部件，当计算机工作时，CPU 就会把需要运算的数据从外存调到内存中进行处理，之后 CPU 再将结果从内存传送到外存中存放，可见内存起着 CPU 与外存进行沟通的桥梁作用。它的容量和数据传输速率对整个系统的性能有着很大影响。

DDR3 内存
电路板
内存芯片
金属引脚

图 1-17　内存外观图

内存的主要性能指标如下：

① 内存总线频率：用来表示内存所能达到的最高工作频率，内存工作频率越高，则数据传输的速率就越快。如 DDR 333、DDR2 800 中的 333 和 800 就是内存总线频率（单位 MHz）。

② 数据宽度和带宽：数据宽度是指内存一次传输数据的位数（单位 bit）；内存带宽是指内存的数据传输速率，即内存的实际数据传输能力。它可用下面公式进行计算：

$$数据带宽=(总线频率×数据宽度)/8$$

③ 内存容量：一般来说，内存容量越大，系统性能越高。同时在主板上安装多个内存，其总容量是所有内存容量的和。

小贴士：内存的类型可通过观察金属引脚部分的缺口个数、缺口的位置和金属引脚的接触点数来直观地进行判断。

1.2.4　硬盘

硬盘是由一个或多个铝制或者玻璃制的碟片组成，外观如图 1-18 所示。硬盘是用来存储计算机中各种数据文件的存储设备，属于外部存储器，它与内存的不同在于计算机断电后其中的内容不会丢失。与内存等其他部件相比，硬盘的数据传输速率最慢。

硬盘的主要性能指标如下：

① 硬盘容量：指硬盘能够容纳的数据量。硬盘的容量越来越大，目前已达到 500GB～1TB，甚至更高。

② 硬盘转速：指与硬盘读取和传输数据速度相关联的技术指标。目前主流硬盘的转速为 7 200 转/min。

③ 缓存大小：虽然硬盘转速已很高，但依然不能达到数据传输速率的要求，此时通过集成在硬盘中的高速缓存协助，使硬盘的整体性能得到提高。硬盘的缓存容量越大，其性能就越好。

图 1-18　两种接口类型硬盘的外观图

小贴士： 硬盘由若干盘片组成，这些盘片被称为柱面，盘片上螺旋形轨道为磁道，每个盘片被划分为若干个扇区。硬盘容量计算公式为：硬盘容量=扇区大小×扇区数×柱面数×磁头数。

1.2.5　显卡

显卡（又称显示适配器）是由显示芯片、显存、输出接口、数模转换芯片及各种电子元器件组成。它是计算机主机与显示器连接的接口设备。显卡分集成（又称板载）显卡和独立显卡两种。独立显卡具备单独的显示内存（又称显存），不占用系统内存，而且技术上领先于集成显卡，能够提供更好的显示效果和运行性能，外观如图 1-19 所示。下面以独立显卡为例进行讲解。

图 1-19　PCI-E 独立显卡外观图

显卡的主要性能指标如下：

① 分辨率：指显示器上能够描绘的点数。分辨率越高画面越清晰。

② 颜色数：指显卡在一定的分辨率下能够显示的最多颜色数，用多少色或多少位（单位 bit）表示。16 位颜色深度（纯彩色）可显示 2^{16}=65 536 种颜色，24 位颜色深度（真彩色）可显示 2^{24}=1.67×10^6 种颜色，依此类推。

③ 刷新频率：显示器对图像的更新速度，即每秒钟图像在显示器上显示的帧数（单位 Hz）。对于显像管显示器来说，刷新频率越高，看到的图像就越稳定，眼睛就越不易疲劳；液晶显示器刷新频率不易过高，否则影响显示器寿命，通常设为 60Hz。

1.3　医疗信息系统中计算机科学的应用

1.3.1　电子病历

病历是指医务人员在医疗活动过程中形成的文字、符号、图表、影像、切片等资料的总和，包括门（急）诊病历和住院病历。电子化病历（Electronic Medical Record，EMR）能使用户访问完整准确的病历数据、警示、提示，为临床决策提供准确的、有效的支持。

电子病历是信息技术与计算机技术在医疗中的综合应用。电子病历可以确保病历书写的规范化及标准化，提高医生的工作效率，降低医疗费用，为高品质的医疗和有效的医疗安全管理提供了有力保障。HIMSS Analytics 为美国医疗卫生信息与管理系统协会（HIMSS）全资拥有的非营利机构，于 2005 年开展医院电子病历评级，主要评价医院电子病历系统的建设、进展和影响。HIMSS 将医院对电子病历及其相关信息系统的应用、实施和利用状况分为 8 个等级（0～7 级），7 级代表着最先进的电子病历环境。HIMSS Analytics 为医院信息化水平评级的权威机构。目前，国内通过 HIMSS 六级评定的医院有北大人民医院、盛京医院、长安医院和烟台毓璜顶医院。

电子病历不仅仅是用计算机书写病历，而是与病人诊疗相关所有信息的电子化集成，包括了原纸质病历的所有静态信息，以及其他由于数字化而带来的功能和服务方面的扩展，例如影像资料保存、远程传输、多媒体信息录像、诊断知识库、药品知识库、信息查询检索功能等。电子病历的具体形式是符合行业规范的多种电子信息构成的临床医疗数据库，这些信息包括结构化的文字病历、表格、数字、图片、声音、影片。图 1-20 为某典型电子病历系统的主界面，从中可以看到它包含有患者信息、主诉、现病史、既往史等内容。图 1-21 给出了结构化录入电子病历的界面，有括号的文字为字段，由符合医学术语集的规范化语言构成，这种结构化的电子病历规范了病历的书写，方便管理和查询，为管理系统开发提供了统一接口，甚至为以后的科学研究提供了必要的基础。

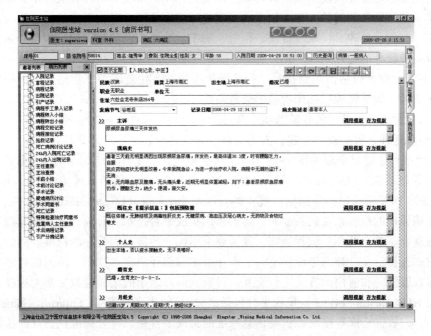

图 1-20　电子病历主界面

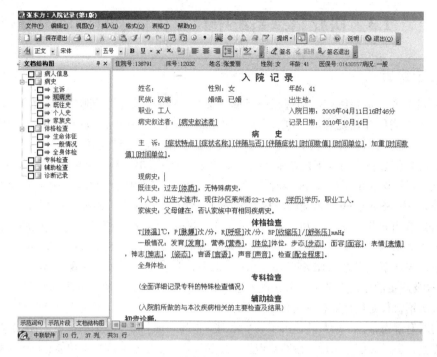

图 1-21　结构化电子病历录入界面

1.3.2　HIS 系统

电子病历的实现依赖于医院信息系统（Hospital Information System，HIS）的发展程度，各个子系统功能成熟，并在高度集成的条件下才能实施。HIS 系统利用计算机技术、网络通信技术，对医院及其所属各部门的人流、物流、财流进行综合管理，对在医疗活动各阶段产生的数据进行采集、存储、处理、提取、传输、汇总、加工，从而为医院整体运行提供全面的、自动化的管理及各种服务的信息系统。HIS 系统包括 3 方面：

① 是临床诊疗，包括门急诊挂号、门诊医护工作站、住院医护工作站、电子病历书写与管理、临床路径、医学影像、临床检验等管理系统。

② 是医疗管理，包括门诊住院收费、医务管理、护理管理、病案管理等系统。

③ 是运营管理，包括财务管理、人力资源、绩效管理、药品管理、设备管理等系统。

HIS 系统平台搭建与集成如图 1-22 所示，系统中包含了来自不同厂商的信息管理系统，例如电子病历管理系统（Electronic Medical Record，EMR）、临床信息系统（Clinical Information System，CIS）、医学影像归档和通信系统（Picture Archiving and Communication System，PACS）等。要将这些异构的信息系统联系起来，需要采用集成平台技术。目前，要实现异源异构信息系统的数据整合、信息共享、流程协同，就需要采用标准的接口和统一的标准。同时，接口采用中立的方式进行定义，独立于硬件平台、操作系统和编程语言。这样，不同的程序功能单元可以通过接口以统一和通用的方式进行交互。目前，国际通用的集成接口标准为标准化卫生信息传输协议 HL7（Health Level 7）。集成平台包括集成引擎、患者主索引（Enterprise Master Patient Index，EMPI）、数据仓库等模块。医院信息系统的集成平台是以符合标准化协议的接口引擎为技术基础的平台。

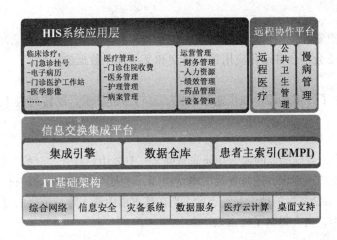

图 1-22 数字化医院解决方案架构图

集成平台的下层是 IT 基础架构，HIS 系统的 IT 架构多采用客户机/服务器（Client/Server，C/S）架构或者（Browser/Server，B/S）架构，或者两者相结合的模式。在 C/S 架构中，服务器是核心，客户机依靠访问服务器获得所需要的资源，而服务器为客户机提供必需的服务和资源。B/S 与 C/S 架构功能相似，但是实现方法和适用范围有所不同，同时两者各有优劣。

① 在实现方法上，C/S 架构的服务器端通常采用高性能的工作站或小型机，软件方面则采用大型数据库系统，如 Oracle、SQL Server；客户端为个人计算机，需要安装专用的客户端软件。C/S 一般建立在专用网络上。而 B/S 架构的客户端上仅需要安装浏览器，如 Internet Explorer，服务器端安装 Oracle、Sybase、Informix 或 SQL Server 等数据库，在这种结构下，用户界面完全通过 Web 浏览器实现，系统功能实现的核心部分集中在服务器端实现，浏览器通过 Web 服务器同数据库进行数据交互，B/S 建立在广域网之上。

② 在适用范围方面，C/S 面向相同类型的用户，并且系统对操作系统类型依赖度高，应用程序为中央集权式处理方式；B/S 则可以面向多种类型的用户，而且用户地域可以分散，系统与操作系统平台关系最小，应用程序模块化，可根据需求定制。与 C/S 架构相比，B/S 功能完全由服务器端实现，维护和升级工作仅在服务器上进行即可，因此具有维护和升级方式简单的优势。同时对 B/S 客户端要求低，只要安装有 Web 浏览器即可，因此具有成本低、选择多、零安装、零维护，系统扩展容易的优势。但是，B/S 架构的服务器数据处理负荷较重。显然，B/S 架构相对于传统的 C/S 架构是巨大的进步。采用哪种架构需要根据具体情况进行分析。

IT 架构基础部分包括综合网络、信息安全、灾备系统、数据服务、医疗云计算和桌面支持几个模块。若 B/S 或 C/S 架构服务器端采用云模式集群，即为医疗云计算模式。

1.4 Windows 7 概述

1.4.1 了解 Windows 7

Windows 7 是由微软公司（Microsoft）开发的操作系统，2009 年 10 月 22 日在美国正式发布。相比于微软公司之前发布的两代操作系统（即 Windows XP 和 Windows Vista），Windows 7（简称 Win 7）具有以下特色：

（1）简单

Windows 7 让搜索和使用信息更加简单，包括本地、网络和互联网搜索功能，直观的用户体验将更加高级，还会整合自动化应用程序提交和交叉程序数据透明性。

（2）易用

Windows 7 简化了许多设计，如快速最大化、窗口半屏显示、跳转列表（Jump List）、系统故障快速修复等。

（3）效率

在 Windows 7 中，系统集成的搜索功能非常强大，只要用户打开"开始"菜单并开始输入搜索内容，无论要查找应用程序，还是查找文本文档等，搜索功能都能自动运行，给用户的操作带来极大便利。Windows 7 系统的搜索是动态的，当在搜索框中输入第一个字的时刻，Windows 7 的搜索就已经开始工作，大大提高了搜索效率。

（4）小工具

Windows 7 的小工具可以放在桌面的任何位置，而不只是固定在侧边栏。

（5）节能

Windows 7 是目前最绿色、节能的操作系统之一，最高可比 Windows XP 节能 25%。

1.4.2　Windows 7 版本

根据用户需求的不同，微软公司发布了 6 个不同版本的 Windows 7 操作系统版本，分别为：Starter（简易版）、Home Basic（家庭基础版）、Home Premium（家庭高级版）、Professional（专业版）、Ultimate（旗舰版）以及 Enterprise（企业版），下面分别进行简单介绍。

（1）简易版

该版本的售价最低，仅具有一些最基本的功能，主要用于低端的上网专用笔记本式计算机（简称上网本），这个版本只在部分国家随新的计算机销售。

该版本可以加入家庭组（Home Group），任务栏有很大变化，也有 JumpLists 菜单。但缺少 Aero 玻璃特效，无法创建家庭组，无法更改桌面背景、主题颜色和声音等。

（2）家庭基础版

该版本功能比简易版强，可以帮助用户更快、更简单地找到和打开经常使用的应用程序和文档，为用户带来快捷的使用体验，且只在新兴市场投放。但缺少以下功能：Aero 玻璃特效功能、缩略图预览、Internet 连接共享，不支持应用主题。

（3）家庭高级版

该版本在普通版上新增 Aero Glass 高级界面、高级窗口导航、改进的媒体格式支持、媒体中心和媒体流增强、多点触摸、更好的手写识别等，可以方便地创建家庭网络，在多台计算机间共享打印机和多媒体资料。

（4）专业版

该版本具备家庭高级版的所有功能及工作所需的商务功能。新增功能有：脱机文件夹；加强网络的功能，比如域加入；位置感知打印；高级备份功能；演示模式。

（5）旗舰版

该版本拥有家庭高级版和专业版的所有功能，同时增加了高级安全功能及多语言环境的支持。

（6）企业版

该版本提供一系列企业级增强功能：DirectAccess，无缝连接的企业网络；BitLocker，内置和外置驱动器数据保护；AppLocker，锁定非授权软件运行；BranchCache，Windows Server 2008 R2 网络缓存；等等。

可用范围：必须要在开放或正版化协议的基础上加购 SA（软件保障协议）才能被许可使用。

1.4.3　Windows 7 安装

1．Windows 7 的硬件要求

作为新一代的操作系统，Windows 7 具有更丰富、更完善的功能，但相比于 Windows Vista，Windows 7 硬件要求并不是很高，需要满足以下条件：

① 中央处理器：1 GHz 及以上，推荐使用 2GHz 及以上的 32 位或 64 位多核处理器。其中，32 位处理器只可以安装在 32 位操作系统上，64 位处理器可以安装在 32/64 位系统上。

② 内存：最低 512 MB，推荐配置 2 GB 以上。

③ 硬盘：至少需要 8 GB 可用空间，低于 8 GB 无法安全安装，推荐配置 20 GB 及以上。

④ 显卡：至少需要有 WDDM1.0 或更高版本驱动的集成显卡，64 MB 以上，128 MB 为打开 Aero 最低配置，不打开的话显示为 64MB 也可以，推荐使用有 WDDM1.0 驱动的、支持 DirectX 9 以上级别的独立显卡。

⑤ 其他设备：DVD-R/RW 驱动器或者 U 盘等其他存储介质，可用来安装操作系统。

2．Windows 7 的安装方法

目前，常用的 Windows 7 安装方法有以下 3 种：

（1）光盘安装法

光盘安装法是最原始的方法，只要在 BIOS 里设置光驱启动，就能根据系统安装的步骤提示安装。但如果光盘无法读取或者计算机没有光驱，则该方法失效。

光盘安装法的步骤如下：

① 启动计算机，将 Windows 7 系统光盘放入计算机的光驱中，并在未进入系统之前按下相应按键（注：不同厂家进入 BIOS 设置的按键可能不同，例如： HPcompaq—【F10】，Lenovo、Dell、Acer—【F2】； Toshiba—【F1】等）进入 BIOS 设置主界面。

② 选择 Advanced BIOS Features 选项，按【Enter】键，在进入的设置界面选择 First Boot Device 选项，按【Enter】键，此时在弹出的窗口界面中选择 CDROM 选项，按【Enter】键确认选择，返回 Advanced BIOS Features 界面。然后按【F10】键，弹出"是否保存并退出"对话框，输入 Y 并按【Enter】键，保存修改设置并退出 BIOS。

③ 计算机重新启动，并开始安装光盘系统文件，此时可按照提示进行分步操作，绝大部分选项都可以保持默认设置，安装完成后，系统会弹出"Windows 7 旗舰版"界面，并要求设置用户名和密码，设置完成后，系统会继续弹出"输入您的 Windows 产品密匙"界面，输入产品密匙后，系统会打开"帮助您自动保护计算机以及提高 Windows 的性能"窗口，通常选择"使用推荐设置"选项。随后需要设置系统"时区、日期及时间"，并根据实际情况选择"工作网络"选项。此时，Windows 7 操作系统已正式安装成功，随即便会进入 Windows 7 的系统桌面。

（2）U盘安装法

U盘安装法是目前主流的安装方法之一，很多计算机都支持U盘启动。该方法需将Win 7光盘的文件转换成Win 7虚拟镜像，或者更简单地将Win 7光盘中的文件直接复制到U盘。然后在BIOS中设置为U盘启动，根据系统提示即可安装Win 7。该方法实际是将系统文件的载体从光盘转换为U盘，从而克服光盘安装的不足。

U盘安装法的步骤如下：

U盘启动与光盘启动最主要的一个差别在于需要将Windows 7的ISO镜像制作成以USB为载体的安装源。这里推荐使用微软公司发布的Windows 7 USB/DVD Download tool（http://www.microsoftstore.com /store/msusa/html/pbPage.Help_Win7_usbdvd_dwnTool）。该软件操作简单，使用方便，根据提示选择相应文件可快捷地制作一个USB版的Windows 7安装U盘。随后修改BIOS初始启动方式为USB HDD，保存并重启后便可进入Windows 7安装过程，按提示进行设置即可完成Windows 7的安装。

（3）硬盘安装法

硬盘安装法适用于当前Windows系统仍然可以正常运行的情况：将Win 7光盘中的文件复制到硬盘中，然后通过提示操作即可安装，该方法通常可用来构建多系统（Windows XP/Win 7）操作平台。

1.4.4　桌面增强功能

Windows 7提供了更快捷、更直观的操作窗口的方法，下面将简要介绍几项新功能。

1. 对齐

对齐功能可以方便地对比两个开启中的窗口，不需要分别手动调整各自窗口的大小。操作如下：选择其中一个窗口，将其用鼠标拖动至屏幕任一侧，此时系统会自动平分半个屏幕给这个文件，并由生成方框标定新的放置位置，如图1-23所示，将两窗口分别对齐到两侧，即可轻松对比窗口。

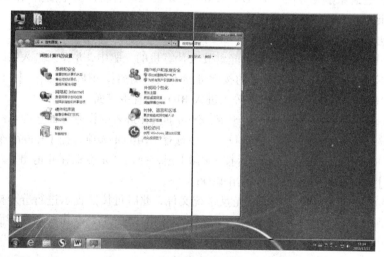

图1-23　对齐

2. 显示桌面

区别于Windows XP操作系统在快速启动栏的"显示桌面"按钮，Windows 7提供了一种新的快速显示桌面的方式，只需要把鼠标指针移到屏幕右下角（"时间、日期"右侧），即可将所有已打开的窗口变成透明，从而方便用户快速查询桌面文件，如图 1-24 所示。当鼠标离开"显示桌面"按钮时，桌面立即恢复原貌。

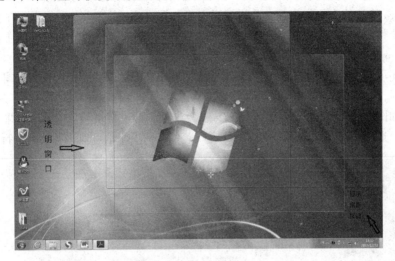

图 1-24 显示桌面

3．快速最小化窗口

如果只保留当前窗口，隐藏其他所有窗口，Windows 7 提供了一种快捷操作，只需要用鼠标选中保留窗口上方的标题栏，然后左右摇晃，即可把所有其他窗口都最小化到任务栏中，再晃几下便可恢复原状。

4．多窗口排列

如果桌面打开了多个大小不一的窗口，此时很不方便显示和操作，Windows 7 提供了 3 种对窗口进行有序排列的方式。操作步骤如下：可右击任务栏空白处，在弹出的快捷菜单中可见"层叠窗口"、"堆叠显示窗口"和"并列显示窗口"命令，层叠窗口实例如图 1-25 所示。用户可根据需要选择任一种排列形式对多个窗口进行排列。

图 1-25 层叠窗口

5．Aero 特效

Aero 即为 Authentic（真实）、Energetic（动感）、Reflective（反射）及 Open（开阔）首字母构成的缩略字，是一种新型的用户界面，具有令人震撼的立体感和透视感。

打开 Aero 特效的步骤如下：首先设置显卡颜色深度为 32 位。右击桌面，在弹出的快捷菜单中选择"个性化"命令，此时会弹出 Windows 个性化窗口，可选择一种 Aero 主题，从而使计算机开启 Aero 特效。

此外，还可以单独设置窗口的透明效果，具体操作如下：选择"控制面板"窗口中"外观和个性化"选项，在弹出的如图 1-26 所示的窗口中选择"个性化"区域的"更改半透明窗口颜色"选项，选中如图 1-27 所示的"启用透明效果"复选框，即可实现窗口的透明效果。或者直接单击"个性化"选项，在弹出的窗口中选择"窗口颜色"选项，也可对透明效果进行设置。

图 1-26　"控制面板"中的"更改半透明窗口颜色"选项

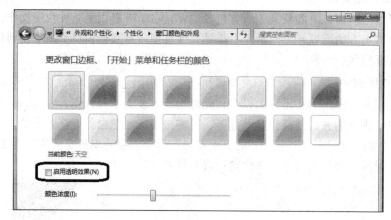

图 1-27　"启用透明效果"复选框

6．Flip 3D

Flip 3D 实现的功能与【Alt+Tab】组合键功能相同，都可以方便地实现不同窗口之间的切换，但 Flip 3D 实现了 3D 视觉效果的切换。Flip 3D 可通过【Windows+Tab】组合键实现，具体效果如图 1-28 所示。Flip 3D 实际上是在一个"堆栈"中显示所有打开的窗口，在按住【Windows】键的同时，重复按【Tab】键即可实现不同窗口之间的切换。释放【Windows+Tab】组合键便可关闭 Flip 3D 效果。

此外，按住【Ctrl+Windows+Tab】组合键，可锁定窗口为 Flip 3D 显示状态，此时可通过按【Tab】键或者键盘方向键来切换不同窗口，选定窗口后可按【Enter】键进入该窗口并退出 Flip 3D 状态，如无选定窗口，则可按【Esc】键退出 Flip 3D 状态。

图 1-28 Flip 3D 效果

7. Jump List

Jump List（跳转列表）是 Windows 7 推出的一个特色功能菜单。它以用户最近使用的频率为依据，能帮助用户快速地访问用户常用的及最近使用的程序或文档。在"开始"菜单和"任务栏"中，每个程序都有一个 Jump List，对于"开始"菜单中的程序，只需将鼠标移动到程序上即可弹出一个 Jump List 列表。对于"任务栏"中的程序，需要右击程序即可弹出 Jump List 列表。如果想将某个程序或文档固定在对应的 Jump List 中，可以把鼠标移动到该程序或文档上，在文件右侧可以看到类似"图钉"的图标，单击此"图钉"图标即可固定到 Jump List 上。如果要解锁该文件，则可同样将鼠标移到该文件上，单击右侧"解锁图钉"图标或右击该文件后选择"从此列表解锁"命令完成解锁操作，如图 1-29 所示。

图 1-29 Jump List 锁定及解锁操作

1.4.5 实用附件工具

1. 截图工具

Windows 7 不但可以通过【PrintScreen】键实现全屏幕截图，并且在附件中也提供了一个

强大的截图工具。截图工具可通过选择"开始"|"所有程序"|"附件"|"截图工具"命令打开。Windows 7 共提供了如图 1-30 所示的 4 种截图方式：

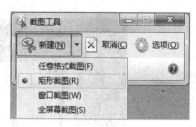

图 1-30　截图工具选择

① "任意格式截图"：利用鼠标可绘制并截取任意形状选区。

② "矩形截图"：拖动鼠标绘制并截取一个矩形选区。

③ "窗口截图"：可对应用程序窗口或对话框进行截图。

④ "全屏幕截图"：捕捉整个屏幕。

截图完成后会弹出"截图工具"窗口，在该窗口内可以利用画笔工具为截图添加注释，并完成截图的保存。

【例 1-3】网页截图操作。

【解】具体操作过程如下：

① 打开 IE 浏览器，在地址栏输入 http://bes.ccmu. edu.cn/，登录首都医科大学生物医学工程学院网站。

② 打开截图工具，设置为矩形截图方式，如图 1-30 所示，用鼠标拖动选定选区。

③ 在"截图工具"窗口中，选择"红笔"工具对重要新闻进行标记，如图 1-31 所示。

④ 选择"文件"|"另存为"命令，保存截图文件为"生工学院新闻截图.jpeg"，如图 1-32 所示。

图 1-31　利用红笔工具进行标记

图 1-32　截图保存

2. 计算器

Windows 7 的计算器相比之前版本有了较大的改进，不但提供了简单的运算功能，还提供了程序员计算器、科学型计算器、统计信息计算器、日期计算及单位转换等常用高级功能。具体功能如下：

① "标准型计算器"：提供了加、减、乘、除等基本计算。

② "科学型计算器"：提供了丰富的数学函数，可以方便地进行科学计算。

③ "程序员计算器"：主要提供了不同进制之间的转换及逻辑运算操作。

④ "统计信息计算器"：主要提供了统计相关信息的计算，如均值、标准差、求和等。

⑤ "单位转换"：实现了不同量度单位之间的相互转换。

⑥ "日期计算"：实现了日期差的计算。

⑦ "工作表"：包含了抵押、汽车租赁、油耗等实用方面的计算。

计算器可通过选择"开始" | "所有程序" | "附件" | "计算器"命令打开，计算器如图 1–33 所示。

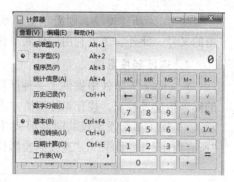

图 1–33　计算器

【例 1-4】利用计算器计算按揭贷款的偿还金额。假定房子总价为 350 万，首付 120 万，需向银行贷款 30 年，利率为 4.5%，则每个月需要交纳多少钱？

【解】具体操作过程如下：

① 打开计算器，并选择"查看" | "工作表" | "抵押"命令，如图 1–34 所示。

② 在"选择要计算的值"下拉列表中选择"按月付款"选项，输入对应数据后，单击"计算"按钮，结果如图 1–35 所示。

图 1–34　抵押计算窗口

图 1–35　按揭计算结果

3．便笺

便笺是 Windows 7 中非常实用的小工具，通过它可以方便地记录待办事项列表、会议安排、电话号码等内容。

【例 1-5】便笺操作。

【解】具体操作过程如下：

① 选择"开始" | "所有程序" | "附件" | "便笺"命令打开便笺。

② 在弹出的窗口中输入要保存的内容即可完成，如图 1–36 右上角所示。

图 1–36　便笺

③ 如要新建便笺，则需单击便笺左上角的加号；如要删除当前便笺，则需单击便笺右上角的叉号。此外，还可利用鼠标调节便笺的大小及位置。

4. 连接到投影仪

Windows 7 附件中提供了一种屏幕切换的快捷工具，可以轻松地实现计算机、投影仪之间的屏幕传递及控制，共有 4 种切换方式：仅计算机显示（默认）、复制（计算机和投影仪共同显示）、扩展（多个投影仪共同显示）、仅投影仪（此时计算机不显示）。可以通过选择"开始"|"所有程序"|"附件"|"连接到投影仪"命令打开，如图 1-37 所示。

图 1-37 连接到投影仪

5. 画图

Windows 7 的画图工具相比之前版本的画图工具有了较大的改进，首先在页面布局上引入了分块功能区，从而使得这些工具使用更加方便。此外，还增加了一些新功能，如重新调整大小、各种复杂形状的插入等。画图工具可通过选择"开始"|"所有程序"|"附件"|"画图"命令打开，画图中的一些常用工具如图 1-38 所示。具体功能如下：

① 图像栏：主要包括选区的选取、重新调整图像大小及图像旋转等功能。选区工具包含矩形及自由形状选区的选取，图像大小调整包含图像水平及垂直方向的大小调整，图像旋转包含水平、垂直方向的旋转，但并不包含特定角度的旋转。

② 工具栏：主要包括铅笔、填充颜色、添加文字、橡皮擦、吸管及放大镜等常用工具。

③ 形状栏：主要包括一些常用形状的插入，包括多边形、箭头、曲线及标注等。

图 1-38 画图工具栏

Windows 7 画图工具可以方便地实现对图像的基本操作，上手简单，操作方便，因此有着非常广泛的实际应用。

【例 1-6】绘制图 1-39 所示的房子。

【解】具体操作步骤如下：

① 从"调色板"中选择自己喜欢的颜色，在"形状栏"选择对应形状画出如图 1-39 所示房子的轮廓。

② 利用如图 1-40 所示的工具栏中的"用颜色填充"工具，分别将对应颜色填充到不同区域。

③ 利用如图 1-40 所示的工具栏中的"文本"工具，在房子图像下面输入"House"文字。

图 1-39 房子例图

④ 利用图像栏中的"重新调整大小"工具，将图像大小变为 600×800 像素，设置如图 1-41 所示。

⑤ 将新文件保存为"房子.bmp"。

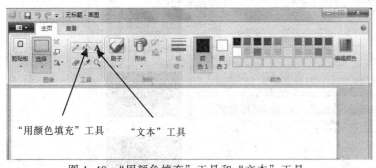

图 1-40　"用颜色填充"工具和"文本"工具　　　　图 1-41　调整图像大小

1.4.6　常用系统软件

1. 资源监视器

Windows 7 的资源监视器与任务管理器相比功能更强大，可以用来详细地了解进程和服务如何占用系统资源。资源监视器有如下多种方法打开：

① 通过选择"开始"｜"所有程序"｜"附件"｜"系统工具"｜"资源监视器"命令打开。

② 通过【Ctrl+Shift+Esc】组合键打开"任务管理器"窗口，单击"性能"选项卡右下角的"资源监视器"按钮。

③ 在"开始"搜索框中输入 resmon 后按【Enter】键。

资源监视器主要监视 CPU、内存、磁盘、网络等 4 类信息。

① 在"CPU"选项卡中包含了进程及服务所占 CPU 资源的详细信息，如描述、线程数、平均CPU、平均周期等，如图 1-42 所示。可以通过右击 CPU 属性名称来选择隐藏或添加某些指标的显示。

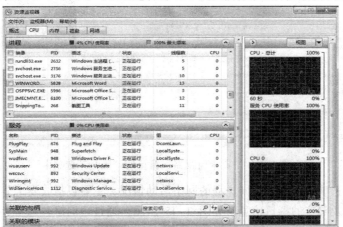

图 1-42　"资源监视器"窗口的"CPU"选项卡

②"内存"选项卡主要包含了进程的内存使用状态信息，如图 1-43 所示。并可以通过进程 ID 和"CPU"选项卡中的进程 ID 共同确定哪项进程占用了大量的内存及 CPU 资源，从而获得对计算机使用情况（是否超负荷）或安全情况（是否中病毒）的全面了解。

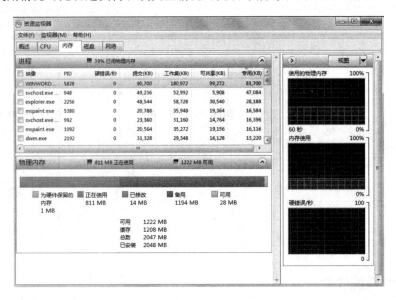

图 1-43　"资源监视器"窗口的"内存"选项卡

③"磁盘"选项卡描述了哪些进程在进行磁盘读/写操作，并且记录读/写速度，如图 1-44 所示。尤其当计算机硬盘指示灯总是不断地闪，而我们不清楚究竟什么程序在运行时，"磁盘"选项卡非常有用，可以快速确定对应的进程，并根据现有的磁盘状态决定是否取消读/写操作。

图 1-44　"资源监视器"窗口的"磁盘"选项卡

④"网络"选项卡记录了不同进程的网络活动情况，主要包括收发字节数、与本机有 TCP 链接的网络地址及对应的端口信息，如图 1-45 所示。通过"网络"选项卡可以快速判定计算机网络速度慢的原因（潜在的程序下载、木马等），因此"网络"选项卡也有着非常重要的作用。

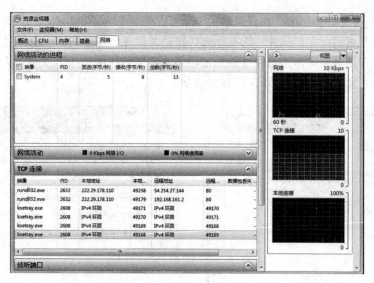

图 1-45　"资源监视器"窗口的"网络"选项卡

2. Windows BitLocker

Windows BitLocker 可用来保护操作系统和用户数据,目标是即使计算机在无人参与、丢失或被盗的情况下内部数据也不会被篡改或盗取。在 Windows 7 版本中,BitLocker 得到进一步完善,可对 U 盘、移动硬盘等移动存储设备进行加密。BitLocker 可通过选择"开始"|"控制面板"|"系统和安全"|"BitLocker 驱动器加密"命令打开,如图 1-46 所示。

图 1-46　Bitlocker 启动

【例 1-7】对 U 盘进行 BitLocker 加密。

【解】具体操作过程如下:

① 插入 U 盘后,在单击"BitLocker 驱动器加密"选项后会弹出"通过对驱动器进行加密来帮助保护您的文件和文件夹"窗口,在窗口中选择 U 盘盘符后面的"启用 BitLocker"链接,会弹出"选择希望解锁此驱动器的方式"对话框,系统提供了两种方式:使用密码解锁驱动器或使用智能卡解锁驱动器。一般选择使用密码解锁方式,然后输入并确认密码,如图 1-47 所示。

② 完成密码设置后会弹出"你希望如何存储恢复密钥"对话框，如图 1-48 所示。此时，通常选择"将恢复密钥保存到文件"选项，选择路径并保存，注意文件不能保存到硬盘根目录下。密钥文件保存后将会弹出"是否准备加密该驱动器"对话框，如图 1-49 所示。单击启动加密，等到加密进度达到 100%，即文件加密成功。

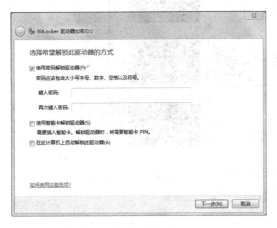

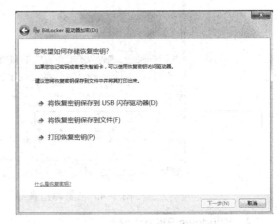

图 1-47　解锁方式　　　　　　　　　　　　　图 1-48　恢复密钥保存

③ 此时如果重新插入该 U 盘，则会弹出如图 1-50 所示的对话框，提示需要输入密码才能进行操作。此时有一选项需要注意："从现在开始在此计算机上自动解锁"复选框，如果选中该复选框，则以后该 U 盘插入该计算机都无须输入密码。此时，如果 U 盘不小心丢失，别人因为不知设置的密码也无法读取 U 盘内的数据，数据比较安全。

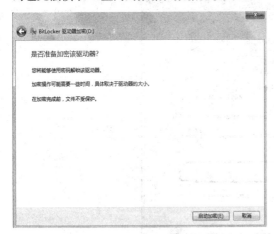

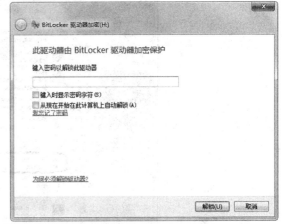

图 1-49　启动加密　　　　　　　　　图 1-50　U 盘重新插入时会弹出解锁窗口

1.4.7　Windows 7 文件操作

1．新建文件夹

文件夹的创建方法有两种：一种是通过右击弹出的快捷菜单中的"新建"|"文件夹"命令；一种是通过窗口工具栏上的"新建文件夹"按钮实现，如图 1-51 所示。

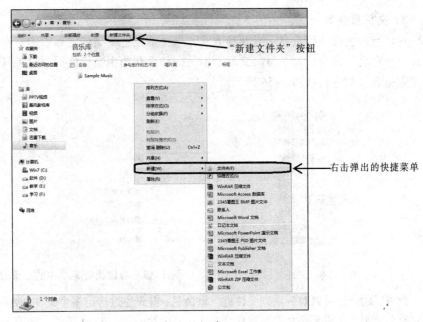

图 1-51　文件夹的新建

2．选定文件或文件夹

Windows 7 中选取文件或文件夹的方法与之前版本类似，可以通过单击选中一个文件，而按住【Ctrl】或【Shift】键后利用鼠标可以选择多个不连续或连续的文件。此外，Windows 7 中还增加了一种复选框方式来选择多个文件。这种方式需要首先在资源管理器（【Win+E】组合键可打开）中进行设置，选择"组织"|"文件夹与搜索选项"命令，如图 1-52 所示。在弹出的"文件夹选项"对话框中选择"查看"选项卡，选中"使用复选框以选择项"复选框，如图 1-53所示。

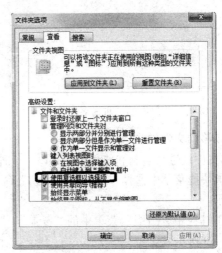

图 1-52　"文件夹与搜索选项"命令　　　　图 1-53　"查看"选项卡

此时，在文件前就会出现一个文件复选框，如图 1-54 所示。用户可根据需要分别单击选择多个文件。

3．文件重命名

对已有的文件进行重命名有两种方式：一种是在选中文件之后右击，在弹出的快捷菜单中选择"重命名"命令，如图 1-55 所示；另一种是在选中文件之后通过工具栏中的"组织"中的"重命名"命令，如图 1-56 所示。

图 1-54　文件复选框　　　　　　　图 1-55　右键快捷菜单中的"重命名"命令

此外，用户还可以对一系列文件进行重命名，首先通过选定多个文件，然后再选择一个文件输入修改名，则系统将其余文件按顺序命名为"新名字+（2、3、4 等）"，如图 1-57 所示。

图 1-56　"组织"菜单中的"重命名"命令　　　　图 1-57　系列文件重命名

4．复制或移动文件/文件夹

对文件和文件夹进行复制和移动操作有以下 3 种方式：

① 在右键快捷菜单中选择"复制"|"剪切"命令，然后在目标文件夹进行"粘贴"操作，如图 1-58 所示。

② 通过工具栏中"组织"菜单中的"复制"、"剪切"、"粘贴"命令也可完成复制和移动操作，如图 1-59 所示。

③ 利用【Ctrl+C】或【Ctrl+X】组合键进行复制或剪切操作，利用【Ctrl+V】组合键进行粘贴操作。

图 1-58　右键快捷菜单"复制""剪切"命令　　　图 1-59　组织菜单中的"复制""剪切"命令

5. 删除文件或文件夹

文件或文件夹的删除可以分为两种：暂时删除（存储在回收站）和永久删除（从计算机里清空）。暂时删除有以下多种方法：

① 选中文件后右击，在弹出的快捷菜单中选择"删除"命令，如图 1-60 所示。

② 选中文件后选择工具栏中的"组织"|"删除"命令，如图 1-61 所示。

图 1-60　右键快捷菜单中的"删除"命令　　　图 1-61　"组织"菜单中的"删除"命令

③ 选中文件后通过按【Delete】键删除。

④ 直接将文件用鼠标拖到回收站。

永久删除和暂时删除的操作方法一致，只需要在进行以上 4 种删除操作的同时按下【Shift】键，即永久删除。

【例 1-8】在桌面新建 3 个不同名字的文件夹，然后批量修改名字，最后将所有生成文件夹彻底删除。

【**解**】具体操作过程如下：

① 在桌面空白处右击，在弹出的快捷菜单中选择"新建"|"文件夹"命令，文件名可任意设置，同样的操作生成另外两个文件夹。

② 按住【Ctrl】键，鼠标左键选中 3 个文件夹，然后右击，在弹出的快捷菜单中选择"重命名"命令，进行批量重命名，其中在当前编辑的文件名输入"计算机基础"，系统将自动为其余文件夹重命名（如计算机基础（2），计算机基础（3））。

③ 选中 3 个文件，按下【Shift+Delete】组合键，即可完成彻底删除。

6. 搜索文件

Windows 7 提供了以下两种方式进行文件搜索：

① 单击"开始"按钮，在弹出的菜单中的"搜索程序和文件"文本框中输入想要查找的信息。如果需要查找所有关于"Word"的信息，只要在该位置输入"Word"并按【Enter】键，则所有匹配的程序及文件都将在开始菜单中显示，如图 1-62 所示。

② 如果用户已知所要查找的文件或文件夹位于某个文件夹或库中，此时可以使用"搜索"框搜索。"搜索"框位于文件夹或者库窗口的顶部，如图 1-63 所示。它可以根据输入显示相关的文件或文件夹。此外，用户可以利用筛选器加速文件搜索的速度，在"搜索"框输入查询关键字后，单击"搜索"框，可弹出"添加搜索筛选器"选项，如图 1-64 所示。选择需要的属性，即可实现该关键字的快速搜索。

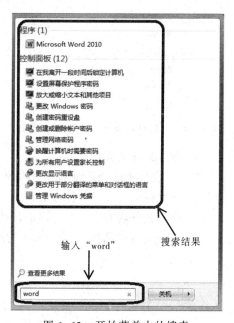

图 1-62 开始菜单中的搜索

图 1-63 文件夹和库窗口中的"搜索"框

图 1-64　搜索筛选器

小　结

通过本章学习，学生能够了解计算机发展的历史，及其发展史上重要的历史人物及其思想；了解计算机分类、新应用和计算机信息科学在医学中的应用；熟练掌握十进制数与二进制数之间的转换；掌握计算机主要硬件设备的主要参数及参数的意义，包括中央处理器、主板、内存、硬盘和显卡几部分；了解 Windows 7 的版本介绍、安装等基本知识；掌握桌面增强功能、实用附件工具、常用系统软件、文件管理等 Windows 7 的基本及特色功能。

习　题　1

一、单选题

1. 下列存储器中对数据可读或写，断电后数据会丢失的是_____。

A. BIOS ROM　　　　B. 内存　　　　C. 硬盘　　　　D. CD-ROM

2. 以下设备中，属于输出设备的是_____。

A. 打印机　　　　B. 鼠标　　　　C. 键盘　　　　D. 图像扫描仪

3. 计算机中字节是常用单位，它的英文名字是_____。

A. Bit　　　　B. Byte　　　　C. Bout　　　　D. Bite

4. 下列关于 CPU 的说法不正确的是_____。

A. 主频越高，CPU 运行速度就越快

B. CPU 主频的单位是赫兹（Hz）

C. 倍频为 CPU 与主板控制芯片之间传输数据的频率

D. CPU 单芯片中可集成多个处理器

5. CPU 中运算器的主要功能是进行_____。

    A．逻辑运算　　　　　　　　　　　　　B．算术运算

    C．算术运算和逻辑运算　　　　　　　　D．复杂方程的求解

6．硬盘属于_____。

    A．内部存储器　　　B．外部存储器　　　C．只读存储器　　　D．输出设备

7．世界上首次提出存储程序计算机体系结构的是_____。

    A．艾仑·图灵　　　B．冯·诺依曼　　　C．莫奇莱　　　　　D．比尔·盖茨

8．计算机中的所有信息都是以_____的形式存储在机器内部的。

    A．字符　　　　　　B．二进制编码　　　C．BCD 码　　　　　D．ASCII 码

9．一个汉字和一个英文字符在微型机中存储时所占字节数的比值为_____。

    A．4:1　　　　　　B．2:1　　　　　　C．1:1　　　　　　D．1:4

10．CPU 中负责指令译码的部件是_____。

    A．运算器　　　　　B．控制器　　　　　C．寄存器组　　　　D．内部总线

11．Windows 7 是_____公司开发的操作系统。

    A．Sun　　　　　　B．Oracle　　　　　C．Lenovo　　　　　D．Microsoft

12．Window 7 中粘贴操作的快捷键是_____。

    A．【Ctrl+C】　　　B．【Alt+C】　　　C．【Ctrl+V】　　　D．【Alt+V】

13．【Shift+Delete】组合键实现的功能是_____。

    A．输入法切换　　　　　　　　　　　　B．大小写切换

    C．打开任务管理器　　　　　　　　　　D．彻底删除

14．使用光盘安装法时，需要将_____设置为系统第一启动位置。

    A．CD-ROM　　　　B．USB HDD　　　C．HDD　　　　　　D．SD card

15．下列快捷键中_____可以打开 Flip 3D 功能。

    A．【Win+E】　　　B．【Win+Tab】　　C．【Alt+Tab】　　　D．【Alt+Shif】

16．下列_____是 Windows 7 中新提供的实现窗口快速最小化的操作。

    A．鼠标左键选中窗口后左右摇晃　　　　B．鼠标左键选中窗口后双击空白处

    C．鼠标左键选中窗口后向两边拖动　　　D．鼠标左键选中窗口后上下摇晃

17．下列不是 Window 7 提供的窗口排列方式的是_____。

    A．层叠窗口　　　　　　　　　　　　　B．堆叠显示窗口

    C．并列显示窗口　　　　　　　　　　　D．平行显示窗口

18．Windows 7 计算器中_____可以实现不同进制之间的转换。

    A．科学型计算器　　　　　　　　　　　B．程序员计算器

    C．统计信息计算器　　　　　　　　　　D．标准型计算器

19．_____键可以实现全屏幕截图。

    A．【NumLock】　　　　　　　　　　　B．【PrintScreen】

    C．【CapsLock】　　　　　　　　　　　D．【ScrollLock】

20．BitLocker 是 Windows 7 提供的_____工具。

    A．系统设置　　　　B．系统维护　　　　C．系统娱乐　　　　D．系统安全

二、多选题

1．冯·诺依曼提出的计算机"存储程序"工作原理，计算机硬件系统结构包括_____部分。

    A.　运算器　　　　　B.　控制器　　　　　　C.　存储器　　　　D.　显示器

2.　下列关于图灵机和冯·诺依曼体系结构说法正确的是_____。

    A.　图灵机和冯·诺依曼体系结构是等价的

    B.　图灵机是一个抽象计算模型，偏重逻辑上的描述

    C.　冯·诺依曼模型是实际的概念，用来描述实际计算机的组成

    D.　两者完全不同，无任何关联

3.　下列关于冯·诺依曼存储程序计算机体系结构说法正确的是_____。

    A.　运算器能够完成算术运算和逻辑运算

    B.　控制器仅控制内存中数据流动的方向

    C.　存储器是具有记忆功能的部件

    D.　输入/输出是向计算机系统输入或输出信息的部件

4.　下列关于 ASCII 码说法正确的是_____。

    A.　ASCII 码仅用于表示阿拉伯数字，以及大、小写英文字母

    B.　一个 ASCII 码对应的二进制数长度为 1 字节

    C.　ASCII 码为国际标准，在世界范围内通用

    D.　ASCII 码表示的数字为字符型

5.　下列关于电子病历说法正确的是_____。

    A.　目前国际上尚无对医院电子病历级别评定的标准

    B.　电子病历可以确保病历书写的规范化及标准化

    C.　使用电子病历能够提高医生的工作效率，降低医疗费用

    D.　电子病历中记录的信息只包括文字病历、表格、数字三种

6.　Windows 7 资源监视器中包含对_____使用情况的监控。

    A.　CPU　　　　　　B.　硬盘　　　　　　C.　网络　　　　D.　内存

7.　Windows 7 提供的屏幕切换方式（计算机与投影仪）包含_____。

    A.　仅计算机　　　B.　仅投影仪　　　　C.　扩展方式　　D.　对照方式

8.　Windows 7 "组织"工具栏中包含_____选项。

    A.　复制　　　　　　B.　控制面板　　　　C.　剪切　　　　D.　重命名

9.　Windows 7 增强的桌面功能包括_____。

    A.　Aero　　　　　　B.　Flip 3D　　　　　C.　GPU　　　　D.　Jump List

三、判断题

1.　主频是 CPU 的实际工作频率，CPU 性能的最基本指标。一般来说，主频越高 CPU 运行速度就越快。　　　　　　　　　　　　　　　　　　　　　　　　　　（　　　）

2.　BIOS（Basic Input/Output System）是固化在计算机主板上芯片中的一组程序，它由主板的电池供电，系统掉电其中的信息会丢失。　　　　　　　　　　　　　（　　　）

3.　RAM 代表的是随机存储器。　　　　　　　　　　　　　　　　　　　（　　　）

4.　世界上首次提出存储程序计算机体系结构的是艾仑·图灵。　　　　　（　　　）

5.　服务器与个人计算机几乎是相同的，没有任何区分，只是说法不同。　（　　　）

6.　Win 7 操作系统具有简单、易用、节能的特点。　　　　　　　　　　（　　　）

7.　Win 7 安装的系统硬件要求比 Windows Vista 高。　　　　　　　　　（　　　）

8. Win 7 系统提供的截图工具不可以实现任意形状的截图。　　　　　　　　（　　　）

9. Win 7 系统下可以对一系列的文件进行重命名。　　　　　　　　　　（　　　）

10. 可按住【Shift】键对多个连续的文件进行选中。　　　　　　　　　　（　　　）

四、填空题

1. 字节（Byte）是计算机处理数据的基本单位，1 字节由＿＿＿＿＿位（bits）组成。

2. 第四代计算机的年代是 1971 年至今，以＿＿＿＿＿器件的应用为标志。

3. CPU 的＿＿＿＿＿参数表示单个芯片中集成的处理器个数。

4. HIS 的系统全称是＿＿＿＿＿。

5. Windows 7 提供的能够方便记录待办事项、电话号码等内容的小工具是＿＿＿＿＿。

6. 打开任务管理器的快捷键是＿＿＿＿＿。

7. 剪切操作对应的快捷键是＿＿＿＿＿。

8. 安装系统时，需要在＿＿＿＿＿修改系统第一启动位置。

五、操作题

1. 将十进制 IP 地址 192.168.0.1 转化为二进制。

2. 利用计算器计算数值 2014 转换之后的二进制表示，并用截图工具将结果保存成图片，然后用画图工具将生成的图片保存为"2014 的二进制表示"，大小为 600×400 像素的 Tiff 格式文件。

第2章 计算机网络应用基础

计算机网络是计算机科学技术重要的分支之一。随着网络的快速发展，它对科学、技术、经济、产业乃至人类的生活都产生了质的影响。本章主要介绍计算机网络的基本概念和结构，以及 Internet 的基本知识和 Internet 的常用应用服务。

学习目标：

- 掌握网络的基础知识和 Internet 的基础知识；

- 了解 Internet 主要应用服务。

2.1 计算机网络

计算机网络技术是通信技术与计算机技术相结合的产物，是一门涉及多种学科和技术领域的综合性技术。网络技术的进步正在对当前信息产业的发展以及人们的生活产生着重要的影响。

2.1.1 计算机网络基本知识

1. 计算机网络的定义

计算机网络是指将分布在不同地理位置上的、具有独立功能的多个计算机系统，通过通信设备和通信线路相互连接起来，在网络软件的支持下实现数据传输和资源共享的计算机群体系统。

2. 计算机网络的功能

计算机网络的功能主要体现在两个方面：信息交换、资源共享。

（1）信息交换

信息交换是计算机网络最基本的功能，主要完成计算机网络中各个结点之间的系统通信。它用来快速传送计算机与终端、计算机与计算机之间的各种信息，包括文字信件、新闻消息、咨询信息、图片资料、报纸版面等。利用这一特点，可实现将分散在各个地区的单位或部门用计算机网络连接起来，进行统一的调配、控制和管理。

（2）资源共享

"资源"指的是网络中所有的软件、硬件和数据资源，如计算处理能力、大容量磁盘、高速打印、绘图仪、通信线路、数据库、文件和其他计算机上的有关信息。"共享"指的是网络中的用户都能够部分或全部地享受这些资源。资源共享增强了网络上计算机的处理能力，提高了计算机软、硬件的利用率。

2.1.2 计算机网络的分类

计算机网络分类的标准一般有以下几种：

① 按照网络覆盖的地理范围分类：分为局域网、城域网、广域网。

② 按照拓扑结构分类：分为星形、环形、总线形、树形等。

③ 按照传输技术分类：分为广播式网络、点到点网络。

1. 按照网络覆盖的地理范围分类

由于网络的覆盖范围不同，采取的传输技术也不同，因此形成 3 种类型网络，分类如下：

（1）局域网（Local Area Network，LAN）

局域网是指处于同一建筑内或方圆几千米地域内的专用网络，其覆盖的地理范围一般在 10 km 以内。由于传输距离短，它具有较高的传输速率且出错率低。目前在许多住宅小区中建设的宽带网，就是一种较大规模的局域网。校园网也属于局域网。

（2）城域网（Metropolitan Area Network，MAN）

城域网覆盖的地理范围一般为几千米到几十千米之间，一般覆盖一个城市及周边地区。

（3）广域网（Wide Area Network，WAN）

广域网是指远距离、大范围的计算机网络，其覆盖的地理范围通常为几十千米到几千千米，它的通信传输装置和媒体一般由电信部门提供。我们常说的因特网就是一个广域网。

2. 按照拓扑结构分类

拓扑学是几何学的一个分支，它将实体抽象成与其大小、形状无关的点，将连接实体的线路抽象成线。网络拓扑通过计算机与通信线路之间的几何关系表示网络结构，其中计算机抽象为结点，通信线路抽象为线。计算机网络按照拓扑结构的分类如图 2-1 所示，每类拓扑结构的特点如下：

（1）星形拓扑

在星形拓扑结构中，有一个中心结点，其他结点与中心结点相连。中心结点控制网络的通信，任何两结点间的直接通信都要经过中心结点。该结构简单，但是中心结点会成为网络的堵点。在具体应用中，可以把结点看成计算机，中心结点看成交换机等互连设备。

（2）环形拓扑

在环形拓扑结构中，结点之间连接成闭合环路。该结构简单，但任何结点出现问题整个网络就会瘫痪。

（3）总线形拓扑

在总线形拓扑结构中，每个结点都共用一条通信线路，一个结点发送信息，该信息会通过总线传送到每一个结点上，属于广播方式的通信。每台计算机对收到信息的目的地址进行比较，当与本地地址相同时，则接收该信息，否则拒绝接收。优点为：可靠性高、易于扩充；缺点为：可容纳的站点数有限，多用于组建局域网。

  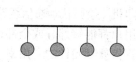

（a）星形拓扑　　　　　　（b）环形拓扑　　　　　　（c）总线形拓扑

图 2-1　常见的网络拓扑结构

3．按照传输技术分类

传输技术决定了网络的主要技术，因此按照通信信道的类型可将网络分为以下两种：

（1）广播式网络

在广播式网络中，所有主机共享一条信道，某主机发出的数据，其他主机都能收到。信道访问控制是要解决的关键问题。广播型结构主要用于局域网，不同的局域网技术可以说是不同的信道访问控制技术。

（2）点到点网络

点到点网络中的每两台主机、两台结点交换机之间或主机与结点交换机之间都存在一条物理信道，机器（包括主机和结点交换机）沿某信道发送的数据，确定无疑只有信道另一端唯一的一台机器收到。

小贴士：信道是信息传输的通道，即信息进行传输时所经过的一条通路。一条传输介质上可以有多条信道（多路复用）。信道一般分为有线信道和无线信道。有线信道通过有线媒介传递信息，例如双绞线、电缆、光缆等。无线信道以无线信号作为通道。

2.2　计算机网络组成

计算机网络系统由网络硬件和网络软件两部分组成。在网络系统中，硬件对网络性能起到决定性作用；而网络软件则是支持网络运行、提高效率和开发网络资源的工具。

2.2.1　网络硬件

网络硬件主要包括主体设备、传输介质和互连设备 3 部分。

1．主体设备

（1）服务器

在局域网中，服务器可以将其 CPU、内存、磁盘、数据等资源提供给各个网络用户使用，并负责对这些资源进行管理，协调网络用户对这些资源的使用。因此要求服务器具有较高的性能，包括较快的数据处理速度、较大的内存以及较大容量和较快访问速度的磁盘等。一般来说服务器是指提供某种特定服务的计算机或是软件包。因此，这一名称可能指某种特定的程序，例如 WWW 服务器，也可能指用于运行程序的计算机。

（2）工作站

工作站是各网络用户的工作场所，通常是一台微机。工作站通过网卡经传输介质与网络服务器相连，用户通过工作站就可以向局域网请求服务和访问共享资源。

（3）外设

外设主要是指网络上可供用户共享的外围设备，通常包括打印机、绘图仪、扫描仪等。

2．传输介质

传输介质用于连接网络中的各种设备，是数据在网络上传输的通路。通常用带宽来描述传输介质的传输容量，用传输率（bit/s）来衡量，在高速情况下，也可用 Mbit/s（兆位每秒）作为衡量单位。介质的容量越大，带宽就越宽，通信能力就越强，传输率也越高。常用的传输介质可分为有线介质和无线介质。

（1）有线介质

常用的有双绞线、同轴电缆和光缆等如图 2-2 所示，均可传输模拟信号和数字信号。

① 双绞线：是最常用的一种传输介质。双绞线由按规则螺旋结构排列的两根、四根或八根绝缘导线组成。双绞线的价格低于其他传输介质，并且安装、维护也非常方便。

② 同轴电缆：同轴电缆以硬铜线为芯，外包一层绝缘材料。这层绝缘材料用密织的网状导体环绕，网外又覆盖一层保护性材料。目前，广泛应用于有线电视和某些局域网中。

③光缆（光纤）：传递光信号，速度快，多用于骨干网的建设。它是网络传输介质中性能最好、应用前途最广泛的一种。

（a）双绞线　　　　　　　　（b）同轴电缆　　　　　　　（c）光缆

图 2-2　常见的网络有线介质

（2）无线介质

常用的无线介质有无线电波、微波、红外线和激光等，大多用于传输数字信号。

3．互连设备

（1）网卡

网卡是计算机与局域网相互连接的接口，也称网络适配器，安装在计算机上，如图 2-3 所示。它一方面负责接收网络传送的数据包，解包后，将数据通过计算机的主板上的总线传输给本地计算机；另一方面将本地计算机上的数据打包后传输到网络上。每一个网卡在出厂前都会有个全球唯一的地址用于标识该网卡，这个地址叫 MAC（Media Access Control）地址，也叫物理地址。

（a）USB 无线网卡　　　　　　（b）PCI-RJ 45 接口网卡　　　　　　（c）PCMCIA 网卡

图 2-3　常见的网络适配器

（2）集线器（Hub）

集线器用多个端口来连接计算机等网络终端，没有任何的智能处理，只是一个纯硬件设备。近年来，由于交换机价格的下调，集线器在价格和性能上已经没有优势，基本上已经被交换机取代。

（3）交换机（Switch）

虽然集线器和交换机都起到局域网的数据传输作用，但是两者有着根本的区别：传统集线器是将某个端口传送来的信号经过放大后传输到所有其他端口，而交换机则是根据数据包中的目标物理地址来选择目标端口。所以在很大程度上交换机减少了冲突的发生。例如，一个 8 口的交换机理论上在同一时刻允许 4 对接口进行交换数据。

（4）路由器（Router）

路由器是一种连接多个不同网络或多段网络的网络设备，它是互联网络的枢纽。路由器也有多个端口，端口分为 LAN 端口和广域网端口，分别用于连接局域网和广域网。路由器的主要功能是路由选择和数据交换，简言之，路由器就是在发送端和接收端找到一条合适的道路来发送数据包。

2.2.2　网络软件

网络软件是计算机网络系统中不可缺少的重要资源。根据网络软件在网络系统中所起的作用不同，可以分为以下几类：

1. 协议软件

网络协议（Protocol）是网络设备之间进行互相通信的语言和规范。它可以保证数据传送与资源共享能顺利完成。1984 年发布了开放系统互连参考模型（Open System Interconnect/Reference Model，OSI/RM）描述网络层次结构的模型，保证各种类型网络技术的兼容性、互操作性。OSI 模型一共有 7 层，分别是：物理层、数据链路层、网络层、传输层、会话层、表示层、应用层。其中，底下 4 层（物理层、数据链路层、网络层、传输层）主要定义数据如何通过物理介质和网络设备传输到目的主机等问题，上面 3 层（会话层、表示层、应用层）主要处理用户接口、数据格式和应用程序的访问问题。每一层完成的功能如表 2-1 所示。

表 2-1　OSI 7 层结构功能

层　　次	主　要　功　能	模　拟　描　述
应用层	与用户应用进程接口	具体做什么
表示层	数据格式的转换	如何表达信息
会话层	会话管理和数据传输同步	该谁讲话？从哪儿开始讲起
传输层	端到端的数据传输	对方在家里的哪间房间
网络层	分组传送、路由选择和流量控制	走哪条路可以到达对方的家
数据链路层	在相邻结点间提供可靠的传输	每一步怎么走
物理层	在物理媒体上传送比特流	如何利用具体的交通工具

OSI 只是一个参考模型，并未有实际成型的模型与之对应。在实际中，各计算机网络厂家纷纷制定了网络传输协议，但是经过多年的市场竞争和实践考验，目前占主导地位的网络传输协议已为数不多，最著名的就是因特网采用的 TCP/IP 协议。OSI 模型与 TCP/IP 模型各层的对应关系如图 2-4 所示。Internet 上使用的是 TCP/IP 协议，完成了异构网络的互连。

TCP/IP 协议簇中有很多协议，如图 2-5 所示。

① 应用层的 HTTP（Hypertext Transfer Protocol，超文本传输协议）用于实现互联网中的 WWW 服务，SMTP

图 2-4　OSI 模型与 TCP/IP 模型的比较

（Simple Mail Transfer Protocol，简单邮件传输协议）用来控制信件的发送和中转等，FTP（File Transfer Protocol，文件传输协议）是 TCP/IP 网络上两台计算机间传送文件的协议。除此之外，还有 DNS 域名服务、Telnet 远程登录等众多应用层协议。

② 传输层的 TCP（Transmission Control Protocol，传输控制协议）和 UDP（User Datagram Protocol，用户数据报协议）用来完成端到端的连接。

③ 网络层的 IP（Internet Protocol，网际协议）负责计算机之间的通信。

④ 网络接口层在 TCP/IP 中并没有涉及，这一层对应的 OSI 模型中的数据链路层和物理层，这两层一般与具体的网络有关，属于底层技术，如著名的以太网（Ethernet）就是设计这两层的一些标准。

应用层	HTTP	SMTP	FTP	TELNET	……
传输层	TCP		UDP		
网络层	IP　……				
网络接口层	LAN、MAN、WAN （有线网、无线网）				

图 2-5　TCP/IP 协议簇

2．网络操作系统

网络操作系统是控制和管理网络资源的操作系统。它与普通的操作系统不同，网络操作系统是在一般的操作系统之上添加了网络功能。常见的网络操作系统有 Windows 系列、Linux、UNIX 等。

微软公司的 Windows 系统不仅在个人操作系统中占有绝对优势，在网络操作系统中也具有非常强劲的力量。Windows 类网络操作系统配置在整个局域网配置中是最常见的，但由于它对服务器的硬件要求较高，且稳定性能不是很高，所以微软的网络操作系统一般只是用在中低档服务器中。在局域网中，工作站系统可以采用任意一个 Windows 或非 Windows 操作系统，包括个人操作系统，如 Windows XP/Vista/Win 7/Win 8。

3．网络服务软件

网络服务软件是运行于特定的操作系统下，提供网络服务的软件。例如 Windows 系统的因特网信息服务器（Internet Information Server，IIS）可以提供 WWW 服务、FTP（文件传输）服务和 SMTP（简单邮件传输）服务等；Apache 是在各种 Windows 和 UNIX 系统中使用频率很高的 WWW 服务软件；Serv-U FTP 等是功能很强大的运行于 Windows 系列操作系统的 FTP 服务软件。

4．网络应用软件

网络应用软件是在网络环境下，直接面向用户的网络软件，是专门为某一个应用领域而开发的软件，能为用户提供一些实际的应用服务。它既可用于管理和维护网络本身，也可用于一个业务领域，如网络数据库管理、网络图书馆、远程网络教学、远程医疗和视频会议等。

2.3　Internet 基本知识

Internet 又称"因特网"或"国际互联网"。它是通过路由器将分布在不同地区、各种各样的网络以各种不同的传输介质和专用的计算机语言（协议）连接在一起的全球性的、开放的计算机互联网络。21 世纪是计算机与网络的时代，对 Internet 基础知识的掌握和运用是现代人必备的技能之一。

2.3.1　Internet 概述

Internet 是计算机国际互联网，它将全世界不同国家、不同地区、不同部门和机构的不同类型的计算机及国家主干网、广域网、城域网、局域网通过网络互连设备永久性地高速互连，因此是一个"计算机网络的网络"。它将全世界范围内各个国家、地区、部门和各个领域的信息资源联为一体，组成庞大的电子资源数据库系统，供全世界的网上用户共享。

Internet 是由多个不同结构的网络，通过统一的协议和网络设备，即通过 TCP/IP 协议和路由器等互相连接而成的、跨越国界的大型计算机互联网络。

Internet 起源于 1969 年美国国防部高级研究计划局（ARPA）主持研制的实验性军用网络 ARPAnet。中国从 1993 年开始，相继启动几个全国范围的计算机网络工程，从而使 Internet 出现了迅猛发展的势头。

世界范围的 Internet 是由多个骨干网连接形成的最大的广域网。其中，骨干网用来连接多个局域网和地区网的几个高速网络，每个骨干网中至少有一个和其他 Internet 骨干网进行包交换的连接点。不同的供应商拥有它们自己的骨干网，以独立于其他供应商。到目前为止，中国的 Internet 已形成四大骨干网。

中国科技网（CSTNET）是在中关村地区教育与科研示范网（NCFC）和中国科学院网（CASnet）的基础上，建设和发展起来的覆盖全国范围的大型计算机网络，是我国最早建设并获得国家正式承认、具有国际出口的中国四大互联网络之一。中国科技网的网络中心还受国务院的委托，管理中国互联网信息中心（CNNIC），负责提供中国顶级域"CN"的注册服务。

中国教育和科研计算机网（CERNET），是由国家投资建设、教育部负责管理、清华大学等高等学校承担建设和管理运行的全国性学术计算机互联网络。CERNET 分四级管理，分别是全国网络中心、地区网络中心和地区主结点、省教育科研网、校园网。全国网络中心设在清华大学，八个地区网点分别设立在北京、上海、南京、西安、广州、武汉、成都和沈阳。

中国金桥信息网（GHINAGBN）即国家公用经济信息通信网，是中国国民经济信息化的基础设施，是建立金桥工程的业务网，支持金关、金税、金卡等"金"字头工程的应用。

中国公用计算机互联网（CHINANET）是面向社会公开开放的、服务于社会公众、大规模的网络基础设施和信息资源的集合。它的基本建设就是要保证可靠的内连外通，即保证大范围的国内用户之间的高质量的互通，进而保证国内用户与国际 Internet 的高质量互通。

小贴士： 2013 年 7 月 17 日，中国互联网络信息中心（CNNIC）在北京发布第 32 次《中国互联网络发展状况统计报告》。截至 2013 年 6 月底，我国网民规模达到 5.91 亿，互联网普及率为 44.1%，其中手机网民规模达 4.64 亿，网民中使用手机上网的人群占比提升至 78.5%。

2.3.2　Internet 的地址结构

接入 Internet 的主机之间的通信除要遵循 TCP/IP 协议外，还必须有一个地址，用于标识与 Internet 连接的每一台主机。Internet 上的主机地址有两种表示形式：IP 地址和域名地址。

1．IPv4 地址

目前 TCP/IP 协议规定 IP 版本有两种：IPv4 和 IPv6，本节主要讲解 IPv4。

IPv4 地址采用分层结构，由网络地址和主机地址组成，用以标识特定的主机位置信息，如图 2-6

网络地址	主机地址

图 2-6　IP 地址结构

所示。其中网络地址标识所在网络，主机地址表示这个网络中的一台计算机。

TCP/IP 协议规定 IPv4 中一个 IP 地址的长度为 32 位，分为 4 字节，每字节用 0～255 之间的整数表示，字节之间用点号分隔，如 202.204.176.10。这种格式的地址称为"点分十进制"地址，采用这种编址方式可使 Internet 容纳 40 亿台计算机。

根据网络规模的大小 IP 地址分为 5 类，一般使用前 3 类即 A、B、C 类，如图 2-7 所示。

A 类	0	网络地址（7bit）		主机地址（24bit）	
B 类	1	0	网络地址（14bit）	主机地址（16bit）	
C 类	1	1	0	网络地址（21bit）	主机地址（8bit）

图 2-7　3 类基本 IP 地址的类型格式

在设置 IP 地址时经常用到"子网掩码"的概念，其长度与 IP 地址的长度相等。子网掩码的主要功能用于指定 IP 地址中前多少位（bit）是网络地址，后多少位标识主机地址。也就是说，如果要判断两个 IP 地址是否在同一个网络时，只需看其对应的子网掩码标识的两个 IP 地址中的网络地址是否相同。

2．IPv6 地址

由于 IPv4 地址的位数有限，所容纳的计算机也有限，随着上网人数增加和物联网的发展，联入 Internet 的终端除了计算机以外，还包括了很多其他终端设备，如何解决日益增加的接入终端数与 IPv4 地址紧缺的矛盾？在这样的环境下，IPv6 应运而生。IPv6 所拥有的地址容量是 IPv4 的约 8×10^{28} 倍，达到 2^{128} 个，这解决了网络地址资源数量的问题。

IPv6 地址为 128 位长，但通常写做 8 组，每组为四个十六进制数的形式。例如：FE80:1234:0000:00B0:AAAA:0000:00C2:0002 是一个合法的 IPv6 地址。

IPv6 地址空间增大了 2^{96}；具有灵活的 IP 报文头部格式，使用一系列固定格式的扩展头部取代了 IPv4 中可变长度的选项字段；IPv6 简化了报文头部格式，字段只有 8 个，加快报文转发，提高了吞吐量，提高了安全性，支持更多的服务类型。

3．域名系统（Domain Name System，DNS）

由于 IP 地址是一串没有意义的数字，难以记忆和理解，为此，Internet 引入了一种字符型的主机命名机制，即域名系统。域名系统中，将 IP 地址转换为有一定意义的符号就是域名。因此域名就是字符化的 IP 地址。例如：www.ccmu.edu.cn 对应的 IPv4 地址是 202.204.176.4。

Internet 域名系统是一个树形结构，如图 2-8 所示。一个完整的域名如 www.tsinghua.edu.cn，最右边是顶级域名，最左边是主机名，自右向左是各级子域名，各级子域名之间用圆点"."隔开。其中 cn 表示中国，edu 表示教育机构，tsinghua 表示清华大学，www 表示名为"www"的主机。

顶级域名分为国家顶级域名和国际顶级域名。国家或地区顶级域名以国家或地区的简写命名，例如：中国是 cn，美国是 us，英国是 uk，加拿大是 ca 等；国际顶级域名代表一类组织，例如：表示工商企业一般用 com，网络提供商是 net，非营利组织是 org，政府机关是 gov 等。

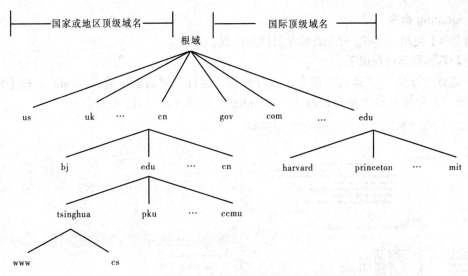

图 2-8　树形结构的域名系统

　　域名系统主要由域名空间的划分、域名管理和地址转换三部分组成。装有域名系统的主机就称为域名服务器，用于供服务器自动翻译查询对照。域名系统分为多个域，每个域由自己的域名服务器进行管理。有了域名服务系统，凡域名空间中有定义的域名都可以有效地"翻译"成 IP 地址，反之 IP 地址也可以"翻译"成域名，因此，用户可以等价地使用域名或 IP 地址。

2.3.3　ipconfig、ping 命令的使用

　　在 Windows 系统中，提供了一组网络相关的诊断命令，这些命令在了解本机的网络相关信息时十分有用，当网络出现故障时，需要用这些命令进行一些简单的判断。

　　ipconfig 命令可以显示网卡的一些配置，比如 IP 地址、DNS、网关等，还可以刷新 DNS，重新获取动态 IP 地址的命令。ping 命令可以判断两点之间的网络连通性。

　　使用这些命令，需在 Win 7 的"命令提示符"窗口输入。"命令提示符"窗口的打开方法为：选择"开始"|"运行"命令，打开"运行"对话框，在其中的"打开"文本框中输入"cmd"，如图 2-9 所示。按【Enter】确认，即可打开"命令提示符"窗口，如图 2-10 所示。

图 2-9　"运行"对话框

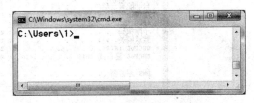

图 2-10　"命令提示符"窗口

　　使用语法为：命令 /参数，例如：ipconfig　/release，其中参数前加斜杠，并用空格与命令分开。

　　以上命令的所有参数含义可以通过语法"命令 /?"显示，例如输入"ipconfig　/?"，显示结果如图 2-11 所示。

1. ipconfig 命令

【例 2-1】使用 ipconfig 命令查看本机网络配置。

【解】具体操作过程如下：

① 选择"开始"|"运行"命令，在打开的"运行"对话框中输入"cmd"，按【Enter】键，打开"命令提示符"窗口，输入"ipconfig"，结果如图 2-12 所示。

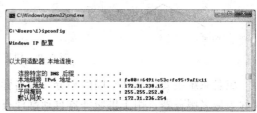

图 2-11 命令使用帮助   图 2-12 ipconfig 查询结果

通过这个命令，可以查看到本机使用的 IP 地址，以及子网掩码和默认网关等信息。

② 查看更详细的网络配置信息。

在"命令提示符"窗口中输入"ipconfig /all"，结果如图 2-13 所示。

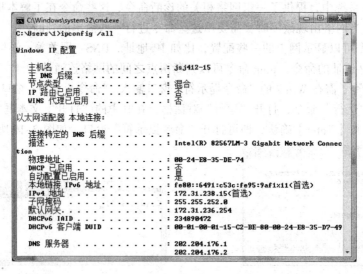

图 2-13 ipconfig /all 查询结果

参数 all 可以查看更详细的网络配置信息。例如网卡的物理地址、DNS 服务器的信息，如果使用了 DHCP 服务，可以查询到 DHCP 的相关信息等。

2. ping 命令

ping 命令用于检查网络是否能够连通。ping 常用的语法是"ping 目标地址"，这里目标地址可以是 IP 地址也可以是网址。例如"ping 202.204.172.203"用于判断本机与 IP 地址为 202.204.172.203 的计算机之间的网络是否连通，"ping www.baidu.com"用于判断本机与该网址对应的计算机之间的网络是否连通。如果命令运行后反馈的信息是连通的，我们经常会用"ping 通"表示。ping 常用的几种方法如下：

①　ping　127.0.0.1："127.0.0.1"是回送地址，指本地机，一般用来测试使用。"ping 127.0.0.1"则在同一台计算机的两个程序之间做自我循环的测试。如果该地址无法 ping 通，则表明本机 TCP/IP 协议不能正常工作，需要重新安装 TCP/IP 协议；如果 ping 通了该地址，证明 TCP/IP 协议正常。

②　ping　本机的 IP 地址：使用 ipconfig 命令可以查看本机的 IP 地址，ping 该 IP 地址，如果可以 ping 通，表明网络适配器（网卡或者 Modem）工作正常，则需要进入下一个步骤继续检查；反之则是网络适配器出现故障。

③　ping　同一局域网的计算机的 IP 地址：ping 一台同网的计算机的 IP 地址，ping 不通则表明网络线路出现故障。

④　ping　网址：如果要检测的是一个带 DNS 服务的网络（比如 Internet），并且能 PING 通目标计算机的 IP 地址后，仍然无法连接到该机，则可以 ping 该机的域名，比如：ping www.baidu.com，ping 通则表明 DNS 设置正确而且 DNS 服务工作正常，反之就可能是其中之一出现了故障。

【例 2-2】使用 ping 命令诊断网路连通性。

【解】具体操作过程如下：

（1）查看计算机的 IP 地址

选择"开始"|"控制面板"命令打开"控制面板"窗口，选择其中的"网路和 Internet"选项，打开"网络和共享中心"窗口，如图 2-14 所示。单击"本地连接"选项，打开"本地连接状态"对话框，如图 2-15 所示。单击"属性"按钮，可查看相关协议的属性，如图 2-16 所示。

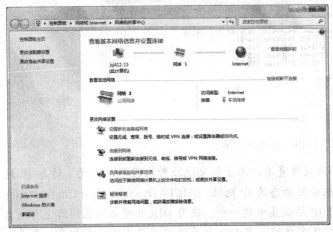
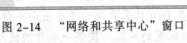

图 2-14　"网络和共享中心"窗口　　　　　　图 2-15　"本地连接"对话框

（2）使用 ping 命令判断两台计算机的网路连通性

打开"命令提示符"窗口，使用 ping 命令判断两台计算机的网络连通性，结果如图 2-17 和图 2-18 所示。

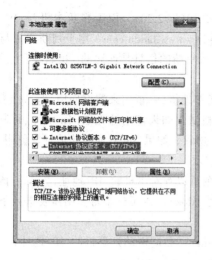

图 2-16 查看"本地连接"属性

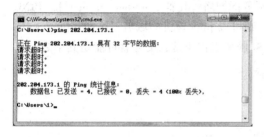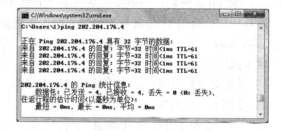

图 2-17 网络不通的结果显示 图 2-18 网络连通的结果显示

（3）使用 ping 命令判断本地机器与 www.ccmu.edu.cn 的连通性

结果如图 2-19 所示。

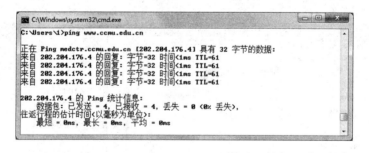

图 2-19 连接结果显示

小贴士：IP 地址是一种非常重要的网络资源，为了解决地址紧缺问题，出现了动态 IP 地址。而 DHCP 主要是用来给网络客户机分配动态的 IP 地址。DHCP（Dynamic Host Configuration Protocol，动态主机配置协议）是 TCP/IP 协议簇中的一种。使用 DHCP 时必须在网络上有一台 DHCP 服务器，而其他机器执行 DHCP 客户端。当 DHCP 客户端程序发出一个信息，要求一个动态的 IP 地址时，DHCP 服务器会根据目前已经配置的地址，提供一个可供使用的 IP 地址和子网掩码给客户端。

2.3.4　Internet 接入

要使用 Internet 上的资源，用户必须使自己的计算机通过某种方式与 Internet 上的某一台服务器连接，否则无法获取网络中的信息。目前，Internet 接入的主要方式如下：

1. ADSL 接入

ADSL（Asymmetrical Digital Subscriber Loop，非对称数字用户环路技术）是运行在原有普通电话线上的一种高速宽带技术，同时实现了电话通信与数据业务互不干扰的传递方式。所谓非对称主要考虑用户下载量远远大于上传量，所以上行（从用户到网络）为低速的传输，下行（从网络到用户）为高速传输。

ADSL 特点是接入方便快捷，利用现有普通电话线、分离器和一台 ADSL 的 modem 即可完成宽带接入，可同时上网和通话，如图 2-20 所示。

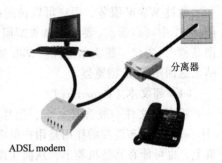

图 2-20　ADSL 接入 Internet

2. 有线电视宽带接入（Cable Modem）

随着有线电视的快速发展，其网络覆盖范围已经超过了电信的网络，成为最大的网络。有线网络可以高效地为用户提供电视信号。有线宽带接入就是借助现有的有线电视网络，利用 Cable Modem 完成模拟信号与数字信号的相互转换，实现在有线电视网络上的 Internet 接入。它无须拨号上网，不占用电话线，可提供随时在线的永久连接。

3. 局域网接入

局域网主要采用以太网技术，使用高速交换机作为中心结点。基本做到千兆到小区、百兆到居民大楼、十兆到用户。局域网接入设备很简单，用户只需一台计算机和一块网卡，但其速度稳定性却难以保证：由于是共享式宽带接入，当上网人数较多时，每个用户所能获得的带宽将会有所下降。

4. 宽带无线接入

宽带无线接入技术是目前非常流行的一种接入技术，宽带无线接入技术代表了宽带接入技术的一种新的发展趋势。宽带无线接入技术一般包含无线个人域网（WPAN）、无线局域网（WLAN）、无线城域网（WMAN）、无线广域网（WWAN）4 类。WWAN 满足超出一个城市范围的信息交流和网际接入需求，其中 2G、3G 蜂窝移动通信系统在目前使用最多。

小贴士：2013 年 12 月 4 日下午，工业和信息化部（以下简称"工信部"）向中国联通、中国电信、中国移动正式发放了第四代移动通信业务牌照（即 4G 牌照），中国移动、中国电信、中国联通 3 家均获得 TD-LTE 牌照，此举标志着中国电信产业正式进入了 4G 时代。

2.4　Internet 应用服务

下面来具体讲解 Internet 应用服务。

2.4.1 WWW 服务

WWW 服务即万维网 "World Wide Web"，简称 WWW 服务或 Web 服务，是目前应用最广的一种基本 Internet 应用，也是最受欢迎的 Internet 服务。

1. WWW 服务工作原理

通过 WWW 服务，用户可以访问超文本文件。WWW 服务的基本结构如图 2-21 所示。从图 2-21 中可以看出，要实现 WWW 服务需要 WWW 服务器（Web 服务器）、WWW 浏览器（Web 浏览器）、协议、超文本文件。Web 浏览器向 Web 服务器发出请求，Web 服务器接收请求将结果返回给 Web 浏览器。

（1）超文本（Hypertext）

超文本文件一般含有文字、图片、声音、影像等多媒体对象，最重要的是有"超链接"（Hyperlink）。超链接的作用是用户单击该链接可以实现不同页面的跳转，而这个页面可能在本机上，也可能在其他机器上，从而实现超文本的网状结构，如图 2-22 所示。超文本的格式有很多，目前最常用的是 HTML（Hyper Text Markup Language，超文本置标语言），用超文本置标语言编写的文件就是我们常说的网页。

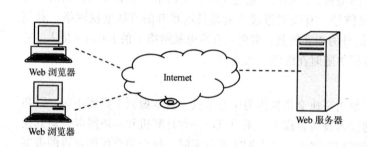

图 2-21　WWW 服务结构　　　　　　　　　　图 2-22　超文本的网状结构

（2）超文本传输协议（HTTP）

HTTP（Hyper Text Transport Protocol）即超文本传输协议，所有的 WWW 程序都必须遵循这个协议标准。它的主要作用是对某个资源服务器的文件进行访问，包括对该服务器上指定文件的浏览、下载、运行等。

（3）Web 服务器

Web 服务器是任何运行 Web 服务器软件或者指提供 WWW 服务的计算机。简而言之 Web 服务器的主要功能是提供网上信息浏览服务。Apache 仍然是世界上用得最多的 Web 服务器，世界上很多著名的网站都是 Apache 的产物。它的成功之处主要在于它的源代码开放、可以运行在几乎所有的 UNIX、Windows、Linux 系统平台上。Microsoft 提供了一种 Web 服务器，名为 Internet Information Server（IIS）。一般在用户安装 Win 7 操作系统后，可以通过"控制面板"的"程序"中的"打开或关闭 Windows 功能"启用 IIS 服务，如图 2-23 所示。

图 2-23　"关闭 Windows 功能"窗口

（4）Web 浏览器

Web 浏览器是 WWW 服务中的客户端，用来与 Web 服务器建立连接，并与之进行通信。它可以根据链接确定信息资源的位置，并将用户感兴趣的信息资源取回来，对 HTML 文件进行解释，然后将文字图像或者将多媒体信息还原出来。常见的浏览器有 IE 浏览器、Chrome 浏览器、Firefox 浏览器、Opera 浏览器等。

小贴士：互联网分析机构 Net Application 公布了 2013 年 12 月份浏览器市场份额情况，IE 浏览器的市场份额达到了 57.91%，下跌了 0.45%；Firefox 浏览器下滑至 18.35%，而 Chrome 浏览器所占份额为 16.22%，上升了 0.78%。

2．URL 统一资源定位器

URL（Uniform Resource Locator，统一资源定位器）用来标识因特网中网页的位置并通过 URL 地址进行管理和检索。URL 地址可以是本地磁盘，也可以是局域网上的某台计算机，更多的是 Internet 上的站点。简单地说，URL 就是 Web 地址，俗称"网址"。

URL 由 3 部分组成：协议类型、主机名和路径及文件名。格式为："协议://主机名:端口号/路径/文件名"。

- 协议：指定使用的传输协议，最常用的是 HTTP 协议。
- 主机名：指存放资源的服务器的域名系统（DNS）主机名或 IP 地址。
- 端口号：各种传输协议都有默认的端口号，如 http 的默认端口为 80。如果输入时省略，则使用默认端口号。有时候出于安全或其他考虑，可以在服务器上对端口进行重定义，即采用非标准端口号，此时，URL 中就不能省略端口号这一项。
- 路径：由零或多个"/"符号隔开的字符串，一般用来表示主机上的一个目录或文件地址。
- 文件名：浏览网页的文件名称。

字符串"http://www.ccmu.edu.cn/col/col6443/index.html"就是一个典型的 URL，表示使用 http 协议，域名为 www.ccmu.edu.cn，路径是服务器上主目录下的"col"子目录下的"col6443"目录，文件名是"index.html"。

3．IE 10 浏览器使用

Internet Explorer 10（Windows Internet Explorer 10，简称 IE 10）是微软公司开发的网页浏览器。IE 10 浏览器的界面由地址栏、选项卡、浏览区、"工具"按钮、"收藏夹"按钮、"主页"按钮组成，如图 2-24 所示。

图 2-24　IE 10 界面

（1）地址栏

用户可以在地址栏中输入要访问的网址，打开相应的网站，如：http://www.baidu.com 或 www.baidu.com，其中"http://"IE 浏览器会自动添加。在地址栏的右侧图标如图 2-25 所示。

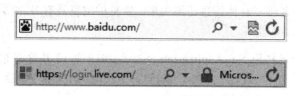

图 2-25　地址栏图标

地址栏的各图标的功能如下：

① 🔍 "放大镜"搜索：作用类似于搜索引擎，用于定位到默认搜索程序搜索地址栏中用户输入的文本信息。

② ▼ "三角形"下拉按钮：为用户显示搜索建议、历史记录和收藏夹。

③ 🖼 "兼容性视图"：是兼容为旧版本设计的网站。IE 10 默认是以非兼容性视图来开启网页的，如果有需要启用兼容性视图只需单击"兼容性视图"图标，待图标变成蓝色会自动刷新该页面。

④ ↻ "刷新"按钮：用于重新载入当前网页，也可以按【F5】键。

⑤ ✖ "停止"按钮：用于停止载入当前网页。

⑥ 🔒 "加密"图标：标识该网站是经过加密的，安全系数较高。一般当访问以" https:// "开头的网页时便会显示该图标。

如果在 IE 10 的地址栏中输入文本，但是该文本无法解析为有效的 Web 地址或者该文本以问号、search、find 或 go 开头，则 IE 10 会重定向到默认的搜索程序，以帮助用户定位要搜索的站点。如地址栏中输入"北京天气"，结果显示如图 2-26 所示。网页会跳转到"必应"网站进行搜索，并将搜索结果显示出来。

小贴士：必应（Bing）是一款微软公司于 2009 年 5 月 28 日推出的用以取代 Live Search 的搜索引擎，中文名称定为"必应"，与微软全球搜索品牌 Bing 同步，网址为 http://www.bing.com。

（2）收藏夹

收藏夹用于保存自己喜欢、常用的网站。收藏夹类似计算机的资源管理器，可以分门别类地保存众多的网址。

（3）"工具"按钮

IE 10 把以往 IE 版本中菜单里常用的功能都集中在"工具"按钮下，打开"工具"下拉列表，如图 2-27 所示，主要涉及常用设置、安全管理、Internet 选项等。

（4）"主页"按钮

主页是打开 IE 浏览器时的初始网页，用户可以自行设置主页。

（5）IE 浏览器窗口设置

右击 IE 浏览器空白处，在弹出的快捷菜单中，用户可以设置浏览器窗口工具栏的显示和隐藏，如图 2-28 所示。

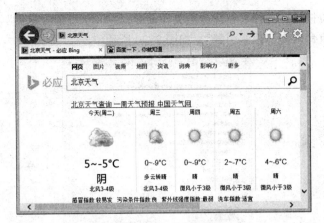

图 2-26　"Bing"网站窗口

图 2-27　"工具"下拉列表

图 2-28　设置 IE 浏览器窗口

【例 2-3】IE 浏览器的使用。

【解】具体操作过程如下：

（1）添加常用的主页

添加百度 http://www.baidu.com 和 126 邮箱 http://www.126.com 为 IE 浏览器的主页。主页是每次打开 IE 10 浏览器时会自动显示主页中设置的网址。操作如下：

打开 IE 浏览器，单击地址栏右侧的"工具"按钮，在其下拉列表中选择"Internet 选项"命令，打开"Internet 选项"对话框中，在"常规"选项卡的"主页"文本框内输入网址，设置如图 2-29 所示。

（2）查看

关闭 IE 浏览器，重新打开 IE 查看选项卡打开的网站是否是设置的主页。

（3）收藏百度到收藏夹中新建的"搜索引擎"文件夹中

收藏夹用来保存用户访问的网站地址，用户访问时，可直接在收藏夹中打开，不必重复输入网址。在收藏夹里，用户还可以重新规划网址的存放。操作如下：

单击地址栏右侧的"收藏夹"按钮，打开"收藏夹"

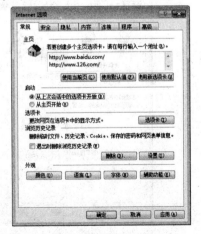

图 2-29　设置主页

任务窗格，选择"添加到收藏夹"下拉按钮，选择"整理收藏夹"命令，打开"整理收藏夹"对话框，单击"新建文件夹"按钮，重命名为"搜索引擎"，如图2-30所示。

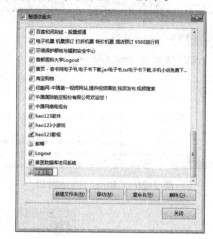

图 2-30　整理收藏夹

在 IE 浏览器中打开百度网页，单击地址栏右侧的"收藏夹"按钮，再选择"添加到收藏夹"命令，打开"添加收藏"对话框，按图2-31所示设置"名称"和"创建位置"。

（4）添加126信箱到受信任的站点

为了提高 IE 的浏览速度，通常会把经常用到的网站添加到受信任的站点列表中。操作如下：

图 2-31　添加收藏

单击 IE 浏览器地址栏右侧的"工具"按钮，在其下拉列表中选择"Internet 选项"命令，打开"Internet 选项"对话框，在"安全"选项卡中选择"受信任的站点"选项，如图2-32所示。单击"站点"按钮，打开"受信任的站点"对话框，如图2-33所示。输入网址"http://www.126.com"，单击"添加"按钮即可添加126信箱到受信任的站点。

图 2-32　设置受信任站点　　　　　　　图 2-33　添加受信任的站点

（5）设置 Internet 区域安全级别

IE 浏览器自动将所有站点分到 4 个区域：Internet、本地 Intranet、受信任的站点和受限制的站点，分别赋予 4 个区域不同的安全级别。用户可以通过"安全"选项卡选择相应的安全区域，根据要求调整安全级别为"高""中""低"等。用户还可以针对某一区域设置更详细的安全信息，针对"ActiveX 控件和插件""Java""脚本""下载""用户验证"等安全选项进行选择性设置，如"启用""禁用"或"提示"。操作如下：

单击 IE 浏览器地址栏右侧的"工具"按钮，在其下拉列表中选择"Internet 选项"命令，打开"Internet 选项"对话框，在"安全"选项卡下，选择"Internet"选项，然后拖动滑块，设置"该区域的安全级别"为"中-高"，单击"自定义级别"按钮， 打开"安全设置-Internet 区域"对话框，按如图 2-34 所示进行 ActiveX 的相应设置。

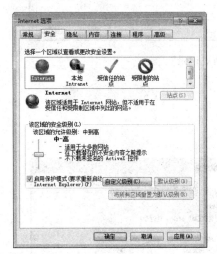

图 2-34　安全设置

（6）设置"历史记录"和"Cookie"

用户在浏览网站后，Internet 会留下痕迹，用户可以通过设置"历史记录"和"Cookie"来完成相应的安全设置。"历史记录"中记录用户近期访问的网址。Cookie 是指网站放置在用户计算机上的文本文件，一般存放用户访问网站的信息，如登录信息等。Cookie 最典型的应用是判断注册用户是否已经登录网站，用户可能会得到提示，是否在下一次进入此网站时自动登录。但是有些 Cookie 可能会危及用户隐私，需要用户在 IE 浏览器中对 Cookie 进行相应的设置保证用户信息不会被窃取。

设置"历史记录"网页保存天数的操作为：单击 IE 浏览器地址栏右侧的"工具"按钮，在其下拉列表中选择"Internet 选项"命令，打开"Internet 选项"对话框，单击"常规"选项卡中的"浏览历史记录"栏中的"设置"按钮，打开"网站数据设置"对话框，选择"历史记录"选项卡，设置历史记录中网页的保存天数，如图 2-35 所示。

允许 Cookie 的操作为：单击 IE 浏览器地址栏右侧的"工具"按钮，在其下拉列表中选择"Internet 选项"命令，打开"Internet 选项"对话框，选择"隐私"选项卡，单击"高级"按钮，打开"高级隐私设置"对话框，按如图 2-36 所示进行相应设置。

图 2-35 设置"历史记录"

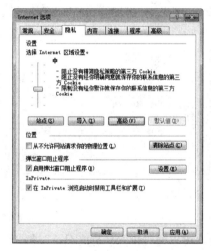

图 2-36 设置 Cookie

删除"历史记录"和"Cookie"保存的信息的操作为：单击 IE 浏览器地址栏右侧的"工具"按钮，在其下拉列表中选择"Internet 选项"命令，打开"Internet 选项"对话框，在"常规"选项卡下单击"浏览历史记录"栏的"删除"按钮，打开"删除浏览历史记录"对话框，选择"Cookie 和网站数据"和"历史记录"复选框，如图 2-37 所示。单击"删除"按钮进行删除。

（7）保存打开百度网站

保存网站到 D 盘，保存类型为"网页，全部（*.htm,*.html）"，文件名为"baidu-1"。再次保存百度网站到 D 盘，保存类型为"文本文件（*.txt）"文件名为"baidu-2"。并查看 D 盘保存的"baidu-1"和"baidu-2"文件。操作过程如下：

图 2-37 "删除浏览历史记录"对话框

单击 IE 浏览器地址栏右侧的"工具"按钮⚙，在其下拉列表中选择"文件"|"另存为"命令，打开如图 2-38 所示的"保存网页"对话框。设置保存类型和保存位置，输入文件名后单击"确定"按钮即可保存网页。

图 2-38　保存网页

小贴士：静态网页是相对于动态网页而言，是指没有后台数据库、不含程序和不可交互的网页。网页 URL 的后缀一般是.htm、.html、.shtml、.xml 等静态网页的常见形式。动态网页以数据库技术为基础，它实际上并不是独立存在于服务器上的网页文件，只有当用户请求时服务器才返回一个完整的网页。采用动态网页技术的网站可以实现更多功能，如用户注册、用户登录、在线调查、用户管理等。

2.4.2　电子邮件服务

电子邮件（E-mail），是一种利用网络提供信息交换的通信方式，是互联网应用最广的服务。电子邮件的内容可以是文字、图像、声音等多种形式。

1. 电子邮件工作原理及协议

通常 Internet 上的个人用户不能直接接收电子邮件，而是向 ISP（Internet Service Provider，因特网服务提供商）申请一个电子邮箱，由 ISP 主机负责电子邮件的接收。ISP 主机的硬件是一个高性能、大容量的计算机，它的硬盘为每个申请邮箱的用户分配了一定的空间，作为用户的"邮箱"。ISP 主机起着"邮局"的作用，一旦有用户的电子邮件到来，ISP 主机就将邮件移到用户的电子信箱内，并通知用户有新邮件。因此，当发送一条电子邮件给另一个客户时，电子邮件首先从用户计算机发送到 ISP 主机，再到 Internet，然后转到收件人的 ISP 主机，最后到收件人的个人计算机，如图 2-39 所示。

① SMTP（Simple Mail Transfer Protocol，简单邮件传输协议）主要负责如何将邮件从一台邮件服务器传送至另外一台邮件服务器。

② POP3（Post Office Protocol，邮局协议）是一种用来从邮件服务器上读取邮件的协议。

③ IMAP（Internet Message Access Protocol，因特网消息访问协议）是 POP3 的一种替代协议，提供了邮件检索和邮件处理的新功能，这样用户可以完全不必下载邮件正文就可以看到邮件的标题摘要，从邮件客户端软件就可以对服务器上的邮件和文件夹目录等进行操作。

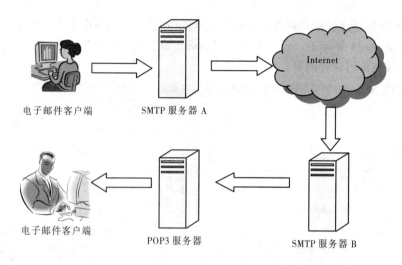

图 2-39　电子邮件工作流程

小贴士：ISP 是向广大用户综合提供互联网接入业务、信息业务和增值业务的电信运营商。国内常见的电子邮件服务商有网易、腾讯、新浪、搜狐等主流 ISP，国外常见的有 Gmail、Hotmail、Yahoo 等。

2. 电子邮件地址格式

电子邮箱地址的格式是"用户账号@邮件服务器域名"，其中用户邮箱的账号对于同一个邮件服务器来说必须是唯一的；"@"是分隔符；"邮件服务器域名"是邮件必须要交付到的邮件服务器所在的域名。例如在"zhangsan@126.com"中，用户账号为"zhangsan"，邮件接收服务器域名为"126.com"。

【例 2-4】申请和使用 126 免费电子邮箱。

【解】具体操作过程如下：

（1）申请邮箱

在 IE 浏览器地址栏输入"http://www.126.com"，然后单击网页上的"注册"按钮，进入注册界面，如图 2-40 所示。其中前面带红色"*"号的项目必须填写。

图 2-40　126 邮箱注册界面

（2）登录电子邮箱

在浏览器地址栏输入"http://www.126.com"，打开登录界面，输入用户名和密码，单击"登录"按钮。

（3）收发和转发邮件

单击"收件箱"选项将显示收到的邮件，单击"写信"按钮书写新邮件；打开要转发的邮件，然后单击网页上的"转发"按钮，打开新的邮件编写界面，此时原邮件的内容已经自动填入，只需填写"收件人"即可。

（4）设置邮箱的自动回复

登录 126 邮箱，单击窗口上方的"设置"按钮进入设置界面，如图 2-41 所示，选择左侧"基本设置"进行设置。

图 2-41　邮箱设置界面

2.4.3　文件传输服务

1．文件传输协议（FTP）

Internet 是一个非常复杂的计算机环境。各种操作系统之间交流文件时，需先建立一个统一的文件传输协议，这就是文件传输协议（File Transfer Protocol，FTP）。FTP 协议是 TCP/IP 协议簇中应用层的协议，它的任务是实现两台计算机之间文件的可靠传输，而传输过程与这两台计算机所处的位置、连接的方式及是否使用相同的操作系统无关。

2．FTP 工作原理

与大多数 Internet 服务一样，FTP 也是一个客户端/服务器系统。用户通过一个支持 FTP 协议的客户端程序，通过网络连接到在远程主机上的 FTP 服务器程序。用户通过客户端程序向服务器程序发出命令，服务器程序执行用户所发出的命令，并将执行的结果返回到客户机。FTP 工作结构如图 2-42 所示。

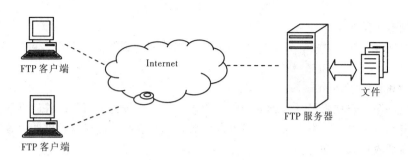

图 2-42　FTP 工作原理图

3. 使用 FTP

在使用 FTP 服务时，用户经常会上传和下载文件。若将文件从自己计算机中复制到远程计算机上，称之为上传（Upload）文件。从远程计算机复制文件到自己的计算机上，称之为下载（Download）文件。

用户使用 FTP 时必须先登录远程的 FTP 服务器，在取得相应的权限后方可进行上传或下载文件。权限是指 FTP 服务器允许客户端可以对其上的文件或目录进行何种操作，例如只读、执行、写操作等。

登录 FTP 服务器方式有两种：一种是需要用户名和密码，另一种是匿名登录，即用户在访问 FTP 服务器时无需提供用户名密码。系统管理员为匿名登录的用户建立了一个特殊的用户 ID，名为 anonymous。密码可以是任意的字符串。值得注意的是，并不是所有 FTP 服务器都提供匿名登录，只有在提供了匿名登录的 FTP 服务器上，客户端才可以用 anonymous 登录。

大多数最新的网页浏览器和文件管理器都能和 FTP 服务器创建连接，例如 IE 浏览器，直接在地址栏中输入"ftp://FTP服务器地址"，例如"ftp://ftp.gimp.org"，打开后就可以操控远程文件，如同操控本地文件一样。

常用的 FTP 服务器有微软公司的互联网信息服务（Internet Information Services，IIS）和 Serv-U、FileZilla服务器端等。FTP客户端软件有 IE 浏览器、FileZilla客户端、LeapFTP、CuteFTP、FlashFXP 等。

4. 使用 FTP 客户端

FileZilla 的客户端是一个免费的、开源的 FTP 客户端，支持 Windows、Linux 和 Mac OS 平台。用户可以使用 FileZilla 客户端上传和下载文件。FileZilla 的客户端程序下载地址为：https://filezilla-project.org。

【例 2-5】使用 FileZilla 客户端软件登录首都医科大学 FTP 服务器下载文件。

【解】具体操作过程如下：

（1）界面介绍

打开 FileZilla 客户端程序，界面如图 2-43 所示。

各部分具体介绍如下：

- 快速链接栏：快速设置 FTP 服务器地址和用户登录 FTP 服务器的用户名、密码。
- 远程窗口：显示 FTP 服务器端的目录。
- 本地窗口：显示本地机器的目录。
- 消息日志窗口：显示 FTP 连接状态。
- 消息队列：显示用户下载或上传的进度。

工具栏
快速链接栏
消息日志窗口
本地窗口
远程窗口
消息队列

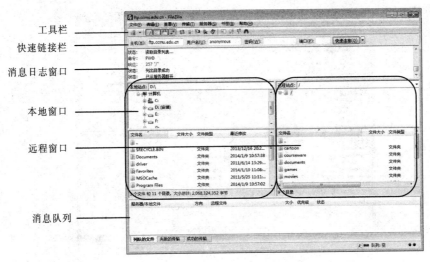

图 2-43　FileZilla 客户端软件界面

（2）连接 FTP 服务器

选择"文件"｜"站点管理器"命令，打开"站点管理器"对话框，如图 2-44 所示。

图 2-44　"站点管理器"对话框

单击"新站点"按钮，将新站点名称修改为"首都医科大学"，在右侧的"常规"选项卡下，输入 FTP 主机地址"ftp.ccmu.edu.cn"，登录类型为"匿名"，单击下方的"连接"按钮连接 FTP 服务器。

注意：主机地址可以填域名，如 ftp.ccmu.edu.cn，也可以填入对应的 IP 地址。如果 FTP 服务器不允许匿名登录，则需要在用户名和密码栏中输入登录 FTP 服务器的用户名和密码。端口号一般为 21。

用户还可以使用"快速链接栏"连接 FTP 服务器，如图 2-45 所示。在"主机"文本框中输入 FTP 服务器的地址，登录 FTP 服务器的用户名和密码，单击"快速连接"按钮进行连接。

图 2-45　快速连接工具栏

连接成功后，会在远程窗口中显示 FTP 服务器站点目录中的内容，"消息日志"窗口可以查看与远程主机连接的状态，如图 2-46 所示。

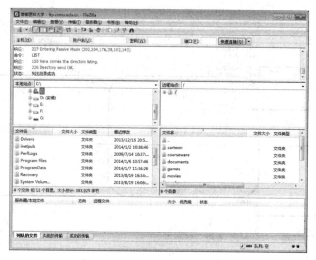

图 2-46　FTP 服务器连接成功界面

（3）文件的下载

在本地窗口中指定下载的文件存放的目录，例如"C:\"。
在远程窗口中选取下载的文件或目录，右击下载的文件或目
录，在弹出的快捷菜单中选择"下载"命令，如图 2-47 所
示。也可以直接将文件或目录拖动到本地窗口的某一目录下。
FileZilla 客户端开始下载文件或目录后，消息队列中会显示
下载进度条，如图 2-48 所示。

（4）终止或清除下载任务

图 2-47　FTP 文件的下载快捷菜单

在"消息队列"窗口中，选择某一下载任务，右击弹出快捷菜单，如图 2-49 所示，选择
"处理队列"命令，该下载任务将终止。选择"移除选定"、"停止并删除所有"命令，则清空选
定的下载任务和所有的下载任务。

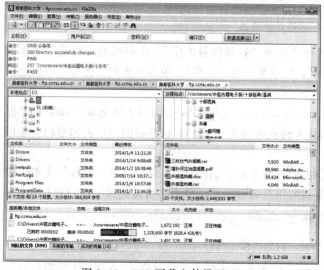

图 2-48　FTP 下载文件界面

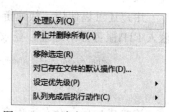

图 2-49　"消息日志"快捷菜单

（5）文件的上传

FileZilla 除了下载文件以外，也具备上传文件的功能，文件的上传与文件的下载过程刚好相反，是把本地的文件传送到目标服务器上。首先在远程窗口中指定接收上传内容的目录，然后在本地窗口中选取需要上传的文件，直接拖动到远程窗口中，完成上传操作。

注意：为了数据安全，大部分的 FTP 服务器都不允许用户从客户端上传文件。

2.4.4　信息检索

信息检索（Information Retrieval）是指从信息资源的集合中查找所需文献或查找所需文献中包含的信息内容的过程。目前，文本信息检索是发展最成熟的信息检索技术，而图像检索技术和多媒体检索技术仍需要发展完善。

面对互联网上丰富的信息资源，一般通过搜索引擎查找所需信息。搜索引擎是指根据一定的策略，运用特定的计算机程序从互联网上搜集信息，再对信息进行组织和处理后，为用户提供检索服务，将用户检索相关的信息展示给用户的系统。搜索引擎按其工作方式可分为 3 种：全文搜索引擎、垂直搜索引擎和元搜索引擎。

（1）全文搜索引擎

全文搜索引擎是名副其实的搜索引擎，目前有很多流行的英文和中文搜索引擎，如谷歌 Google（http://www.google.com.hk）、百度（http://www.baidu.com，见图 2-50（a））等。它们都是通过从互联网上提取各个网站的信息（以网页文字为主）而创建的数据库。检索与用户查询条件匹配的相关记录，然后按一定的排列顺序将结果返回给用户。

小贴士：每个被收录的网页在百度上都存有一个纯文本的备份，称为"快照"。如果搜索的网页无法打开，可以通过"快照"快速浏览页面内容。不过，百度只保留文本内容，所以，图片、音乐等非文本信息快照页面无法显示。

（2）垂直搜索引擎

垂直搜索引擎是针对某一个行业的专业搜索引擎，是搜索引擎的细分和延伸，是对网页库中的某类专门的信息进行一次集成，定向分字段抽取出需要的数据，处理后再以某种形式返回给用户。常用医学专业搜索引擎有 Medical Matrix（http://www.medmatrix.org）、Medical World Search（http://www.mwsearch.com）、Medscape（http://www.medscape.com）和 Clinic Web International（http://www.ohsu.edu/cliniweb）等。

Medical Matrix 是一种医学索引和目录，1994 年由堪萨斯大学建立，现由美国 Medical Matrix LLC 主持，是目前最重要的医学搜索引擎，如图 2-50（b）所示。它的最终用户是面对美国医生以及工作在医疗第一线的卫生工作者。Medical Matrix 根据网上资源的临床应用程度进行排序。排序时主要考虑资源的质量、同行评议情况、全文提供情况、多媒体特征以及是否免费等。

（3）元搜索引擎

元搜索引擎根据用户请求向多个搜索引擎发出实际检索请求，搜索引擎执行元搜索引擎检索请求后，将检索结果以应答形式传送给元搜索引擎，元搜索引擎将从多个搜索引擎获得的检索结果经过整理再以应答形式传送给实际用户。

著名的国外元搜索引擎有 InfoSpace、Dogpile、Vivisimo 等。国外对元搜索的开发应用很早，目前在美国使用元搜索引擎和使用 Google 一样普遍，而国内真正长期坚持致力于开发独特用户体验的元搜索网站并不多。

（4）专业网络数据库的检索

随着信息量的不断增长，对信息检索有效性的要求越来越高。专注于某一行业的网络数据库作为一种重要的资源，成为科研工作者获取学术信息不可缺少的工具。

PubMed 数据库是医学、生命科学领域的数据库，旨在组织、分享科研领域信息。其网址为：http://www.ncbi.nlm.nih.gov/pubmed。主页如图 2-50（c）所示。PubMed 它具有收录范围广、内容全、检索途径多、检索体系完备等特点，部分文献还可在网上直接免费获取全文。

中国知识基础设施工程 CNKI（China National Knowledge Infrastructure）是以实现全社会知识资源传播共享与增值利用为目标的信息化建设项目，由清华大学、清华同方发起，始建于 1999年 6 月。其网址为：http://www.cnki.net。主页如图 2-50（d）所示。目前，中国知网已实现了国内 25% 的知识资源的数字化和网络化共享，集结了 7 000 多种期刊、近 1 000 种报纸、18 万本博士/硕士论文、16 万册会议论文、30 万册图书以及国内外 1 100 多个专业数据库。

（a）"百度"主页

（b）Medical Matrix 主页

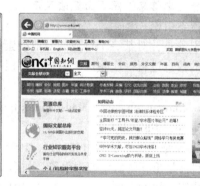

（c）PubMed 主页

（d）CNKI 主页

图 2-50　搜索引擎主页

【例 2-6】使用搜索引擎进行信息检索。

【解】具体操作过程如下：

（1）使用百度搜索有关首都医科大学招生的 ppt 文件

具体操作如下：打开百度网站，选择"网页"选项，在搜索栏中输入"首都医科大学招生 filetype:ppt"。提示：关键字"filetype：文件类型"用于限定搜索的文件类型。结果如图 2-51所示。

图 2-51 "百度网页"查询结果

（2）使用百度地图查找

使用百度地图查找从天安门到国家游泳中心的公交路线，要求"少换乘"，交通工具"不坐地铁"。具体操作如下：打开百度网站，选择"地图"选项，设置好起点、终点等信息后，单击"百度一下"按钮进行查找。结果如图 2-52 所示。

图 2-52 "百度地图"查询结果

（3）使用百度音乐下载音乐文件

具体操作如下：打开百度网站，选择"音乐"选项，进行查找并下载。

（4）下载

使用百度文库，下载有关"chrome 浏览器的使用帮助"的 word 文件。具体操作如下：打开百度网站，选择"文库"选项，进入"百度文库"，在查找输入框中输入要找的信息关键字，单击"百度一下"按钮进行查找，结果如图 2-53 所示。（注意百度文库下载文件需要注册用户名）

图 2-53 "百度文库"查询结果

小　结

本章 2.1 节介绍了计算机网络的基础知识，包括网络的定义和分类；2.2 节介绍了网络的组成，详细介绍了网络的硬件及软件；2.3 节介绍了 Internet 的基础知识，详细介绍了 Internet 的地址结构以及常用的测试网络的命令和如何接入 Internet；2.4 节介绍了 Internet 应用服务，包括常用的 WWW 服务、电子邮件服务、文件传输服务等。通过本章的学习和实践，可以基本掌握 Internet 的常用操作。

习　题　2

一、单选题

1. OSI（开放系统互连参考模型）的最顶层是_____。
   A. 传输层　　　　　B. 网络层　　　　　C. 物理层　　　　　D. 应用层
2. 计算机网络中广域网和局域网的分类是以_____来划分的。
   A. 信息交换方式　　　　　　　　　B. 网络使用者
   C. 网络连接距离　　　　　　　　　D. 传输控制方法
3. 数据通信中的信道传输速率单位用 bit/s 表示_____。
   A. 字节/秒　　　　　B. 位/秒　　　　　C. K 位/秒　　　　　D. K 字节/秒
4. TCP/IP 是_____。
   A. 一种网络操作系统　　　　　　　B. 网址
   C. 一套通信协议　　　　　　　　　D. 一个硬件连接设备
5. IPv4 地址中，C 类地址中用_____位来标识网络中的一台主机。
   A. 8　　　　　　　B. 14　　　　　　　C. 16　　　　　　　D. 24
6、使用电话线接入 Internet 时必备的设备是_____。
   A. 网卡　　　　　B. Modem　　　　　C. 中继器　　　　　D. 同轴电缆
7. Switch 是_____。
   A. 网卡　　　　　B. 交换机　　　　　C. 集线器　　　　　D. 路由器
8. _____是实现数字信号和模拟信号转换的设备。
   A. 网卡　　　　　B. 调制解调器　　　　C. 网络线　　　　　D. 都不是
9. 局域网常用的基本拓扑结构有_____、环形和星形。
   A. 层次型　　　　B. 总线形　　　　　C. 交换型　　　　　D. 分组型
10. 一座办公大楼内各个办公室的计算机进行联网，这个网络属于_____。
    A. WAN　　　　　B. LAN　　　　　C. MAN　　　　　D. GAN
11. 计算机传输介质中传输最快的是_____。
    A. 同轴电缆　　　B. 光缆　　　　　C. 双绞线　　　　　D. 铜质电缆
12. DNS 的中文含义是_____。
    A. 邮件系统　　　B. 地名系统　　　　C. 服务器系统　　　　D. 域名服务系统
13. Web 上每一个页都有一个独立的地址，这些地址称做统一资源定位器，即_____。
    A. URL　　　　　B. WWW　　　　　C. HTTP　　　　　D. USL

14. IE 10 是一个 _____。

    A. 操作系统平台　B. 浏览器　　　　　　C. 管理软件　　　　　D. 翻译器

15. Internet 网站域名地址中的 GOV 表示 _____。

    A. 政府部门　　　B. 商业部门　　　　　C. 网络机构　　　　　D. 非盈利组织

16. TCP/IP 是 _____ 使用的协议标准。

    A. Novell 网　　　B. ATM 网　　　　　　C. 以太网　　　　　　D. Internet

17. E-mail 地址的格式为 _____。

    A. 用户名@邮件主机域名　　　　　　　　B. @用户名邮件主机域名

    C. 用户名邮件主机域名@　　　　　　　　D. 用户名@IP 地址

18. WWW 使用 Client/Server 模型，用户通过 _____ 软件访问 WWW 服务器。

    A. 客户机　　　　B. 服务器　　　　　　C. 浏览器　　　　　　D. 局域网

19. URL 的一般格式为 _____。

    A. /< 路径 >/< 文件名 >/< 主机 >

    B. < 通信协议 >://< 主机 >/< 路径 >/< 文件名 >

    C. < 通信协议 >:/< 主机 >/< 文件名 >

    D. //< 计算机名 >/< 路径 >/< 文件名 >:< 通信协议 >

20. 中国教育科研网是指 _____。

    A. CHINAnet　　　B. CERNET　　　　　C. Internet　　　　　D. CEINET

21. WWW 的作用是 _____。

    A. 浏览网页　　　B. 文件传输　　　　　C. 收发电子邮件　　　D. 远程登录

22. 域名系统 DNS 的作用是 _____。

    A. 存放主机域名　　　　　　　　　　　　B. 存放 IP 地址

    C. 存放邮件地址　　　　　　　　　　　　D. 完成域名和 IP 地址的转换

23. 电子邮件使用的传输协议是 _____。

    A. SMTP　　　　　B. Telnet　　　　　　C. Http　　　　　　　D. Ftp

24. 当你从 Internet 上获取邮件时，你的电子信箱设在 _____。

    A. 你的计算机上　　　　　　　　　　　　B. 发信给你的计算机上

    C. 你的 ISP 服务器上　　　　　　　　　　D. 根本不存在电子信箱

25. 删除 IE 浏览器的历史记录是指 _____。

    A. 删除访问过的网页　　　　　　　　　　B. 删除下载到本地的临时文件

    C. 删除 Cookie　　　　　　　　　　　　D. 删除对应的网页

26. 不属于专业数据库的是 _____。

    A. Medline　　　　B. CNKI　　　　　　C. 万方数据　　　　　D. 新浪

27. IPv6 地址是 _____ 位。

    A. 8　　　　　　　B. 16　　　　　　　　C. 32　　　　　　　　D. 128

28. 不是 FTP 客户端软件的是 _____。

    A. Outlook Express　　　　　　　　　　　B. FileZilla

    C. CuteFtp　　　　　　　　　　　　　　D. IE

29. 下列四项中表示域名的是 _____。

    A. www.ccmu.edu.com　　　　　　　　　B. www@ccmu.edu.com

    C. www@china.com   D. 202.96.68.1234

30. 用 IE 浏览器浏览网页，在地址栏中输入网址时，通常可以省略的是_____。

    A. http://   B. ftp://   C. mailto://   D. news://

二、多选题

1. 接入 Internet 的方式有_____。

    A. ADSL   B. 局域网接入   C. 天线接入   D. 宽带无线接入

2. 使用 IE 浏览器保存网页的格式有_____。

    A. 网页，全部（*.html;*.html）   B. 网页，仅 HTML（*.htm;*.html）

    C. 文本文件（*.txt）   D. 图片（*.jpg）

3. FTP 文件传输协议可以实现_____。

    A. 下载远程服务器上的文件   B. 复制远程服务器上的网页文件

    C. 上传本地的文件至远程服务器上   D. 接收远程服务器上的电子邮件文件

4. 合法的电子邮件账户是_____。

    A. 123@126.com   B. *123@126.com

    C. abc@126.com   D. www.ccmu.edu.cn

5. Internet 提供的服务有_____。

    A. WWW 服务   B. FTP 服务

    C. 电子邮件服务   D. Telnet 服务

三、判断题

1. Internet 不是广域网。   （   ）

2. ADSL 上网时，使用电话就不能使用网络。   （   ）

3. 测试局域网中的两台计算机是否连通，可以使用 ipconfig 命令。 （   ）

4. TCP/IP 协议中有很多协议。   （   ）

5. 目前 Internet 已经全部采用 IPv6 地址用于标识计算机。   （   ）

四、填空题

1. 常见的计算机网络拓扑结构有_____、_____和_____。

2. 常用的传输介质有两类：有线和无线。有线介质有_____、_____和_____等。

3. 计算机网络按覆盖的范围可分为_____、_____、_____。

4. 开放系统互连参考模型 OSI 中，共分_____个层次，TCP/IP 层次模型分为_____层次，其中最高层为应用层，该层常用的协议有（写出其中 2 个即可）_____、_____。

5. 常用于服务器的网络操作系统有_____、_____和_____等。

6. 试列举 3 种主要的网络互连设备名称：_____、_____、和_____。

五、简答题

1. 简述什么是计算机网络的拓扑结构，有哪些常见的拓扑结构？

2. 简述如何从 IPv4 过渡到 IPv6 地址，有哪些方法？

第**3**章　Word 2010 文字处理

　　Word 是目前最为流行、使用率最高的文档编辑工具。作为美国 Microsoft 公司推出的 Office 2010 办公软件的拳头产品，Word 2010 是其中最为重要的软件，它集文字编辑和排版、电子邮件和传真、HTML 和 Web 主页制作、表格与图表制作、图形和图像处理等功能于一身，充分体现了所见即所得的自由编排魅力，已经成为世界范围内最为普及的文字处理软件。

　　学习目标：
- 掌握文档排版的各类基本技巧，包括字体、段落和页面的设置；
- 掌握 Word 中表格、图表、图示及绘图工具的使用；
- 掌握 Word 中样式、目录、大纲及模板操作；
- 掌握 Word 长文档中高级排版的使用。

3.1　Word 2010 概述

　　Microsoft Word 2010 是 Microsoft 公司开发的 Office 2010 办公组件之一，主要用于文字处理工作。

　　Microsoft Word 2010 提供了世界上最出色的功能，其增强后的功能可创建专业水准的文档，用户可以更加轻松地与他人协同工作，并可在任何地点访问用户的文件。

　　Microsoft Word 2010 旨在向用户提供最上乘的文档格式设置工具，利用它还可更轻松、高效地组织和编写文档。

3.1.1　Word 2010 的基本功能

　　借助于 Word 2010，用户可轻松地制作出精美的排版文档。Word 2010 采用选项卡及功能区的视图界面代替了传统操作界面，其基本功能主要包括：

　　1."文件"选项卡

　　"文件"选项卡包括对文件的保存、另存为、打开、关闭、新建、打印、保存并发送以及选项设置和退出等基本文件的操作功能；还包含当前文件的信息、最近 Word 使用过的文件以及 Word 的帮助功能，如图 3-1 所示。该选项卡是文件处理的基本功能。

　　2."开始"选项卡

　　"开始"选项卡主要包括剪贴板、字体、段落、样式和编辑 5 个功能区，如图 3-2 所示。该选项卡是用户最常用的选项卡，主要用于帮助用户对 Word 2010 文档进行文字编写、格式设置、样式的使用及设置等。

图 3-1　"文件"选项卡

图 3-2　"开始"选项卡

3．"插入"选项卡

"插入"选项卡主要包括页、表格、插图、链接、页眉和页脚、文本和符号 7 个功能区，如图 3-3 所示。该选项卡主要帮助用户在 Word 2010 文档中插入各种表格、插图、页眉和页脚等元素。

图 3-3　"插入"选项卡

4．"页面布局"选项卡

"页面布局"选项卡主要包括主题、页面设置、稿纸、页面背景、段落和排列 6 个功能区，如图 3-4 所示。该选项卡是主要用于帮助用户设置 Word 2010 文档的页面样式。

图 3-4　"页面布局"选项卡

5．"引用"选项卡

"引用"选项卡主要包括目录、脚注、引文与书目、题注、索引和引文目录 6 个功能区，如图 3-5 所示。该选项卡主要用于帮助用户实现在 Word 2010 中文档插入目录、题注等比较高级的功能。

图 3-5　"引用"选项卡

6.　"邮件"选项卡

"邮件"选项卡主要包括创建、开始邮件合并、编写和插入域、预览结果和完成 5 个功能区，如图 3-6 所示。该选项卡主要用于帮助用户实现在 Word 2010 文档中进行邮件合并等功能。

图 3-6　"邮件"选项卡

7.　"审阅"选项卡

"审阅"选项卡主要包括校对、语言、中文简繁转换、批注、修订、更改、比较和保护 8 个功能区，如图 3-7 所示。该选项卡主要用于帮助用户对 Word 2010 文档进行校对和修订等操作。

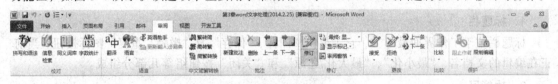

图 3-7　"审阅"选项卡

8.　"视图"选项卡

"视图"选项卡主要包括文档视图、显示、显示比例、窗口和宏 5 个功能区，如图 3-8 所示。该选项卡主要用于帮助用户设置 Word 2010 操作对话框的视图类型和显示比例等。

图 3-8　"视图"选项卡

9.　"开发工具"选项卡

"开发工具"选项卡主要包括代码、加载项、控件、XML、保护、模板 6 个功能区，如图 3-9 所示。该选项卡主要用于帮助用户在 Word 2010 中加入各类开发工具。

图 3-9　"开发工具"选项卡

3.1.2　工作界面

Word 2010 工作界面主要由标题栏、选项卡栏、功能区、滚动条、状态栏和文档编辑区等几个部分组成，如图 3-10 所示。

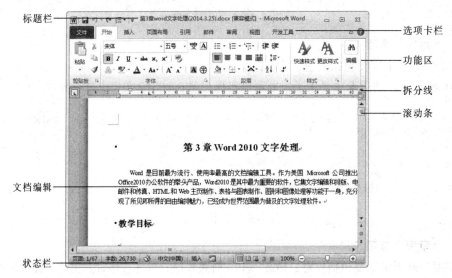

图 3-10　工作界面

1．标题栏

标题栏位于工作界面最上方，它主要由 W 图标、"保存"及"撤销、重复"图标按钮、当前正在编辑的文档名、"最小化"、"最大化/还原"和"关闭"按钮组等几部分组成。

2．功能区

Word 2010 取消了传统的操作方式，取而代之的是各种功能区。Word 2010 提供了文件、开始、插入、页面布局、引用、邮件、审阅、视图及加载项等 9 个选项卡，囊括了对文档操作的全部功能。单击选项卡名称可切换与之对应的功能区，每个选项卡根据功能的不同又分为多个功能区，如"插入"选项卡下有页、表格、插图、链接、页眉和页脚、文本及符号等共 8 个功能区。若功能区中当前项不可执行，则呈现灰色，选项旁边的下拉按钮"▼"表示该选项含有级联选项卡，单击功能区右下角的 按钮，可打开功能区对话框。许多功能选项提供了快捷键，熟记快捷键是提高文档编辑速度的一种有效方法。

3．工具组

在 Word 2010 中，系统默认的功能区包括常用工具组、Word 2010 窗口中左上角的"快速访问工具组"以及准备编辑文本时出现的半透明状态的"浮动工具组"。常用工具组比较直观，不再赘述。

在默认状态下，"快速访问工具栏"中只放置了少部分系统默认的常用的工具。若用户经常使用某些其他的工具命令，则可以根据需要添加多个自定义命令，选择"文件"选项卡的"选项"命令，在打开的"Word 选项"对话框中选择"快速访问工具组"选项卡，在"从下列位置选择命令"列表中选择需要添加的命令，单击"添加"和"确定"按钮即可。若选择"重置"|"仅重置快速访问工具栏"命令，可将"快速访问工具栏"恢复到初始状态。

当用户选中某些文字准备编辑时，将会出现一个半透明状态的"浮动工具组"，"浮动工具组"是 Word 2010 提供的一种非常人性化的编辑工具组，如图 3-11 所示。它包含了常用的设置文字格式的命令，如字体、字号、颜色、对齐方式等常用

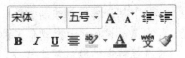

图 3-11　浮动工具组

的文字编辑功能。它使用起来非常方便，大大提高了工作效率。若要取消"浮动工具组"，则选择"文件"选项卡"选项"命令，在打开的"Word 选项"对话框中选择"常规"选项卡，取消选择"选择时显示浮动工具组"复选框即可完成。

4．滚动条

Word 2010 提供了水平和垂直滚动条，以协助用户快速定位光标。用户若在操作过程中无法找到滚动条，可选择"文件"选项卡"选项"命令的"高级"选项，在"显示"组中选择"显示水平滚动条"和"显示垂直滚动条"复选框。

5．文档编辑区

在 Word 2010 对话框的中心位置为文本编辑区，它是建立、编辑、查阅和修改文档内容的区域。初始建立文档时，在首行首列有一个跳跃闪烁的光标插入点。

6．状态栏

状态栏提供当前文档和当前插入点的信息，位于 Word 2010 窗口的底端，包括了当前光标所在页数、文档总页数、文档字数、输入文字的"插入"或"改写"状态、文档视图状态、显示比例等。若要激活、编辑或修改状态栏中的状态项，可单击相应按钮。

3.2　文　档　操　作

3.2.1　文档的建立保存与关闭

1．新建文档

（1）新建空白文档

选择"文件"选项卡，在弹出的下拉列表中选择"新建"命令，新建如图 3-12 所示的空白文档。

图 3-12　Word 2010 空白文档

（2）基于模板创建新文档

在 Word 2010 中内置有多种用途的模板（例如书信模板、公文模板等），用户可以根据实际需要选择特定的模板新建 Word 文档，操作步骤如下：

① 选择"文件"选项卡，选择"新建"｜"我的模板"命令，打开"新建"对话框，选择合适的模板，如图 3-13 所示。

图 3-13　"新建"对话框

② 单击"确定"按钮，即可建立如图 3-14 所示的文档，用户可以对该文档进行进一步编辑。

图 3-14　差旅报销模板

2．保存文档

在"文件"选项卡下选择"保存"命令，或者直接按快捷键【Ctrl+S】即可保存文档。

Word 2010 默认情况下每隔 10 分钟自动保存一次文件，用户可以根据实际情况设置自动保存时间间隔，操作步骤如下：

① 选择"文件"选项卡，选择"选项"命令，打开"Word 选项"对话框。

② 在打开的"Word 选项"对话框中选择"保存"选项卡，在"保存自动恢复信息时间间隔"微调框中设置合适的数值，并单击"确定"按钮。

设置文档密码的操作步骤如下：

首先在"文件"选项卡中选择"保护文档"按钮中的"用密码进行加密"命令，在打开的"加密文档"对话框中输入密码即可为文档设置密码。

3．打开和关闭文档

（1）打开文件

①　在资源管理器中找到 Word 文件，直接双击打开。

②　单击"文件"选项卡，选择"打开"命令，在打开的"打开"对话框中选择要打开的文件。

（2）关闭文件

①　关闭 Word 文档最常用的方法就是单击 Word 文档右上角的 按钮。

②　单击"文件"选项卡，选择"关闭"命令。

3.2.2　视图模式

在 Word 2010 中提供了多种视图模式供用户选择，这些视图模式包括"页面视图"、"阅读版式视图"、"Web 版式视图"、"大纲视图"和"草稿视图"等 5 种视图模式。用户可以在"视图"选项卡中选择需要的文档视图模式，也可以在 Word 2010 窗口文档的右下方单击"视图"按钮选择视图。

1．页面视图

"页面视图"可以显示 Word 2010 文档的打印结果外观，主要包括页眉、页脚、图形对象、分栏设置、页面边距等元素，是最接近打印结果的页面视图。

2．阅读版式视图

"阅读版式视图"以图书的分栏样式显示 Word 2010 文档，"文件"选项卡、功能区等对话框元素被隐藏起来。在阅读版式视图中，用户还可以单击"工具"按钮选择各种阅读工具。

3．Web 版式视图

Web 版式视图以网页的形式显示 Word 2010 文档，Web 版式视图适用于发送电子邮件和创建网页。

4．大纲视图

大纲视图主要用于设置 Word 2010 文档的设置和显示标题的层级结构，并可以方便地折叠和展开各种层级的文档。大纲视图广泛用于 Word 2010 长文档的快速浏览和设置中。

5．草稿视图

草稿视图取消了页面边距、分栏、页眉页脚和图片等元素，仅显示标题和正文，是最节省计算机系统硬件资源的视图方式。当然现在计算机系统的硬件配置都比较高，基本上不存在由于硬件配置偏低而使 Word 2010 运行遇到障碍的问题。

3.2.3　文本输入与修改

文本编辑是 Word 的基本操作之一。文本的基本编辑主要包括文本输入、移动、复制和删除等。编辑可以在同一个文档内进行，也可以在不同文档间进行，编辑文本必须在选定文本块的前提下操作。

文本输入包括输入文字对象（中文或英文字符）、不常用的特殊符号（如©™…®※等）、时间与日期等，通常在新建的 Word 文档中（见图 3-12）进行输入文字等信息，然后修改信息，最后选择某个文件夹保存编辑好的文件以备以后处理。

【例 3-1】编辑一份开会通知，插入日期，设置文件默认路径："D:\Word"，同时每隔 5 分钟自动保存一次，并为文档设置密码，最后将文件保存为"3-1.docx"。

【解】具体操作过程如下：

① 输入文本：打开 Word 空白文档，如图 3-12 所示，在文档编辑区输入文字。

② 插入日期：单击"插入"选项卡中"文本"功能区的"日期和时间"按钮，打开如图 3-15 所示的"日期和时间"对话框，然后选择合适的"语言"和日期时间"可用格式"。结果如图 3-16 所示。

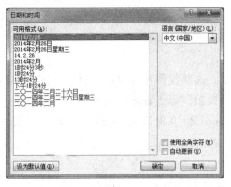

图 3-15 "日期和时间"对话框

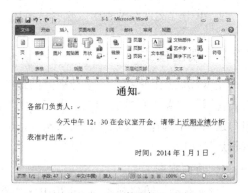

图 3-16 "开会通知"文档

③ 设置自动保存：选择"文件"选项卡的"选项"命令，打开如图 3-17 所示的"Word 选项"对话框，选择"保存"选项卡，设置每 5 分钟自动保存一次，同时设置文档保存的默认路径："D:\Word"。

④ 设置密码：选择"文件"选项卡的"信息"命令，单击"保护文档"按钮，在其下拉列表中选择"用密码进行加密"命令，打开如图 3-18 所示的"加密文档"对话框，输入密码"123"，单击"确定"按钮，并需要再次输入相同密码后再单击"确定"按钮完成。

图 3-17 设置文档自动保存及路径

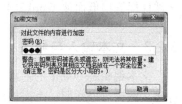

图 3-18 "加密文档"对话框

⑤ 保存文件：选择"文件"选项卡，选择"保存"命令，在打开的对话框中输入"3-1"，文件自动保存到："D:\Word\3-1.docx"。

3.2.4　查找和替换

可以使用 Microsoft Word 2010 来查找和替换文本、格式、分段符、分页符以及其他项目；也可以使用通配符和代码来扩展搜索，从而查找包含特定字母或字母组合的单词或短语；还可以使用"定位"命令查找文档中的特定位置。

1．查找文本

可以快速搜索特定单词或短语出现的所有位置。

① 在"开始"选项卡上的"编辑"功能区中，单击"查找"按钮或者按【Ctrl+F】组合键，如图 3-19 所示，将打开"导航"窗格。

② 在"搜索文档"文本框中输入要查找的文本。

③ 单击某一结果，在文档中查看其内容，或通过单击"下一搜索结果"和"上一搜索结果"按钮浏览所有结果。

图 3-19　编辑组

注意：如果用户在文档中进行了更改，搜索结果消失，单击"导航"窗格中的下拉按钮以查看结果列表。

2．查找其他文档元素

若要搜索表格、图形、批注、脚注、尾注或公式，请执行下列操作：

① 在"开始"选项卡的"编辑"功能区中，单击"查找"按钮，或者按【Ctrl+F】组合键，打开"导航"窗格，如图 3-20 所示。

② 单击放大镜旁边的箭头，然后单击所需的选项。

③ 单击某一结果以便在文档中查看其内容，或通过单击"下一搜索结果"和"上一搜索结果"按钮浏览所有结果。

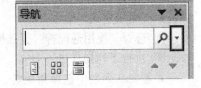

图 3-20　导航窗格

④ 更多搜索选项：若要查找以前的"查找"对话框及其所有选项，可执行下列操作之一：

- 在"开始"选项卡的"编辑"功能区中，单击"查找"下拉按钮，然后在其下拉列表中选择"高级查找"命令。
- 在"导航"窗格中，单击放大镜旁边的下拉按钮，然后在其下拉列表中选择"高级查找"命令。

注意：如果只需要基本选项，例如"区分大小写"，可单击放大镜旁边的下拉按钮，然后在其下拉列表中选择"选项"命令。

3．查找和替换文本

① 在"开始"选项卡的"编辑"功能区中，单击"替换"按钮，打开"查找和替换"对话框。

② 在"查找内容"文本框中，输入要搜索和替换的文本。

③ 在"替换为"文本框中，输入替换文本。

④ 单击"查找下一处"按钮，然后执行下列操作之一：

- 若要替换突出显示的文本，可单击"替换"按钮。
- 若要在文档中替换文本的所有实例，可单击"全部替换"按钮。
- 若要跳过此文本实例并转到下一实例，可单击"查找下一处"按钮。

4．查找和替换特定格式

可以搜索并替换或删除字符格式。例如，可以搜索特定的单词或短语并更改字体颜色，也可以搜索并更改特定格式，例如粗体。

① 在"开始"选项卡的"编辑"功能区中，单击"替换"按钮。

② 如果看不到"格式"按钮，可单击"更多"按钮。

③ 若要搜索带有特定格式的文本，可在"查找内容"文本框中输入文本。若要仅查找格式，则将文本框留空。

④ 单击"格式"按钮，然后选择要查找和替换的格式。

⑤ 单击"替换为"文本框，再单击"格式"按钮，然后选择替换格式。

注意：如果还需要替换文本，可在"替换为"文本框中输入替换文本。

⑥ 若要查找和替换指定格式的每个实例，可单击"查找下一处"按钮，然后单击"替换"按钮。若要替换指定格式的所有实例，可单击"全部替换"按钮。

⑦ 使用通配符进行搜索以查找特定字母，可以使用通配符搜索文本。例如，可使用星号"*"通配符搜索字符串（例如，使用"s*d"将找到"sad"和"started"）。

5．使用通配符查找和替换文本

① 在"开始"选项卡的"编辑"功能区中，单击"查找"下拉按钮，然后在其下拉列表中选择"高级查找"命令。

② 选择"使用通配符"复选框。如果看不到"使用通配符"复选框，可单击"更多"按钮。

③ 执行下列操作之一：

- 若要从列表中选择通配符，则单击"特殊格式"按钮，再单击通配符，然后在"查找内容"文本框中输入任何其他文本。
- 在"查找内容"文本框中直接输入通配符。

④ 如果要替换该项目，则单击"替换"按钮，然后在"替换为"文本框中输入要用做替换的内容。

⑤ 单击"查找下一处"、"查找全部"、"替换"或"全部替换"等按钮完成操作。

注意：若要取消正在执行的搜索，可按【Esc】键取消。

【例3-2】在"本世纪获得诺贝尔生理学或医学奖的女性科学家.docx"一文中，将正文中的"女性"一词替换为带双波浪线的"女"字。

【分析】标题有"女性"二字，正文与标题的区别在于格式不同，可以使用带格式替换。

【解】具体操作过程如下：

① 打开素材：选择"文件"选项卡的"打开"命令，选择素材文件夹中的"本世纪获得诺贝尔生理学或医学奖的女性科学家.docx"，单击"打开"按钮。

② 设置查找内容：单击"开始"选项卡中"编辑"功能区"替换"按钮，打开"查找和替换"对话框，单击"更多"按钮，如图3-21所示。在"查找内容"文本框中输入"女性"，同时选择左下角"格式"｜"字体"命令，选择中文字体"幼圆"，字号"五号"，如图3-22所示。

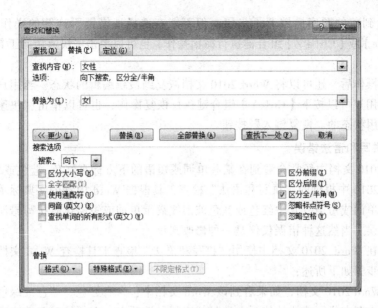

图 3-21　查找和替换

③ 设置替换内容：在"替换为"文本框中输入"女"，然后选择下画线线型，方法同②。

④ 完成替换：返回"查找和替换"对话框，单击"全部替换"按钮，然后单击"确定"按钮并关闭对话框返回文档，结果如图 3-23 所示。

图 3-22　字体设置

本世纪获得诺贝尔生理学或医学奖的女性科学家。

巴尔西诺西，女，1947 年出生于法国，自上世纪 70 年代初以来一直在法国巴斯德研究中心工作，以研究艾滋病病毒而闻名。她是 1983 年发现艾滋病病毒的论文作者之一，2008 年诺贝尔生理学或医学奖得主。

琳达巴克，女，1947 年 1 月 29 日生于美国西雅图。她曾在 1980 年至 1984 年间在美国哥伦比亚大学进行博士后研究。人类认识和记忆 1 万种不同气味的基本原理一直不为人所知。巴克和其他科学家解决了这一问题。巴克现是美国国家科学院院士，2004 年诺贝尔生理学或医学奖得主。

图 3-23　例 3-2 效果

3.2.5　文本工具

Word 提供了一些便利的工具，为编辑文本带来很大的方便

1. 撤销和恢复

在编辑 Word 2010 文档时，若所做的操作不合适，而想返回到当前结果前面的状态，则可以通过"撤销键入"或"恢复键入"功能实现。"撤销"功能可以保留最近执行的操作记录，用

户可按照从后到前的顺序撤销若干步骤，但不能有选择地撤销不连续的操作。用户可以按【Alt+Backspace】或【Ctrl＋Z】组合键执行撤销操作，也可以单击"快速访问工具栏"中的"撤销键入"按钮。

执行撤销操作后，还可以将 Word 2010 文档恢复到最新编辑的状态。当用户执行一次"撤销"操作后，用户可以按下【Ctrl+Y】组合键执行恢复操作，也可以单击"快速访问工具组"中已经变成可用状态的"恢复键入"按钮。

2．检查拼写和语法错误

在 Word 2010 文档中经常会看到在某些单词或短语的下方标有红色、蓝色或绿色的波浪线，这是由 Word 2010 中提供的"拼写和语法"检查工具根据 Word 内置的字典标示出的含有拼写或语法错误的单词或短语，其中红色或蓝色波浪线表示单词或短语含有拼写错误，而绿色下画线表示语法错误（当然这种错误仅仅是一种修改建议）。

用户可以在 Word 2010 文档中使用"拼写和语法"检查工具检查 Word 文档中的拼写和语法错误，操作步骤如下所述：

① 打开 Word 2010 文档，如果看到该 Word 文档中包含有红色、蓝色或绿色的波浪线，说明 Word 文档中存在拼写或语法错误。选择"审阅"选项卡，在"校对"功能区中单击"拼写和语法"按钮。

② 在打开的"拼写和语法"对话框中，选中"检查语法"复选框。在"不在词典中"文本框中将以红色、绿色或蓝色字体标示存在拼写或语法错误的单词或短语。确认标示的单词或短语是否确实存在拼写语法错误，如果确实存在错误，在"建议"文本框中进行更改并单击"更改"按钮即可。如果标示的单词或短语没有错误，可以单击"忽略一次"或"全部忽略"按钮忽略关于此单词或词组的修改建议。也可以单击"添加到词典"按钮将标示出的单词或词组加入到 Word 内置的词典中。

③ 完成拼写和语法检查，在"拼写和语法"对话框中单击"关闭"按钮即可。

3．自动更正

在 Word 2010 中可以使用"自动更正"功能将词组、字符等文本或图形替换成特定的词组、字符或图形，从而提高输入和拼写检查效率。用户可以根据实际需要设置自动更正选项，以便更好地使用自动更正功能。在 Word 2010 中设置自动更正选项的步骤如下所述：

① 打开 Word 2010 文档对话框，选择"文件"选项卡中的"选项"命令。

② 在打开的"Word 选项"对话框中选择"校对"选项卡，然后单击"自动更正选项"按钮。

③ 打开"自动更正"对话框，在"自动更正"选项卡中可以设置自动更正选项。用户可以根据实际需要选取或取消相应选项的复选框，以启用或关闭相关选项。在"自动更正"对话框中每种复选框的含义如下：

- 显示"自动更正选项"按钮：选中该复选框后，可以在执行自动更正操作时显示"自动更正选项"按钮。
- 更正前两个字母连续大写：选中该复选框后，可以自动更正前两个字母大写、其余字母小写的单词为首字母大写、其余字母小写的形式。
- 句首字母大写：选中该复选框后，可以自动更正句首的小写首字母为大写。
- 表格单元格的首字母大写：选中该复选框后，自动将表格中每个单元格的小写首字母更正为大写。

- 英文日期第一字母大写：选中该复选框后，自动将英文日期单词的小写首字母更正为大写字母；
- 更正意外使用大写锁定键产生的大小写错误：选中该复选框后，自动识别并更正拼写中的大写错误。

【例 3-3】将"2013 年诺贝尔生理学或医学奖简介"一文多次出现的复杂文本设置为自动更正条目，比如输入简单字符串"aaa"系统自动更正为"詹姆斯·罗斯曼（James E. Rothman）"；字符串"bbb"自动更正为"兰迪·谢克曼（Randy W. Schekman）"；字符串"ccc"自动更正为"托马斯·聚德霍夫（Thomas C. S ü dhof）"。

【提示】"詹姆斯·罗斯曼"中的"·"，可以在"插入"选项卡中的"符号"功能区的"符号"按钮中查找选择。

【解】具体操作过程如下：

① 输入自动更正信息：选择"文件"选项卡的"选项"命令，打开"Word 选项"对话框，选择"校对"选项卡，单击"自动更正选项"按钮，打开"自动更正"对话框，选择"输入时自动替换"复选框，然后在"替换"文本框中输入"aaa"，"替换为"文本框中输入"詹姆斯·罗斯曼（James E. Rothman）"，单击"添加"按钮，如图 3-24 所示。

② 同上，输入字符串"bbb"自动更正为"兰迪·谢克曼（Randy W. Schekman）"；字符串"ccc"自动更正为"托马斯·聚德霍夫（Thomas C. S ü dhof）。

③ 在正文中输入字符串"aaa"，然后按【空格】键或者按【Enter】键，自动出现"詹姆斯·罗斯曼（James E. Rothman）"，其他类似。

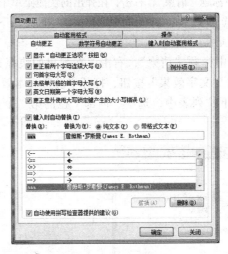

图 3-24　自动更正

3.3　文　档　排　版

3.3.1　字符格式

设置文本中的文字格式，主要包括对文字的字体、字号、字形、字符间距以及字体效果等方面的设置。在 Word 2010 中，文字格式可以通过"开始"选项卡下的"字体"功能区（见图 3-25）和"字体"对话框（见图 3-22）两种方式进行设置。字符是重要的信息形式，Word 设置了许多与字符相关的格式，以满足信息传播的需要。

"字体"对话框打开有多种方法：①单击"字体"功能区右下角的按钮。②右击，在弹出的快捷菜单中选择"字体"命令。③选中某段文字，右击，在弹出的快捷菜单中选择"字体"命令。

【例 3-4】设置"文本字形、颜色、字符间距、特殊效果"，最终效果如图 3-26 所示。

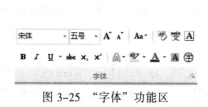

图 3-25　"字体"功能区

图 3-26　请柬效果

【解】具体操作过程如下：

① 打开文档"3-4.docx"，选中标题文字"请柬"，设置为"黑体、加粗、一号"，选中称谓"陈大夫"，设置为"黑体，三号"，正文设置为"楷体、五号"。

② 对晚宴地点"福星国际大酒店"加红色着重显示：选中"福星国际大酒店"，单击"开始"选项卡"字体"功能区的 **A·** 按钮，选择红色。

③ 设置字符间距：选中标题"请柬"，右击，在弹出的快捷菜单中选择"字体"命令，打开"字体"对话框，选择"高级"选项卡，在"字符间距"栏中的"间距"下拉列表中选择"加宽"选项，磅值为"10 磅"，如图 3-27 所示。

④ 设置特殊效果：选中标题"请柬"，右击，在弹出的快捷菜单中选择"字体"命令，打开"字体"对话框，单击"文字效果"按钮，打开"设置文本效果格式"对话框，选择"阴影"|"预设"命令，在其下拉列表中，选中"内部"栏的第二个选项，如图 3-28 所示，单击"关闭"按钮。

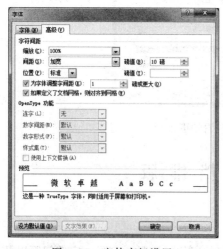

图 3-27　字体高级设置

图 3-28　文本效果

3.3.2　段落格式

段落是构成整个文档的骨架,是由正文、图表和图形等加上一个段落标记构成的。段落的格式包括段落对齐、段落缩进、段落间距和行距等。在 Word 2010 中,段落格式可以通过"开始"选项卡中的"段落"功能区(见图 3-29)和"段落"对话框(见图 3-30)两种方式进行设置。

图 3-29　"段落"功能区　　　　图 3-30　"段落"对话框

1．设置对齐方式

在 Word 2010 中,文本的对齐方式直接影响文档的版面效果,Word 2010 提供了 5 种对齐方式:左对齐、居中对齐、右对齐、两端对齐和分散对齐,可根据需要选择相应的对齐方式。

2．设置段落缩进

在 Word 2010 中,段落的缩进是指文本相对于页边距向页面内缩进一段距离,或向页面外伸展一段距离。一般设置步骤如下:

① 选择段落:在文档中选择需要设置段落缩进的文本。

② 单击"段落"右下角的按钮:在"开始"选项卡"段落"功能区中单击右下角的按钮,打开"段落"对话框。

③ 设置段落缩进:在"缩进"栏中,设置"左侧"、"右侧"的缩进字符个数。

④ 确认:单击"确认"按钮,完成对段落格式的设置。

在 Word 2010 中,还可以使用以下 4 种方法设置段落缩进。

(1)利用水平标尺设置

标尺包括:左边的首行缩进▽、悬挂缩进△、左缩进▣和右边的右缩进△,它们的功能分别为:

- 首行缩进:调节段落第一行第一个字符的起始位置;
- 悬挂缩进:调节第一行外的其他行的首字符的起始位置;
- 左缩进:控制整个段落的左边界的位置;
- 右缩进:控制整个段落的右边界的位置;

(2)利用"段落"功能区设置

如果只是调整段落的左、右缩进,可在"开始"选项卡"段落"功能区中单击"减少缩进量"按钮和"增加缩进量"按钮，设置左右缩进值。

（3）利用【空格】键设置

在每段的起始行利用【空格】键移动"首行缩进"标记，可以进行首行缩进。

（4）利用【Tab】键设置

将光标置于每段最前面，按【Tab】键也能实现首行缩进。

3．设置段落行距

行距是指段落中行与行之间的距离，Word 2010 中默认的行距值是单倍行距，用户可以根据需要重新设置，步骤如下：

① 选择段落：在文档中选择需要设置行距的段落。

② 选择"行距选项"选项：在"开始"选项卡"段落"功能区中单击"行和段落间距"按钮，在弹出的下拉列表中选择"行距选项"命令。

③ 打开"段落"对话框，在"间距"栏中"设置值"微调框中输入数值。

④ 单击"确认"按钮，即可完成对段落行距的设置。

3.3.3　项目符号和编号

使用项目符号和编号列表，可以对文档中并列的项目进行组织，或者对顺序的内容进行编号，以使这些多层次项目结构更清晰、更有调理。Word 2010 提供了多种标准的项目符号和编号，并且还可以根据需要白定义项目符号和编号。

1．项目符号

在 Word 2010 中，项目符号通常在表述并列条目的情况下使用，添加项目符号后，能够使文档结构更加清晰，从而便于阅读，步骤如下：

① 选择文本：在文档中选择需要添加项目符号的文本。

② 选择项目符号：单击"开始"选项卡"段落"功能区中的"项目符号"下拉按钮，在其下拉列表中选择对应符号，如果没有所需，可选择"定义新项目符号"命令，打开"定义新项目符号"对话框，单击"符号"按钮，在打开的"符号"对话框中选择一种项目符号，如图 3-31 所示。

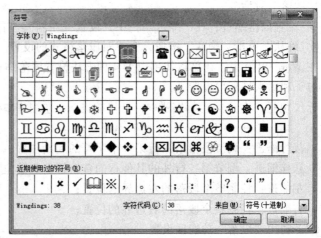

图 3-31　项目符号

【例3-5】为文档"3-5.docx"设置适当的字符和段落格式，同时添加项目符号。

【解】具体操作过程如下：

① 打开素材文档"3-5.docx"，选中标题，在"开始"选项卡"字体"功能区中设置为"华文彩云、二号"，在"段落"功能区中设置"居中"，在"字体"功能区中单击右下角的按钮，打开"字体"对话框，选择"高级"选项卡，设置间距为"加宽、3磅"。

② 选中正文，将正文设置为"左对齐、五号"，中文设置为"楷体"，西文字符设置为"Times NeW Roman"。

③ 选中正文中"二度"，单击"开始"选项卡的"段落"功能区的"中文版式 ✕·"的下拉按钮，在其下拉列表中选择"双行合一"命令，排版文本为"梅开{二度}"。

④ 选中标题和前两段，打开"段落"对话框，在"缩进和间距"选项卡中设置"段后"间距为"0.5行"。

⑤ 设置"首字下沉"：在"插入"选项卡"文本"功能区中单击"首字下沉"按钮，设置下沉行数为"2行"，第二段"首行缩进"为"2字符"，最后三段"获奖者名单"前加项目符号"📖"，如图3-32所示。

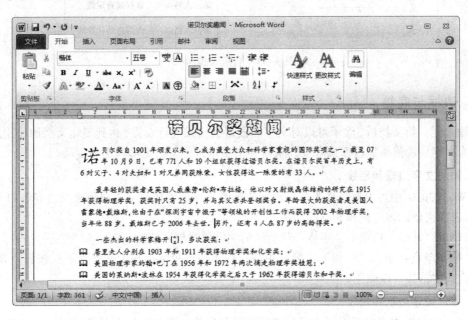

图 3-32　例 3-5 效果

2．编号

编号经常用来标注常见由低到高有一定顺序的项目。在默认状态下，运用 Word 2010 进行编辑时，再输入（1）、1或"第一"后再按【空格】键，然后输入文本，按【Enter】键时，新的一段会自动进行编号。

当需要自定义新的编号时，可以在"开始"选项卡"段落"功能区中单击 ☲·下拉按钮，然后设定新的编号格式。

【例3-6】为文档"3-6.docx"中的文本内容添加自定义编号。

【解】具体操作过程如下：

① 打开"3-6.docx"文件，选中需要编号的文本段。

②　在"开始"选项卡"段落"功能区中单击"编号"下拉按钮，在其下拉列表中选择"定义新编号格式"命令，打开"定义新编号格式"对话框，在"编号样式"下拉列表中选择"一，二，三（简）…"选项，然后在"编号格式"文本框中输入"第一大特点"，如图 3-33 左图所示。单击"确定"按钮。对应的文本区自动增加了自定义编号，如图 3-33 右图所示。

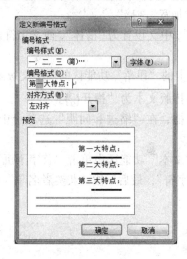

图 3-33　自定义编号

3.3.4　边框与底纹

在输入完一篇文档后，除了可以对文字和段落的格式进行设置，达到美化文档的作用之外，还可以为文字、段落添加边框或底纹，从而突出重点，使文档更加真实和生动。

1．添加文字边框和底纹

在 Word 2010 中可根据需要为文字添加边框和底纹，添加文字边框和底纹的方法如下：

①　选择需要添加边框和底纹的文字。

②　单击"开始"选项卡"字体"功能区的"字符边框"按钮。

③　选择颜色：单击"字体"功能区中的"以不同颜色突出显示文本"下拉按钮，在弹出的颜色面板中选择一种颜色。

2．添加段落边框和底纹

在 Word 2010 中可根据需要为段落添加边框和底纹，添加段落边框和底纹的方法如下：

①　选择需要添加边框和底纹的段落。

②　单击"开始"选项卡"段落"功能区中"下框线"下拉按钮，在弹出的下拉列表中选择"边框和底纹"命令。

③　打开"边框和底纹"对话框，在"设置"栏中选择"三维"选项。

④　在"样式"栏中，选择一种边框样式。

⑤　选择"底纹"选项卡，设置所需颜色。

⑥　单击"确认"按钮，即可完成段落边框和底纹的设置。

【例 3-7】为文档"例题 3-7.docx"设置边框和底纹，练习使用格式刷。

【解】具体操作过程如下：

① 添加并设置边框：打开文档"例题 3-7.docx"，选中要添加边框的文本（培训目标一、二、三），单击"开始"选项卡"段落"功能区的"边框 ⊞·"下拉按钮，在弹出的下拉列表中选择"边框和底纹"命令，打开"边框和底纹"对话框，选中"方框"选项，进行图 3-34 左图所示的设置，然后单击"选项"按钮，设置边框与正文的间距为 2 磅，如图 3-34 右图所示。

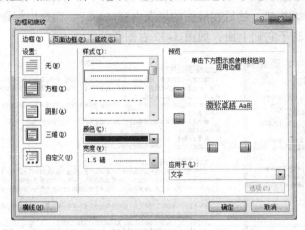

图 3-34　边框和底纹

② 为文字添加底纹：选中文字"2015 年度培训计划"，单击"开始"选项卡"段落"功能区的"边框 ⊞·"下拉按钮，在弹出的下拉列表中选择"边框和底纹"命令，打开"边框和底纹"对话框，在"底纹"选项卡中的"填充"下拉列表中选择"其他颜色"选项，打开"颜色"对话框，在"自定义"选项卡中的"红色"微调框中输入"205"，"绿色"微调框中输入"255"，"蓝色"微调框中输入"205"，如图 3-35 所示。然后单击两次"确定"按钮，完成标题的底纹设置。

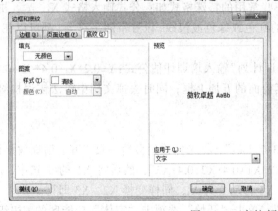

图 3-35　底纹颜色

③ 为段落添加底纹：选中文本（培训目标一、二、三），打开"边框和底纹"对话框，选择"底纹"选项卡，在"图案"栏中的"样式"下拉列表中选择"5%"选项，单击"确定"按钮，效果如图 3-36 所示。

④ 为文字加下画线：选中文字"（一）高级管理人员培训"，单击"开始"选项卡"字

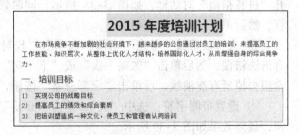

图 3-36　段落添加底纹

体"功能区的"下画线 <u>U</u> ·"下拉按钮,在弹出的下拉列表中选择"其他下画线"命令,在打开的"字体"对话框中选择下画线线型,同时设置颜色,如图 3-37 左图所示,单击"确定"按钮返回。

⑤ 使用格式刷:选中带下画线的文字"(一)高级管理人员培训",单击或者双击"开始"选项卡"剪贴板"功能区的 格式刷 按钮,然后在后面的培训内容二、三、四选中标题,格式刷就自动把(一)的格式完全复制到了它们上面,如图 3-37 右图所示。

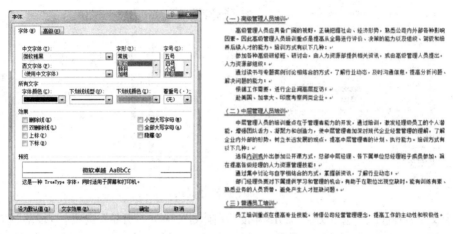

图 3-37　段落文字添加下画线

3.3.5　特殊格式

除了通用的字符格式和段落格式,一些常用的特殊格式如:公式输入格式 X_1、Y^2,拼音输入格式,去掉 Word 自带的语法错误检测的红色或绿色波浪线,设置带圈字符等,都可以在 Word 2010 中非常方便地实现。

【例 3-8】为例 3-7 中的"2015 年度培训计划"输入培训评估公式:$Y=0.2*X_1+0.4*X_2+0.4*X_3$;在"培训效果评估"上输入汉语拼音;其前面的五加上框;同时去掉文档中语法错误检测的波浪线。

【解】具体操作过程如下:

① 输入评估公式:打开文件"例题 3-7.docx",将光标移到最后一页"五、培训效果评估"段落后,输入文本"综合评估公式:Y=0.2*X1+0.4*X2+0.4*X3",然后将 X1 的 1 选中,单击"开始"选项卡"字体"功能区的 ×₂ 按钮,X1 自动变为 X_1,同样变换 X2、X3 即可。

② 输入拼音:选中"培训效果评估",单击"开始"选项卡"字体"功能区的 變 按钮,打开"拼音指南"对话框,如图 3-38 所示。同时修改对应拼音,然后单击"组合"按钮组合拼音,然后单击"确定"按钮。

③ 去掉波浪线:单击"审阅"选项卡"校对"功能区的"拼写和语法"按钮,检查是否有语法错误,然后单击"忽略一次"或"下一句"按钮,系统自动搜索下一处错误。如果用户希望去掉所有波浪线,可单击"全部忽略"按钮,然后确认即可。

④ 设置带圈字符:选中"五",单击"开始"选项卡"字体"功能区的"带圈字符 字"按钮,最终效果如图 3-39 所示。

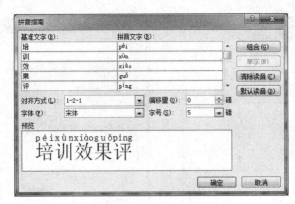

图 3-38　拼音指南

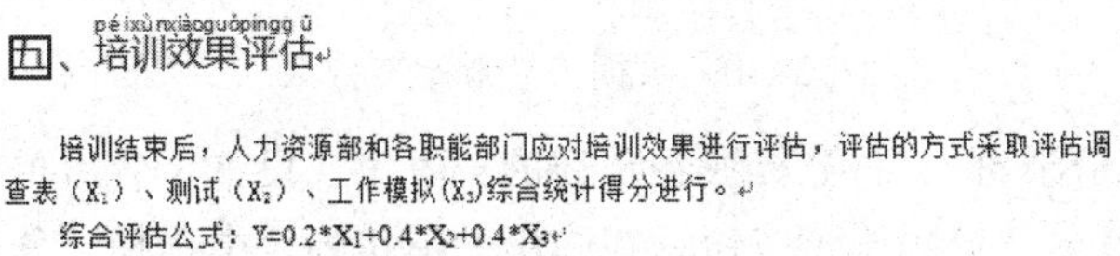

pé i xù nxiàoguǒpingg ū
囧、培训效果评估

培训结束后，人力资源部和各职能部门应对培训效果进行评估，评估的方式采取评估调查表（X_1）、测试（X_2）、工作模拟（X_3）综合统计得分进行。

综合评估公式：$Y = 0.2 * X_1 + 0.4 * X_2 + 0.4 * X_3$

图 3-39　特殊格式效果

3.4　页面设置与打印

制作成功的文档通常需要打印出来，作为最终结果保存和交流。为了得到精美的高质量文档，必须精心设置页面外观，反复预览，并对打印过程严格控制。在 Word 2010 中，页面设置与打印是由"页面布局"选项卡来实现的，页面布局是指对页面的文字、图形、表格等进行格式设置，一般包括：页面设置、页眉和页脚、打印预览、文档打印等。

3.4.1　页面设置

在 Word 2010 中，创建精美版式的第一步骤就是要为文档设置页面，一般通过设置页边距和页面方向来调整文档页面；然后设置纸张属性包括纸张大小、页面大小等；如果希望文档的一部分有特殊的格式比如多栏显示、预留位置等，就需要用到分页符和分节符；还可以设置页面背景颜色，增加水印效果等。

【例 3-9】为文档"3-9.docx"设置页边距、页面方向、纸张大小、文字方向、插入分页符、设置页面背景颜色和增加水印效果。

【解】具体操作过程如下：

① 设置页边距和页面方向：选择"文件"选项卡中的"打开"命令，打开"3-9.docx"文档，然后单击"页面布局"选项卡"页面设置"功能区的"页边距"按钮，在其下拉列表中选择"窄"命令，也可以打开"页面设置"对话框手动设置页边距，如图 3-40 左图所示，选择页面方向为"横向"。

② 设置纸张大小和文字方向：单击"页面布局"选项卡"页面设置"功能区的"纸张大小"按钮，选择打印机中的纸张类型，一般为 A4（或是 B5）；然后单击"页面布局"选项卡中的"页面设置"功能区右下角的▣按钮，打开"页面设置"对话框，选择"文档网格"选项卡，接着在"文字排列"栏选择"垂直"复选框。

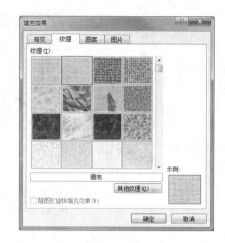

图 3-40   页面设置和填充效果

③ 插入分页符（分节符）：将光标放在预留的位置第二段末，然后单击"页面布局"选项卡"页面设置"功能区的"分隔符"按钮，在弹出的下拉列表中选择"分页符"命令，即可完成位置预留。

④ 设置背景填充效果：单击"页面布局"选项卡"页面背景"功能区的"页面颜色"按钮，在弹出的下拉列表中选择"填充效果"命令，打开"填充效果"对话框，在"纹理"选项卡中选择第一行的第二个图形"画布"，如图 3-40 右图所示，单击"确定"按钮返回。

⑤ 设置水印效果：单击"页面布局"选项卡"页面背景"功能区的"水印"按钮，在弹出的下拉列表中选择"自定义水印"命令，打开"水印"复选框，选择"文字水印"复选框，在"文字"文本框中输入"机密文件"，然后选择颜色为"红色"，选择"半透明"复选框，如图 3-41 所示，单击"确定"按钮退出，最终效果如图 3-42 所示。

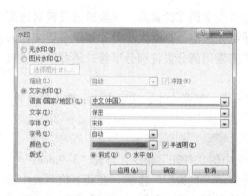

图 3-41   水印

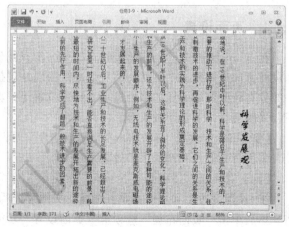

图 3-42   例 3-9 效果

3.4.2　页眉和页脚

页眉和页脚常用于显示文档的附加信息，既可以插入文本和页码信息，也可以插入图片等。

【例 3-10】为"3-5.docx"一文添加页面边框、页眉"世界科学文摘"，页脚插入页码，并将第二段设置为三栏显示。

【解】具体操作过程如下：

① 设置页面边框：打开素材文件"3-5.docx"，在完成例 3-5 的基础上，单击"页面布局"选项卡"页面背景"功能区的"页面边框"按钮，打开"边框和底纹"对话框，在"页面边框"选项卡中选择"方框"选项，然后在"艺术型"下拉列表中选择"海棠形"选项，且应用于"整篇文档"，如图 3-43 左图所示，单击"确定"按钮退出。

② 设置内容分栏：选中第二段内容，单击"页面布局"选项卡"页面设置"功能区中的"分栏"按钮，在弹出的下拉列表中选择"更多分栏"命令，打开"分栏"对话框，在"预设"栏中选择"三栏"选项，选择"分割线"、"栏宽相"等复选框，且应用于"所选文字"，如图 3-43 右图所示，然后单击"确定"按钮返回。

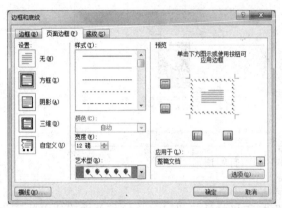
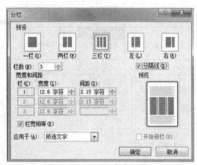

图 3-43　边框及分栏

③ 设置页眉：单击"插入"选项卡"页眉和页脚"功能区的"页眉"按钮，在弹出的下拉列表中选择"传统型"命令，在页眉编辑区中输入"世界科学文摘"，关闭页眉，如图 3-44 所示。

④ 设置页脚：单击"插入"选项卡"页眉和页脚"功能区的"页脚"按钮，在弹出的下拉列表中选择"传统型"命令，在页眉编辑区，单击"插入"选项卡"页眉和页脚"功能区的"页码"按钮，在弹出的下拉列表中选择"设置页码格式"命令，在打开的"设置页码格式"对话框中设置"编号格式"，如图 3-45 所示。最终页脚效果如图 3-46 所示。

图 3-44　页眉效果　　　　　　　　　　　　　图 3-45　页码格式

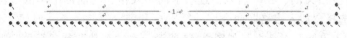

图 3-46　页脚效果

3.4.3　打印

1. 打印预览

利用 Word 提供的打印预览功能，可以在打印前观察到实际打印的效果，并可以对文档的内容页码的设置及全局格式进行综合调整，从而保证得到满意的打印效果。

① 打开文档：选择"文件"选项卡，在弹出的下拉列表中选择"打印"命令。

② 微调：此时即可在右侧看到文档的打印效果，还可以根据实际需要调整文档的显示比例，在打印预览界面下方调整滑块的位置可以调整显示比例，如图 3-47 所示。

图 3-47　打印预览

2. 文档打印

通过打印预览查看文档无误后，确保打印机与计算机已经连接好并准确地安装了驱动程序，就可以打印文档了。

① 设置打印份数：在"打印"任务窗格中的"份数"微调框中输入打印份数。

② 文档打印范围：在"设置"下拉列表中选择"打印所有页"选项。

③ 打印：设置完毕后，单击"打印"按钮即可打印文档。

除了以上基本方法之外，还可以设置多文件打印、单面或手动双面打印等，可以通过选择"文件"选项卡的"打印"命令，在对应界面进行设置。

3.5　表　格　制　作

在 Word 2010 文档中，用户不仅可以通过制定行和列直接插入表格，还可以通过绘制表格功能自定义各种表格。

3.5.1　建立表格

1. 插入表格

操作步骤如下：

① 新建一个空白文档，在"插入"选项卡的"表格"功能区中单击"表格"按钮，在弹出的下拉列表中选择"插入表格"命令。

② 打开"插入表格"对话框，如图 3-48 所示。在"列数"和"行数"微调框中输入要插

入表格的行数和列数，然后选择"固定列宽"单选按钮，单击"确定"按钮，在 Word 文档中插入了一个表格。

2．手动绘制表格

在 Word 2010 中，用户可以使用绘图笔手动绘制需要的表格。

① 在"插入"选项卡的"表格"功能区中单击"表格"按钮，在弹出的下拉列表中选择"绘制表格"命令。

② 按住鼠标左键不放，向右下角拖动即可绘制出一个虚线框，如图 3-49 所示。

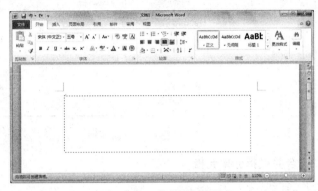

图 3-48　"插入表格"对话框　　　　　图 3-49　手动绘制表格

③ 将鼠标指针移动到表格的边框内，然后用鼠标左键依次绘制表格的行和列即可，如图 3-50 所示。

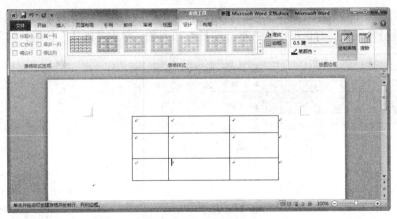

图 3-50　制表格效果

3.5.2　表格编辑与排版

在 Word 2010 中表格的编辑和排版显得格外重要，冗长的文字描述比不上简单的表格来得直观。

1．添加或删除行、列、单元格

把光标定位到需要插入行、列、单元格的位置，右击，在弹出的快捷菜单中选择"插入"命令，然后选择自己需要的操作，如图 3-51 所示。

2. 删除表格或表格内容

把光标定位到需要删除行或列的位置，右击，在弹出的快捷菜单中选择"删除单元格"命令，如图 3-52 所示，然后选择自己需要的操作。

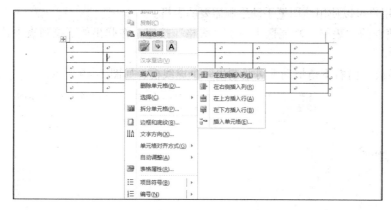

图 3-51　插入列　　　　　　　　　　　　　　　　图 3-52　删除单元格

3. 合并或拆分单元格

（1）合并

用鼠标左键选择需要合并的单元格，然后右击，在弹出的快捷菜单中选择"合并单元格"命令，如图 3-53 所示。

（2）拆分

用鼠标左键选择需要拆分的单元格，右击，在弹出的快捷菜单中选择"拆分单元格"命令，在弹出的"拆分单元格"对话框中输入拆分的行数和列数，单击"确认"按钮，如图 3-54 所示。

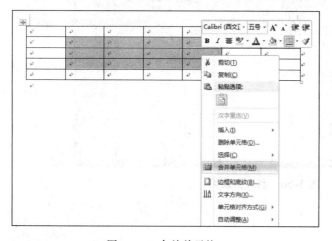

图 3-53　合并单元格　　　　　　　　　　　　　　图 3-54　拆分单元格

【例 3-11】根据医院 4 个季度各科室住院病人数制作三线表格。

【解】具体操作过程如下：

① 插入表格：单击"插入"选项卡"表格"功能区的"表格"按钮，在弹出的下拉列表中选择"插入表格"命令，设置表格的"行数"为 4、"列数"为 5，在表格工具的"布局"选项卡的"单元格大小"功能区中单击"自动调整"下拉按钮，在其下拉列表中选择"根据内容

调整表格"命令。

②　输入数据：按照表 3-1 输入数据，选定全表，右击，在弹出的快捷菜单中选择"单元格对齐方式"｜"垂直居中"命令。

③　设置三线表：选定全表，在表格工具中选择"设计"选项卡，然后单击"表格样式"功能区的"边框"按钮，在其下拉列表中选择"无框线"命令，去除所有框线，然后分别选择"上框线"和"下框线"命令，设置表格外框线，最后选中第一行，选择"下框线"命令，表格呈三线表形式。

④　选中表格，单击"开始"选项卡"段落"功能区的"居中对齐"按钮，使表格位于页面中间，结果如表 3-1 所示。

表 3-1　各科室住院人数

科室	第一季度	第二季度	第三季度	第四季度
内科	500	200	230	189
外科	450	432	323	260
五官科	720	480	453	210

3.5.3　表格的计算

在 Word 2010 中，表格处理常用数学计算比如求和、平均值等，步骤如下：

①　首先绘制出所需表格，然后选择"布局"选项卡。

②　单击"数据"功能区中的"公式"按钮，输入数据，如图 3-55 所示。

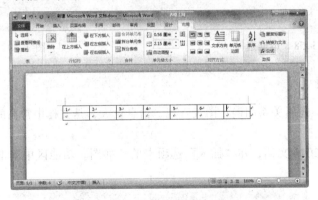

图 3-55　表格设计

③　单击"粘贴函数"按钮，打开"公式"对话框，选择需要的函数，如可选择求和函数"SUM"计算所有数据的和，或者选择平均数函数"AVERAGE"计算所有数据的平均数，如图 3-56 所示。

④　单击"确定"按钮即可得到计算结果。

【例 3-12】绘制"销售人员 2013 年 12 月收入核算"表并计算和，如图 3-57 所示。

【解】具体操作过程如下：

①　绘制表格：按照例 3-11 的方法绘制出 6 行 5 列的表格，输入"销售人员收入核算"等文字信息如图 3-57 所示，然后选中整个表格，右击，在弹出的快捷菜单中选择"边框和底纹"命令，打开"边框和底纹"对话框，选择对应边框如图 3-58 所示。

图 3-56　公式

销售人员收入核算

2013 年 12 月

销售人员	基本工资	补贴	销售提成	应得收入
张存	1200	100	6000	
邓灵	1200	100	3500	
陈鑫	1200	100	6500	
曾平	1200	100	7000	
王慧	1200	100	5600	

图 3-57　销售核算表

② 计算求和：输入表中数据，光标放入表格任意位置，在表格工具中单击"布局"选项卡"数据"功能区中的"f_x公式"按钮，打开"公式"对话框，输入"SUM(left)"（系统自带），如图 3-59 所示。然后按【Enter】键计算出"张存"的应得收入。

③ 计算其他值：按照步骤②的方法，计算出其他销售人员的"应得收入"。

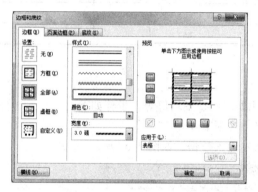

图 3-58　边框选择

图 3-59　选择公式

3.5.4　生成图表

表格层次清晰、逻辑关系明确；图表直观、信息量大，是文档中常见的组成部分，通常步骤如下：

① 打开 Word 2010 文档，在"插入"选项卡的"插图"功能区中单击"图表"按钮，如图 3-60 所示。

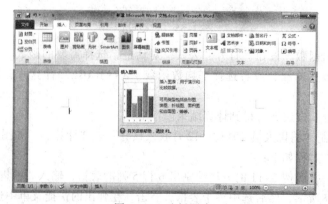

图 3-60　选择图表

② 打开"插入图表"对话框，在左侧的图表类型列表中选择需要创建的图表类型，在右侧图表子类型列表中选择合适的图表，并单击"确定"按钮，如图 3-61 所示。

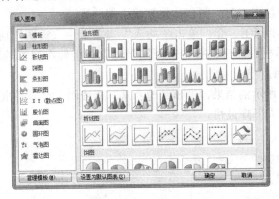

图 3-61　插入图表

③ 在并排打开的 Word 窗口和 Excel 窗口中，首先需要在 Excel 对话框中编辑图表数据。例如修改系列名称和类别名称，并编辑具体数值。在编辑 Excel 表格数据的同时，Word 窗口中将同步显示图表结果，如图 3-62 所示。

图 3-62　图表同步

④ 完成 Excel 表格数据的编辑后，关闭 Excel 窗口，在 Word 窗口中可以看到创建完成的图表，如图 3-63 所示。

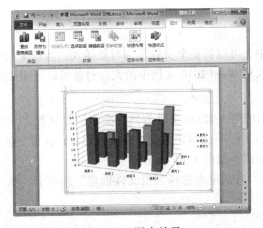

图 3-63　图表效果

【例3-13】根据某医院"住院病人统计表"制作"住院病人图表"。

【解】具体操作过程如下：

① 参照例3-11的制作方法，制作"住院病人统计表"。

② 参照图表制作步骤①、②，单击"插入"选项卡中"插图"功能区的"图表"按钮，打开"插入图表"对话框，然后选择"折线图"选项，接着在弹出的Excel表格中输入病人统计数据，确认并返回。

③ 观察如图3-64所示的结果，得出结论：从"折线图"可以看出，病人数呈按季度下降趋势，其中五官科科病人下降最快。

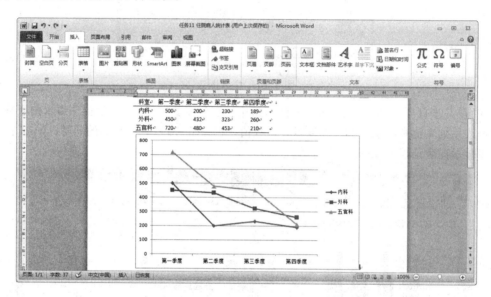

图3-64　例3-13效果

3.6　高级排版操作

高级排版操作包括以下内容。

3.6.1　插入对象

在Word 2010文档中，可以将整个文件作为对象插入到当前文档中，还可以插入图形、艺术字、数学公式等。嵌入到Word 2010文档中的文件对象可以使用原始程序进行编辑。

1. 插入文件

以在Word 2010文档中插入Excel文件为例，操作步骤如下：

① 打开Word 2010文档，将光标定位到准备插入对象的位置。在"插入"选项卡的"文本"功能区中单击"对象"按钮，如图3-65所示。

② 在打开的"对象"对话框中选择"由文件创建"选项卡，然后单击"浏览"按钮，如图3-66所示。

图 3-65　插入对象　　　　　　　　　　　　　图 3-66　创建对象

③ 打开"浏览"对话框，查找并选中需要插入到文档中的 Excel 文件，并单击"插入"按钮，如图 3-67 所示。

图 3-67　插入对象选择

④ 返回"对象"对话框，单击"确定"按钮。

返回 Word 2010 窗口，用户可以看到插入到当前文档对话框中的 Excel 文件对象。

2．插入图片

在默认情况下，插入到 Word 文档对话框中的对象以图片的形式存在。双击对象即可打开该文件的原始程序对其进行编辑。

【例 3-14】在"2013 年诺贝尔生理学或医学奖.doc"一文中插入"詹姆斯.E.罗斯曼.jpg"、"兰迪.谢克曼.jpg"、"托马斯.聚德霍夫.jpg"的个人图片。

【提示】此例用到的命令都在图片工具中，需要双击某张图片才能出现。

【解】具体操作过程如下：

① 打开素材"2013 年诺贝尔生理学或医学奖.doc"，在第二段起始处定位插入点，单击"插入"选项卡"插图"功能区的"图片"按钮，打开素材"3-6"文件夹，选择"詹姆斯.E.罗斯曼.jpg"。

② 右击图片，在弹出的快捷菜单中选择"大小和位置"命令，在打开的"布局"对话框中选择"大小"选项卡，选择"锁定纵横比"复选框，设置"宽度"为 3.7cm，"高度"将自动设置，如图 3-68 所示。

图 3-68　图片格式

③ 双击图片，在图片工具的"格式"选项卡的"图片样式"功能区中单击"图片效果"按钮，在弹出的下拉列表中选择"阴影"命令。

④ 双击图片，在图片工具的"格式"选项卡中的"排列"功能区中单击"自动换行"按钮，在弹出的下拉列表中选择"四周型环绕"命令。

⑤ 参照以上步骤插入其余两张图片，将图片设置"宽度"为 3.7cm，"环绕方式"设置为"四周型"，单击"确定"按钮。

⑥ 参考例 3-5 完成文本和段落格式，最终效果如下图 3-69 所示。

图 3-69　例 3-14 效果

3．插入艺术字

艺术字是指具有某种艺术效果的文字，可以增加文档的渲染力，美化文档内容。

【例 3-15】将吴阶平院士为首都医科大学题写的校训"扶伤济世　敬德修业"设置为艺术字。

【解】具体操作过程如下：

① 定位插入点：单击"插入"选项卡中"文本"功能区的"艺术字"按钮，在弹出的如图 3-69 所示的下拉列表中选择第 3 行第 1 列作为模板。

② 编辑艺术字：在文本框中输入"扶伤济世　敬德修业"，然后选中文字，设置字体为"隶书"、"字号"为"40"，结果如图 3-70 所示。

选中艺术字，在绘图工具的"格式"功能区中，可以对艺术字形状、艺术字格式和文字环绕等属性作进一步设置。艺术字的缩放、复制、删除、移动与图片相同。

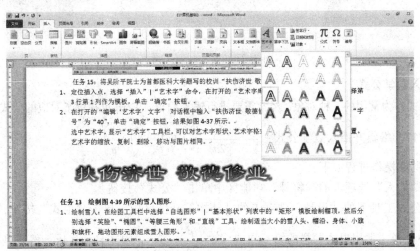

图 3-70　插入艺术字

4．插入绘制图形

Word 提供了强大的图形绘制和编辑工具，可以绘制椭圆、矩形等各种基本图形，并且可以进行图形的组合、叠放次序设置和旋转等功能，极大地丰富了文档的表现力。

【例 3-16】绘制如图 3-71 所示的雪人图形。

【提示】绘图所需的命令都来自绘图工具。

【解】具体操作过程如下：

① 绘制雪人：单击"插入"选项卡中"插图"功能区的"形状"按钮，在弹出的下拉列表中选择"新建绘图画布"命令，然后用"格式"选项卡的"插入形状"功能区中的"矩形"模板绘制帽顶，接着分别选择"笑脸"、"椭圆"、"等腰三角形"和"直线"绘制适当大小的雪人头、帽沿、身体、小旗和旗杆，拖动图形元素组成雪人图形。

② 调整层次：单击"格式"选项卡"排列"功能区中的"上移一层"和"下移一层"按钮调整帽沿和头的层次。

③ 添加颜色：分别选中各部分，利用"格式"选项卡的"形状样式"功能区中的"形状填充"按钮，将雪人帽子填充为蓝色、雪人填充为白色、小旗填充为红色。

④ 旋转图形：分别选中帽顶和帽沿，然后拖动绿色旋转按钮，逆时针旋转 15°。

⑤ 组合图形：按住【Shift】键，依次选择雪人帽子、头、身体、旗杆和小旗，单击"格式"选项卡的"排列"功能区的"组合"按钮。

⑥ 设置阴影：选中雪人，选择"格式"选项卡"形状样式"功能区的"形状效果"按钮，在弹出的下拉列表中选择"阴影"|"透视"|"右下角透视"命令，结果如图 3-71 所示。

图 3-71　插入绘制图形

5. 插入数学公式

数学公式作为常用的一种对象，经常需要进行输入编辑，Word 也提供了对应的公式编辑方法。

【例 3-17】编辑并插入数学公式：$\dfrac{-b\pm\sqrt{b^2-4ab}}{2a}\pm\lim\limits_{n\to\infty}\left(1+\dfrac{1}{n}\right)^n$。

【解】具体操作过程如下：

① 在"插入"选项卡的"符号"功能区中单击"公式"按钮。

② 在公式工具下的"设计"选项卡的"结构"功能区中，单击"根式"按钮，在弹出的下拉列表中选择"常用根式"栏的第一项"$\dfrac{-b\pm\sqrt{b^2-4ab}}{2a}$"，根式自动生成，然后单击"符号"功能区的"加减"按钮 $\boxed{\pm}$。

③ 在"结构"功能区中单击"极限和对数"按钮，在弹出的下拉列表中选择"常用函数"栏的第一项"$\lim\limits_{n\to\infty}\left(1+\dfrac{1}{n}\right)^n$"，极限自动生成，然后单击任意位置回到文本状态，公式编辑完毕，如图 3-72 所示。如果需要进行进一步的公式编辑，可以双击公式进入公式编辑状态。

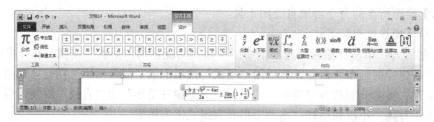

图 3-72　插入数学公式

3.6.2　样式与模板

1. 样式

样式是格式特征的集合。应用样式时，只需执行一步操作就可对选定文本进行一系列的格式定义，快速改变文本的外观。修改样式定义，就可以将文档中使用本样式的文本一次性全部修改，大大提高格式的修改效率，特别是在长文档中非常有用。样式可以分为段落样式和字符样式两种。字符样式只包含字符格式；段落样式既包含了字符格式，又包含了段落格式。

（1）创建样式

在 Word 2010 中，模板中提供了大量样式，在"开始"选项卡"样式"功能区及其下拉列表中列出了一些基本样式，可以在其中选用，也可以根据需要创建样式。

【例 3-18】创建"标题样式"。

【解】具体操作过程如下：

① 打开素材"例题 3-18.docx"，单击"开始"选项卡"样式"功能区右下角的按钮，打开"样式"任务窗格，单击最下面的"新建样式"按钮，打开"根据样式设置创建新样式"对话框，如图 3-73 所示。

图 3-73　样式选择

② 在"属性"栏的"名称"文本框中输入"标题样式"，在"格式"栏中选择"华文隶书"、"二号"、"加粗"和"下画线"，如图 3-74 所示。

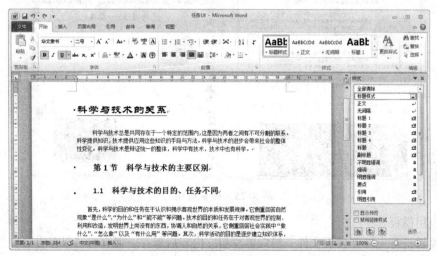

图 3-74　例 3-18 效果

③ 如果想要删除新建的样式，在"样式"任务窗格中的列表中，单击"标题样式"的下拉按钮，在弹出的下拉列表中选择"删除'标题样式'"命令即可。

（2）使用样式

应用样式的方法非常简单：选定文本，在"开始"选项卡"样式"功能区中选择要使用的样式即可。

（3）更改和删除样式

在"样式"任务窗格列表中右击样式名，在弹出的快捷菜单中选择"修改"命令，可以对样式进行修改，同时文档中所有使用该样式的文本将全部修改；选择"全部删除"命令，选定的样式即被删除。

2. 模板

模板是综合性文档框架，包含预先设计好的各种样式，也包括插入的文本、图片等内容。模板就像一张设计好的草图，可以最大限度地避免重复劳动、高效处理文档。在创建传真、公函、通知等格式和部分内容完全相同的文档，或撰写书籍等由格式相同的许多章节组成的长文档时，需要使用模板。

（1）创建模板

创建模板主要有两种方法：一种是基于已有模板创建新模板，另一种是基于已有文档创建模板。两种方法都是打开已有模板或文档，对模板的格式和内容进行修改和确认，然后保存，关键在于"保存类型"为"文档模板"。

【例 3-19】基于文档"例题 3-19.docx"创建模板"获奖.dotx"。

【解】具体操作过程如下：

① 打开素材文档"例题 3-19.docx"，如图 3-75 左图所示，删除"2009"、"物理"、副标题及文档内容，删除"高锟"照片，加入页面边框，如图 3-75 右图所示。

② 在"文件"选项卡中选择"另存为"命令，将文档另存为"获奖"，保存类型选择"Word模板（*.dotx）"，此文档的扩展名为.dotx。

图 3-75　模板应用

（2）应用模板

应用模板是首先打开模板文件，然后填写相应内容后保存，保存时"保存类型"为"Word文档（*.docx）"。

【例 3-20】应用模板"获奖.dotx"，创建文档"巴甫洛夫.docx"。

【解】具体操作过程如下：

① 选择"文件"选项卡中的"打开"命令，在打开的"打开"对话框中，在"文件名"

文本框中输入"获奖"，选择"文件类型"为"Word 模板（*.dotx）"，单击"打开"按钮。

② 插入文件"巴甫洛夫简介.docx"，并插入图片"巴甫洛夫.jpg"。

③ 选择"文件"选项卡中的"另存为"命令，在打开的"另存为"对话框中"文件名"文本框中输入"例题 20 巴甫洛夫"，选择"保存类型"为"Word 文档（*.docx）"，单击"保存"按钮，如图 3-76 所示。如此则创建了基于模板"获奖.dotx"的文档"例题 3-20 巴甫洛夫.docx"。

图 3-76　"获奖"模板

　　注意：遵照诺贝尔遗嘱，物理奖和化学奖由瑞典皇家科学院评定，生理或医学奖由瑞典皇家卡罗林医学院评定，文学奖由瑞典学院评定，和平奖由挪威议会选出，经济奖委托瑞典皇家科学院评定。

　　小贴士：除了使用 Word 2010 已安装的模板，用户还可以使用自己创建的模板和 Office.com 提供的模板。在下载 Office.com 提供的模板时，Word 2010 会进行正版验证，非正版的 Word 2010 版本无法下载 Office Online 提供的模板。

3.6.3　题注、脚注和尾注

　　在插入图形或表格中添加题注、脚注和尾注，不仅可以满足排版需要，而且便于读者阅读了解相关信息，是 Word 2010 又一强大的功能。

1．题注

　　题注就是给图片、表格、图表、公式等项目添加的名称和编号。例如在本书的图片中，就在图片下面输入了图编号和图题，这可以方便用户查找和阅读。

　　使用题注功能可以保证长文档中图片、表格或图表等项目能够顺序地自动编号。如果移动、插入或删除带题注的项目时，Word 可以自动更新题注的编号。而且一旦某一项目带有题注，还可以对其进行交叉引用。

【例3-21】为文档"2013年诺贝尔生理学或医学奖.docx"插入题注。

【解】具体操作过程如下：

① 选择准备插入题注的图片，选择"引用"选项卡，在"题注"功能区中单击"插入题注"按钮，如图3-77所示。

图3-77 插入题注

② 打开"题注"对话框，在"题注"文本框中自动显示"Figure1"，在"标签"下拉列表中选择"Figure"选项，在"位置"下拉列表中自动选择"所选项目下方"选项，如图3-78所示。

③ 单击"新建标签"按钮，打开"新建标签"对话框，在"标签"文本框中输入"图"，如图3-79所示。

图3-78 题注设置

图3-79 新建标签

④ 单击"确定"按钮，返回"题注"对话框，此时在"题注"文本框中自动显示"图1"，在"标签"下拉列表中自动选择"图"选项，在"位置"下拉列表中自动选择"所选项目下方"选项。

⑤ 单击"确定"按钮，返回Word文档，此时在选中图片的下方就自动显示题注"图1"，如图3-80所示。

⑥ 选中下一张图片，然后右击，在弹出的快捷菜单中选择"插入题注"命令。

⑦ 打开"题注"对话框，此时在题注文本框中自动显示"图2"，在"标

图3-80 题注

签"下拉列表中自动选择"图"选项，在"位置"下拉列表中自动选择"所选项目下方"选项。

⑧ 单击"确定"按钮，返回 Word 文档，此时在选中图片的下方自动显示题注"图 2"，如图 3-81 所示。使用同样的方法为其他图片添加题注。

2. 插入脚注

脚注就是可以附在文章页面的最底端的、对某些东西加以说明、印在书页下端的注文。插入脚注比较简单，具体可以参考例 3-22。

【例 3-22】接着例 3-21，完成脚注信息。

【解】具体操作过程如下：

① 将光标定位在准备插入脚注的位置，在"引用"选项卡中，单击"脚注"功能区的"插入脚注"按钮，如图 3-82 所示。

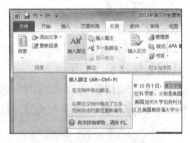

图 3-81　自动添加题注　　　　　　　　　　图 3-82　插入脚注

② 此时，在此页面的底部出现一个脚注分隔符，在分隔符下方输入脚注内容即可，如图 3-83 所示。

③ 将光标移动到插入脚注的标识上，可以查看脚注内容，如图 3-84 所示。

图 3-83　输入脚注　　　　　　　　　　图 3-84　脚注显示

3. 插入尾注

脚注和尾注是对文本的补充说明。脚注一般位于页面的底部，可以作为文档某处内容的注释；尾注一般位于文档的末尾，列出引文的出处等。

脚注和尾注由两个关联的部分组成，包括注释引用标记和其对应的注释文本。用户可让 Word 自动为标记编号或创建自定义的标记。在添加、删除或移动自动编号的注释时，Word 将对注释引用标记重新编号。插入尾注的步骤如下：

① 将光标定位在准备插入尾注的位置，选择"引用"选项卡，在"脚注"功能区中单击"插入尾注"按钮。

② 此时，在文档的结尾处出现一个尾注分隔符，在分隔符下方输入尾注内容即可。

③ 将光标移动到插入尾注的位置上，可以查看尾注的内容。

④ 如果要删除尾注分隔符，那么选择"视图"选项卡，单击"文档视图"功能区的"草稿"按钮。

⑤ 切换到草稿视图模式下，按【Ctrl+Alt+D】组合键，在文档下方弹出"尾注"编辑栏，并出现另一个尾注，按【Ctrl+D】组合键，撤销新尾注。在"尾注"下拉列表中选择"尾注分隔符"选项。

⑥ 此时"尾注"编辑栏出现一条直线。选中该直线，按下【Backspace】键即可将其删除，然后选择"视图"选项卡，单击"文档视图"功能区的"页面视图"按钮，切换到页面视图模式下。

3.6.4　制作目录

1. 生成目录

在文档中插入目录后，用户就可以快速浏览全文的内容了。

【例 3-23】为文档"2013 年诺贝尔生理学或医学奖.docx"制作目录。

【解】操作步骤如下：

① 打开文档，选择"引用"选项卡，选择"目录"功能区的"目录"按钮，在弹出的下拉列表中选择"插入目录"命令，如图 3-85 所示。

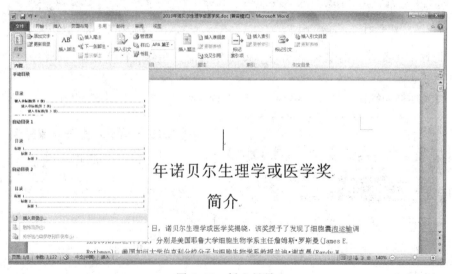

图 3-85　插入目录

② 打开"目录"对话框，系统自动切换到"目录"选项卡，在"常规"栏"格式"下拉列表中选择"古典"选项，在"显示级别"微调框中输入"2"，如图 3-86 所示。

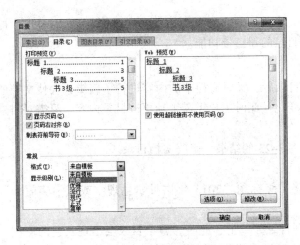

图 3-86　目录级别选择

③ 单击"确定"按钮，返回 Word 文档，效果如图 3-87 所示。

图 3-87　生成目录

④ 将光标定位在目录的最前端，按下【Enter】键，在目录前面插入一行。在新插入行输入文本"目录"，并设置其字体和格式。

⑤ 将光标移动到生成的目录上，系统会自动显示提示信息"按住 Ctrl 并单击可访问链接"，如图 3-88 所示。

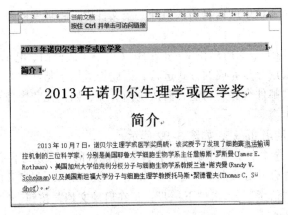

图 3-88　目录自动超链接

⑥ 此时按住【Ctrl】键不放，当鼠标指针变为"👆"形状时单击，即可快速定位到相应的文档内容中，这既是目录的超链接功能。

2. 更新目录

如果用户在生成目录后，又对文档中的内容进行了编辑，会使文档的目录标题和页码发生变化。此时用户无需手动更改目录内容，只需对目录进行更新即可。

【例 3-24】基于例 3-23 的结果，修改文档目录。

【解】操作步骤如下：

① 打开文档，将二级标题"2013 年诺贝尔生理学或医学奖简介"更改为"简介"。

② 将鼠标移动到目录处单击，此时，整个目录会出现灰色的底纹，在目录处右击，在弹出的快捷菜单中选择"更新域"命令，如图 3-89 所示。

③ 打开"更新目录"对话框，选择"更新整个目录"单选按钮，如图 3-90 所示。

④ 单击"确定"按钮，返回 Word 文档，效果如图 3-91 所示。

图 3-89　更新域

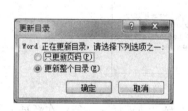

图 3-90　更新目录

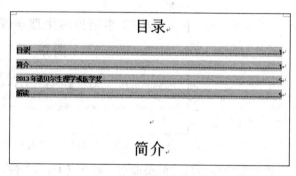

图 3-91　新目录

3.6.5　邮件合并

邮件合并是将一个文档中的信息插入另外一个文件中，将可变的数据源和一个标准的文档相结合。

"邮件合并向导"用于帮助用户在 Word 2010 文档中完成信函、电子邮件、信封、标签或目录的邮件合并工作，采用分步完成的方式进行，因此更适用于邮件合并功能的普通用户。

【例 3-25】使用"邮件合并"功能，向医院内、外、妇、儿和影像科主任发邀请函，邀请参加年度科研项目评审会。

① 打开文档"邀请函.docx"，如图 3-92 所示。

② 单击"邮件"选项卡中"开始邮件合并"功能区的"开始邮件合并"按钮，在弹出的下拉列表中选择"邮件合并分步向导"命令，如图 3-93 所示。在打开的"邮件合并"任务窗格中选中文档类型为"信函"，单击"下一步：正在启动文档"按钮。

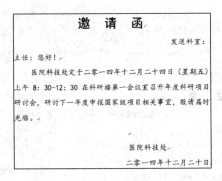

图 3-92　邀请函　　　　　　　　　　　　图 3-93　"邮件合并分步向导"命令

③ 在"邮件合并"任务窗格中选择"使用当前文档"单选按钮，然后单击"下一步：选取收件人"按钮，如图 3-94 所示。

④ 单击"浏览"按钮，在打开的"选取数据源"对话框中选择数据源文件"邀请函名单.xls"，如图 3-95 所示。单击"打开"按钮，在打开的"选择表格"对话框中选择"Sheet1 选项"，选择"数据首行包含列标题"复选框，单击"确定"按钮，打开"邮件合并收件人"对话框，单击"确定"按钮，返回"邮件合并"任务窗格，单击"下一步：撰写信函"按钮。

图 3-94　选择开始文档　　　　　　　　　图 3-95　选取数据源

⑤ 将光标置于"主任"前，在"邮件合并"任务窗格中单击"其他项目"按钮，在打开的"插入合并域"对话框"域"列表框中选择"姓名"选项，并单击"插入"按钮，如图 3-96 所示。然后单击"关闭"按钮。

⑥ 将光标置于"发送科室："后，单击"其他项目"按钮，选择"单位"选项并单击"插入"按钮，然后单击"关闭"按钮，返回"邮件合并"任务窗格，单击"下一步：预览信函"按钮，如图 3-97 所示。

⑦ 在"邮件合并"任务窗格中单击"收件人"左右的按钮预览并调整信函，单击"下一步：完成合并"按钮。

⑧ 在"邮件合并"任务窗格中，单击"编辑单个信函"按钮，在打开的"合并到新文档"对话框中选择"全部"单选按钮，然后单击"确定"按钮，结果如图 3-98 所示。

图 3-96 合并域

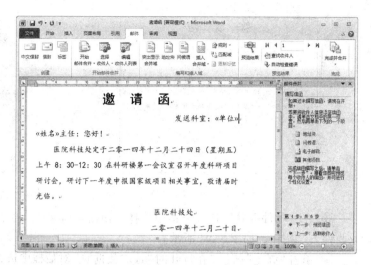

图 3-97 撰写信函

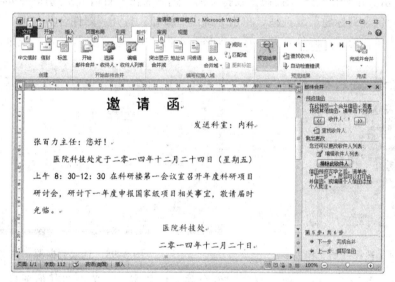

图 3-98 邮件合并效果

小 结

Microsoft Office 2010 是微软推出的一套办公软件，其 Windows 版本共有简易版、家庭与学生版、专业版等 7 个版本。Word 2010 是 Office 2010 软件中的多个组件之一，不仅支持 32 位 Windows XP，还可支持 32 位和 64 位 Vista 及 Windows 7。

Word 2010 集文本编辑、表格和图表制作、图形和图像处理、超链接、页面布局、引用、邮件、审阅及视图等功能为一体，既支持用户处理普通的文本，也支持信函、传真、简历报刊等复杂版面的制作。相比 Word 2003 和 2007 版本，Word 2010 不但保留了原来的文档及文本编辑、页面布局、审阅等编辑和排版功能，还对界面视图进行了新的调整。学好 Word 是进行文本编辑最重要的工具。

习　题　3

一、单选题：

1. Word 2010 的默认文件扩展名为_____。

  A．txt   B．Doc   C．Wod   D．docx

2. Word 2010 中，"替换"功能所在选项卡是_____。

  A．开始   B．插入   C．视图   D．引用

3. 如果在 Word 2010 文件中书写数学公式 $\sum_{i=1}^{100} \chi_i$ 可以_____。

  A．用"复制"和"粘贴"的办法从其他图形中复制一个

  B．用"插入"选项卡中"符号"功能区中的"公式"按钮进行编辑

  C．用"插入"选项卡中"插图"功能区中的"图片"按钮

  D．用"插入"选项卡的"符号"功能区操作

4. Word 2010 文档默认模板名是_____。

  A．NORMAL.DOTX   B．NORMAL.DOCX

  C．WORD.DOTX   D．COMMON.DOCX

5. Word 2010 中图片的环绕方式中没有_____。

  A．上下型   B．紧密型   C．四周型   D．覆盖型

6. 在 Word 2010 中要将剪贴画添加到当前文档的当前光标处，应选择的选项卡操作是_____。

  A．"文件"选项卡中的"打开"命令   B．"文件"选项卡中的"新建"命令

  C．"插入"选项卡中的"图片"按钮   D．"插入"选项卡中的"剪贴画"按钮

7. 在 Word 2010 中，关于页眉的下列说法不正确的是_____。

  A．可设置奇偶页页眉不同   B．可设置首页页眉

  C．页眉中可插入页码   D．在页眉中不可设置字符格式

8. 在 Word 2010 中，以下有关"表格"说法不正确的是_____。

  A．可以合并单元格   B．可以拆分单元格

  C．不能整行插入   D．表格行和列都可以插入

9. 在 Word 2010 中，在设置分栏排版时，不能设置的项目是_____。

  A．分栏数   B．栏宽   C．分隔线线型   D．应用范围

10. Word 2010 中想改变表格的边框线的样式的操作是_____。

  A．"插入"选项卡中的"表格"功能区的"选中表格"按钮

  B．"插入"选项卡中的"表格"功能区的"自动调整"按钮

  C．选择表格，在表格工具中选择"设计"选项卡，在"表格样式"功能区中单击"边框"按钮，在弹出的下拉列表中选择"边框和底纹"命令

  D．"插入"选项卡中的"格式"功能区的"制表位"按钮

11. 用 Word 2010 文档中，使用"字数统计"按钮查看文档信息应该选择_____选项卡进行。

A. 开始　　　　　　B. 审阅　　　　　　C. 插入　　　　　　D. 视图

12. 要使文档横向打印，应在"页面设置"中的_____选项卡中设置。

A. 纸张　　　　　B. 版式　　　　　　C. 文档表格　　　　D. 页边距

13. 在 Word 文档中绘制椭圆时，若按住【Shift】键并拖动鼠标，则绘制出一个_____。

A. 椭圆　　　　　　　　　　　　　B. 以出发点为中心的椭圆

C. 圆　　　　　　　　　　　　　　D. 以出发点为中心的圆

14. 在 Word 的编辑状态，若打开文档 ABC，修改后另存为 CBA。则_____。

A. ABC 是当前文档　　　　　　　　B. CBA 是当前文档

C. ABC 和 CBA 均是当前文档　　　　D. ABC 和 CBA 均不是当前文档

15. 在 Word 编辑状态下. 使插入点快速移动到文档尾的操作是按_____键。

A.【Home】　　B.【End】　　　　C.【Ctrl + End】　　D.【PgDn】

16. 下列关于 Word 表格功能的描述，正确的是_____。

A. Word 对表格中的数据既不能进行排序，也不能进行计算

B. Word 对表格中的数据能进行排序，但不能进行计算

C. Word 对表格中的数据不能进行排序. 但可以进行计算

D. Word 对表格中的数据既能进行排序，也能进行计算

17. 在 Word 默认情况下，输入了错误的英文单词会_____。

A. 系统响铃，提示出错　　　　　　B. 自动插入标注

C. 在单词下有红色下画波浪线　　　D. 自动更正

18. 在 Word 2010 中，页眉、页脚的作用范围是_____。

A. 全文　　　　　B. 节　　　　　　C. 页　　　　　　D. 段

19. 在 Word 2010 中，"邮件合并"通常用来_____。

A. 发送电子邮件

B. 进行邮件编辑，方便及时通过 Outlook 发送

C. 进行信函编辑，方便把同样内容发给多个不同收件人

D. 进行信函编辑，可以同时将不同内容发给多个不同收件人

20. Word 2010 中脚注与尾注的区别是_____。

A. 没有区别

B. 脚注和尾注是对文本的补充说明

C. 脚注和尾注由两个关联的部分组成，包括注释引用标记和其对应的注释文本

D. 脚注一般位于页面的底部，可以作为文档某处内容的注释；尾注一般位于文档的
末尾，列出引文的出处等

二、多选题

1. 在 Word 2010 的"字体"对话框中，可设定文字的_____。

A. 缩进　　　　　　B. 字符间距　　　C. 文字效果　　　　D. 行距

2. Word 2010 能够自动保存的文档类型_____。

A. txt　　　　　　B. doc　　　　　　C. html　　　　　　D. psd

3. 下列缩进方式属于 Word 2010 的缩进方式有_____。

A. 首行缩进　　　　B. 尾行缩进　　　C. 左缩进　　　　　D. 悬挂缩进

4. 对 Word 文档中插入图片可进行_____操作。

   A. 移动图片　　　　　　　　　　B. 改变图片尺寸

   C. 设置图片为水印效果　　　　　D. 设置图片的环绕方式

5. 在 Word 表格中能够完成的操作有_____。

   A. 设置边线宽度　　　B. 插入行　　　C. 插入列　　　D. 合并单元格

三、判断题

1. Word 2010 使用密码保护文档，一般只用于文件，而不能用于某一单独页。　（　　）

2. Word 2010 文档的页眉能够设置页码格式并显示当前页信息。　　　　　　（　　）

3. Word 不具有绘图功能。　　　　　　　　　　　　　　　　　　　　　　（　　）

4. Word 2010 中样式除了文本样式还有段落样式。　　　　　　　　　　　　（　　）

5. Word 2010 中可以同时打开多个文档，并且可以同时两个文档关联编辑查看。（　　）

6. Word 2010 中进行打印预览时，只能一页一页地查看。　　　　　　　　　（　　）

7. Word 中把艺术字作为图形来处理。　　　　　　　　　　　　　　　　　（　　）

8. 在 Word 中不能把页码插入页眉上。　　　　　　　　　　　　　　　　　（　　）

9. 在 Word 中删除插入的表格的方法是按【Delete】键。　　　　　　　　　（　　）

10. 在 Word 中插入页眉页脚，是单击"页面布局"选项卡中的"页眉"和"页脚"按钮。

                                                       （　　）

四、填空题

1. Word 对话框由 4 部分组成，分别是_____、选项卡栏、_____、状态栏。

2. 在 Word 中新建文档的快捷键为_____，打开文档的快捷键为_____，保存文档的快捷键为_____，打印的快捷键为_____。

3. 在 Word 编辑功能中，查找的快捷键为_____，替换的快捷键为_____，定位的快捷键为_____。

4. 格式刷需要_____才能多次使用，不使用则需按键才能取消。

5. Word 2010 模板文件的扩展名为_____。

6. 在 Word 中，_____鼠标可以定位，_____鼠标可以选中单词，_____鼠标可以选中段落。

7. 在 Word 中，图片的插入方式有_____和_____两种方式

8. 在 Word 中，拆分表格的快捷键为_____。

9. Word 文档中红色波浪线表示_____，绿色波浪线表示_____。

10. 能够一次性编辑多份不同信函的功能由 Word 中的_____提供。

五、操作题

【实验一】文档格式化和查找替换。

将素材文档"园博会.docx"格式化；并利用"更多"替换功能将正文中的"中国国际园林花卉博览会"替换为"园博会"，添加北京主展馆背景，效果如图 3-99 所示。

1. 文档格式化

（1）打开素材文档"园博会.docx"设置标题"中国国际园林花卉博览会"格式为"隶书"、"底纹"、"60 磅"、"居中"。

（2）选中正文，设置格式为"楷体"、"小四"、"首行缩进 2 字符"、"1.5 倍行距"、段前间

距"1行"。

（3）选中第2段，单击"插入"选项卡"文本"功能区的"首字下沉"按钮，在打开的对话框中设置"字体"为"隶书"、"下沉行数"为"2"，单击"确定"按钮。

（4）单击"页面布局"选项卡"页面背景"功能区的"页面边框"按钮，在"艺术型"栏中选择圣诞树形边框。

2．高级替换

（1）单击"开始"选项卡"编辑"功能区的"替换"按钮。

（2）在打开的"替换"选项卡的"查找内容"文本框内输入"中国国际园林花卉博览会"，单击"更多"按钮，然后选择"格式"|"字体"命令，在打开的"查找字体"对话框的"字体"选项卡中设置为楷体、小四。

（3）在"替换为"文本框内输入"园博会"，单击"更多"按钮，然后选择"格式"|"字体"命令，在打开的"查找字体"对话框的"字体"选项卡中设置"宋体"、"倾斜"、"下画线"和"红色"。

（4）单击"确定"按钮，返回后单击"全部替换"按钮。

3．添加水印

（1）插入素材图片"北京主展馆.jpg"，设置图片颜色为"茶色"、"浅色"。

（2）右击图片，在弹出的快捷菜单中选择"自动换行"|"衬于文字下方"命令。

（3）调整图片大小，最终如图3-99所示。

图 3-99　园博会

【**实验二**】插入艺术字和图片。

1．插入艺术字

（1）打开素材文件"北京园博会.docx"，单击"插入"选项卡"文本"功能区的"艺术字"按钮，在弹出的下拉列表中选择一种艺术字，在绘图工具"艺术字样式"功能区中单击"文本效果"按钮，在弹出的下拉列表中选择"转换"|"弯曲"命令，在其下拉列表中选择第2行第3列"顺时针"样式。

（2）在文本框内输入"北京园博会"，设置"字体"为"隶书"、"字号"为"36"；右击艺术字，在弹出的快捷菜单中选择"自动换行"|"紧密型环绕"命令。

2．文档格式化

（1）从正文开始处，选中前两段文本，设置字体为"宋体"、"五号"、"首行缩进""2字符"。

（2）选中第2段文字，单击"页面布局"选项卡"页面设置"功能区的"分栏"按钮，在弹出的下拉列表中选择"更多分栏"命令，打开"分栏"对话框，设置为"两栏"并选择"分隔线"复选框，单击"确定"按钮。

3．插入展馆图片

（1）单击"插入"选项卡"插图"功能区的"图片"按钮，插入素材"泰国园.jpg"，然后在"页面布局"选项卡"页面背景"功能区中单击"页面边框"按钮，打开"边框和底纹"对话框，选择"边框"选项卡，选择"方框"边框。

（2）参照步骤(1)，依次插入素材"阿富汗园.jpg"、"巴西园.jpg"、"杭州园.jpg"、"上海园.jpg"和"湘潭园.jpg"，如图3-100所示。

图 3-100　最终效果

（3）在每个图片下分别输入展馆的名称，设置字体为"隶书"、"小四"。

4．格式化表格

（1）选中表格第一行文字"本世纪园博会简介"，设置格式为"幼圆"、"四号"、"加粗"和"居中"。

（2）选中整个表格，右击，在弹出的快捷菜单中选择"边框和底纹"命令，打开"边框和底纹"对话框，设置表格边框为绿色双波浪线，设置单元格的"居中"对齐方式如图 3-100 所示。

5．插入中国馆图片

（1）单击"插入"选项卡"插图"功能区的"图片"按钮，插入素材图片"吉祥物园园.jpg"。

（2）选中"吉祥物园园"图片，设置图片颜色饱和度为0%。

（3）选中"吉祥物园园"图片，右击，在弹出的快捷菜单中选择"自动换行"|"衬于文字下方"命令。

（4）调整图片的大小与文字匹配。

6．插入尾注

（1）将光标移动到"吉祥物园园"，单击"引用"选项卡"脚注"功能区的"插入尾注"按钮。

（2）将"吉祥物园园"中的第 2 段文字剪切后粘贴至尾注。

（3）设置尾注中的文本为"楷体"、"小五号"。

六、思考题

1. 如何对文本和段落进行基本格式化？

2. 怎样设置图片的"四周型"版式？

3. 在长文档处理过程中可以使用哪些技术提高效率？

4. 简述邮件合并的方法。

第4章 Excel 2010 电子表格

Excel 是一个非常实用的软件，在应用层面上，从个人日常生活支出管理、普通家庭用的理财到办公室使用的报表，几乎渗透生活的每一个角落；在功能上，从学校层面的成绩管理、医药卫生部门的疾病分析乃至国家层面的经济数据统计分析，几乎无所不能。因此，掌握 Excel 电子表格的基本应用技巧以及统计分析功能，对于每一个渴望实现高水平生活品质的人来讲都是非常重要的。

学习目标：
- 了解 Excel 工作簿与工作表的基本操作；
- 熟练掌握 Excel 表格数据的录入方法；
- 熟练掌握 Excel 表格的统计分析技巧；
- 了解工作表的格式化设置与打印输出办法。

4.1 工作表与工作簿

本节主要介绍 Excel 2010 的工作界面、基本术语以及工作表和工作簿的基本操作。

4.1.1 工作界面和基本概念

1. 工作界面

启动 Excel 2010 后，工作界面如图 4–1 所示。在图中对主要的部分均进行了标注。需要特别指出的是 Excel 2010 提供了定做快速访问工具栏的功能（单击快速访问工具栏右侧的下拉按钮），对于不同的用户，可以订做自己的快速访问工具栏，以实现高效率的操作。因此，不同的用户看到的工作界面中的快速访问工具栏可能有差异。

2. 基本术语

（1）工作簿

工作簿是 Excel 存储在磁盘上的最小独立单位。它所包含的工作表以标签的形式排列在状态栏上方。Excel 启动后，默认的工作簿名为"工作簿1"。

（2）工作表

工作表是 Excel 完成一个完整作业的基本单位。工作表通过工作表标签来标识，用户可以通过单击工作表标签使之成为当前活动工作表。工作表由单元格组成，可以包含字符串、数字、公式、图表等不同的内容。

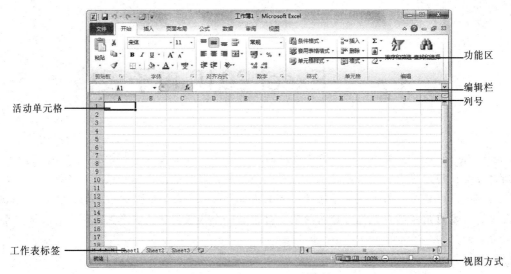

图 4-1　Excel 2010 工作界面

（3）单元格

单元格是 Excel 工作表的基本元素，也是 Excel 独立操作的最小单位。在单元格中可以输入文字、数字、公式等，也可以对单元格进行不同的格式设置。单元格的名称由它所在的列号（英文字母）和行号（阿拉伯数字）来标识，如 E5 单元格就是第 E 列和第 5 行相交处的单元格。在单元格输入内容后，可以使用编辑栏进行修改。

4.1.2　工作簿基本操作

工作簿的基本操作包括新建工作簿、打开和保存工作簿等基本操作。

1．新建工作簿

使用"文件"选项卡可以创建新的工作簿。图 4-2 显示了"文件"选项卡中的菜单项，在选择"新建"命令时，可以新建空白工作簿，也可以基于模板快速创建包含指定样式的工作簿，模板可以是 Office 自带的多种形式的模板，也可以是用户自己保存的模板，最后单击右侧的"创建"按钮，建立基本符合自己要求的工作簿。

图 4-2　Excel "文件"选项卡

2．保存和打开工作簿

对于建好的工作簿使用"文件"选项卡下的"保存"或者"另存为"命令可以将工作簿保存到指定的位置。对于新建的工作簿，使用"保存"和"另存为"命令是一样的；对于已经保存过的工作簿，"另存为"命令可以将工作簿改名保存到其他位置。

使用"文件"选项卡的"打开"命令可以打开一个已经保存在计算机上的工作簿。

4.1.3　工作表基本操作

对 Excel 的工作表除了基本的插入/删除、移动/复制等操作外，还包括隐藏工作表、冻结窗格等。

1．插入、删除、重命名工作表

（1）重命名工作表

Excel 启动后自动生成了 3 个名称为 Sheet1、Sheet2、Sheet3 的工作表。可以通过双击工作表标签或者右击工作表标签在弹出的快捷菜单中选择"重命名"命令为工作表重命名。

（2）插入、删除工作表

插入和删除工作表可以通过 2 种方式实现：

① 插入或删除工作表可以单击"开始"选项卡"单元格"功能区的"插入"或"删除"按钮，然后在弹出的下拉列表中分别选择"插入工作表"和"删除工作表"命令实现。

② 除了使用上面的方式，通过右键菜单也可以实现插入或删除工作表的操作。选定将要被删除工作表的标签，右击，在弹出的快捷菜单中选择"删除"命令可以删除工作表（工作表被删除后不可恢复）；如果在弹出的快捷菜单中选择"插入"命令，然后在图 4-3 所示的对话框中选择工作表，或者单击工作表标签右侧的"插入工作表"按钮，都可以插入新的工作表。

2．移动和复制工作表

移动或复制工作表的操作既可以通过对话框完成，也可以通过拖动鼠标的方法完成。

（1）鼠标拖动移动或者复制工作表

单击选中要移动或复制的工作表标签，按住左键拖动鼠标到合适的位置，直接松开鼠标可以移动选中的工作表；如果在拖动的同时按【Ctrl】键，松开鼠标则可以复制选中的工作表。

（2）使用对话框移动或者复制工作表

右击需要移动或者复制的工作表标签，在弹出的快捷菜单中选择"移动或复制"命令，在如图 4-4 所示的"移动或复制工作表"对话框中，指定移动的位置可以移动工作表，如果选择建立副本"复选框，则可以复制工作表。

图 4-3　插入工作表　　　　　　　图 4-4　移动或者复制工作表

3．隐藏工作表

在 Excel 中，可以有选择地隐藏工作簿中的一个或多个工作表。这些工作表一旦被隐藏，则无法显示其内容，除非撤销对该工作表的隐藏。要隐藏工作表，可右击要隐藏的工作表标签，在弹出的快捷菜单中选择"隐藏"命令；如果已存在隐藏的工作表，那么在弹出的快捷菜单中选择"取消隐藏"命令，就可以将隐藏的工作表重新显示出来。

【例4-1】新建2个工作簿文件，并且分别命名为Ex4-1.xlsx和Ex4-1a.xlsx，熟悉工作表的相关操作。

【解】具体操作过程如下：

① 启动Excel 2010，在"文件"选项卡中选择"新建"命令，新建两个工作簿，并且分别命名为Ex4-1.xlsx和Ex4-1a.xlsx文件，并且使两个文件处于打开状态。

② 打开工作簿Ex4-1.xlsx中，双击Sheet1工作表标签或者单击工作表标签Sheet1之后右击，在弹出的快捷菜单中选择"重命名"命令，将工作表Sheet1更名为"学生成绩表"；仿照上面的操作，将Sheet2更名为"学生信息表"；将Sheet3更名为"选课信息表"。

③ 在工作簿Ex4-1.xlsx中，插入新工作表Sheet1工作表。

④ 单击工作簿Ex4-1.xlsx中的"学生信息表"工作表标签，右击，在弹出的快捷菜单中选择"移动或复制"命令，在打开的对话框（见图4-5）中，将工作簿重命名为Ex4-1a.xlsx。

⑤ 选中"建立副本"复选框，就可以将当前的"学生信息表"工作表复制到Ex4-1a.xlsx文件中。

⑥ 使Ex4-1a.xlsx文件作为当前文件，就会发现，在Ex4-1a.xlsx中，除了原有的Sheet1、Sheet2、Sheet3三个工作表之外，多了一个"学生信息表"工作表。

⑦ 右击Ex4-1a.xlsx文件中的Sheet1工作表标签，在弹出的快捷菜单中选择"删除"命令，将Sheet1工作表删除。

⑧ 右击Sheet2工作表标签，在弹出的快捷菜单中选择"隐藏"命令，可将当前工作表隐藏。

4．拆分和冻结工作表窗格

横向或纵向拆分工作表主要是对于一些较大的工作表，可以在几个区域中同时观察或编辑同一工作表的不同部分；而冻结窗格则是在观察或编辑工作表时，使得标题行或列的内容在窗格中固定不动。

（1）拆分或者取消拆分工作表

用鼠标拖动横向或纵向拆分框到适当的位置，释放鼠标即可完成拆分，效果如图4-6所示。拆分后，在任何区域内做的修改和设置的结果都会反映在其他区域中。

图4-5　"移动或复制工作表"对话框

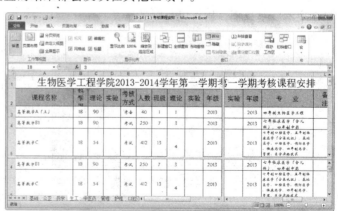

图4-6　拆分后的工作表

拆分工作表既可以单击"视图"选项卡"窗口"功能区的"拆分"按钮（见图 4-7），以活动单元格为中心，将工作表分为 4 个部分；也可以使用工作表水平滚动条右侧的垂直拆分按钮或者垂直滚动条上方的水平拆分按钮（见图 4-7）。

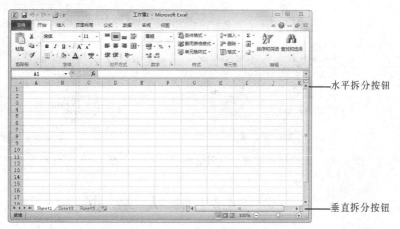

图 4-7 拆分冻结窗格

如果一个工作表已经拆分，要取消拆分，可以单击"视图"选项卡"窗口"功能区的"拆分"按钮取消拆分；也可以用鼠标拖动拆分框到最上或最右端取消拆分。

（2）冻结与取消冻结工作表窗格

通过单击"视图"选项卡的"窗口"功能区的"冻结窗格"按钮（见图 4-7），可以分别实现"冻结拆分窗格"、"冻结首行"、"冻结首列"，这时会在冻结行的下边或冻结列的右边出现一条直线表示冻结的位置。

要取消冻结，可以单击"视图"选项卡"窗口"功能区的"冻结窗格"按钮，在弹出的下拉列表中选择"取消冻结窗格"命令。

4.1.4 保护工作簿和工作表

单击"审阅"选项卡"更改"功能区的"保护工作簿"按钮（见图 4-8）。可以打开如图 4-9 所示的"保护结构和窗口"对话框，可以对工作簿的结构和窗口进行保护，以防止对工作簿进行无意地移动、删除或者添加工作表。

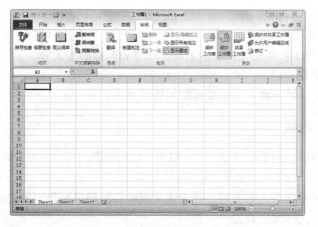

图 4-8 保护工作簿和工作表

单击"审阅"选项卡"更改"功能区的"保护工作表"按钮，打开如图 4-10 所示的对话框，可以防止对工作表进行不需要的修改。

图 4-9　"保护结构和窗口"对话框　　　　图 4-10　"保护工作表"对话框

4.2　输　入　数　据

4.2.1　选定与取消选定单元格

在 Excel 中，对单元格的操作都是针对选定的单元格。下面介绍选定单个单元格方法：

要选定某个单元格，可以单击该单元格，这时在选定的单元格四周出现粗黑框，该单元格也称为当前单元格。用键盘上的方向键移动原有的粗黑框，可以改变当前单元格。

（1）选定连续的矩形单元格区域

方法有如下两种：

① 单击要选定区域的左上角单元格，拖动鼠标至区域的右下角，就可以选定矩形区域中的所有单元格。

② 先单击要选定区域的左上角单元格，按住【Shift】键单击矩形区域右下角单元格，也可以选定矩形区域中的所有单元格。

（2）选定不连续的单元格区域

先选定第一个区域，然后按住【Ctrl】键选定其他区域。

（3）选定特殊单元格区域

① 选定整行：单击行号。

② 选定整列：单击列标。

③ 选定整个工作表：单击工作表左上角的行号和列标的交叉处。

（4）取消选定的单元格

在工作表内的任一单元格上单击即可取消所有选定。

4.2.2　输入基本数据

在单元格中可以输入的数据包括文本、数字、日期和公式等。有关公式的输入与使用方法，将在 4.4.2 节中讲解。

需要在某个单元格内输入数据时，首先选定接收数据的单元格，使之成为当前单元格。然后可以采用下列方法之一输入或修改数据：

- 直接输入数据，将覆盖原来单元格的所有内容。
- 双击单元格或者单击编辑栏，可以在单元格中对原有数据进行修改。

根据输入内容的不同，具体输入方法有所不同。

1. 输入数值型数据

可以以普通格式输入数字，或以科学计数法输入。例如，要输入数字 12300，既可以直接从键盘输入 12300，也可以输入 "1.23e4"。在输入负数时，应在数字前面加上 "–"，或者用括号括起来。例如，输入 "–100" 和 "(100)" 都可以得到负数–100。输入分数时，应在分数前加一个 "0" 及一个空格，以便与日期区分开。

2. 输入文本

文本包括汉字、英文字母、数字和符号。

① 一般文本可直接输入。

② 如果要输入以数字组成的文本字符串，如电话号码、邮政编码、身份证、学号等，则要在输入时在数字前面加上一个单引号，或者先输入 "="，然后用双引号（英文双引号，不是中文的双引号）将输入内容括起来，例如输入邮编 "=""1""00079"""。

③ 在单元格内输入回车符的方法是按【Alt+Enter】组合键。

3. 输入日期

在系统默认的情况下，按年、月、日或日、月（英文）、年的顺序输入，中间用连字符 "–"或 "/" 分割。例如，要输入 2014 年 5 月 1 日，可以在单元格内输入 "14-05-1" 或 "1-May-14"。

4. 输入时间

如果按 12 小时制输入时间，应在时间数字后空一格，并输入字母 "a"（代表上午）或 "p"（代表下午），如 "9:00 p"。如果要输入当前时间，可按【Ctrl+Shift+:】组合键。

5. 输入批注

使用批注可以对单元格进行注释。插入批注后，单元格的右上角会出现一个红色的三角块；鼠标指针停留在单元格上就可以查看批注。要输入批注，首先选定需要添加批注的单元格，然后右击，在弹出的快捷菜单中选择 "插入批注" 命令，在弹出的批注框内输入批注文本，最后单击批注框外任意的工作表区域完成输入。

【例 4-2】建立新工作簿，熟悉基本数据的录入。

【解】具体操作过程如下：

① 打开 Ex4-1.xlsx 工作簿，并且将其另存为 Ex4-2.xlsx。

② 单击 "学生信息表" 工作表标签，使其成为当前工作表。

③ 分别录入表 4-1 所示的数据。

表 4-1 学生基本信息

学 号	姓 名	出 生 日 期	性 别	入 学 成 绩	毕 业 学 校
20140101001	令狐冲	1997-3-1	男	596	海淀实验中学
20140101002	段誉	1995-6-28	男	670	十一学校
20140101003	慕容复	1994-2-28	男	567	立新学校
20140101004	黄蓉	1997-6-1	女	602	民大附中
20140101005	郭靖	1997-8-15	男	625	人大附中

学　　号	姓　　名	出 生 日 期	性　　别	入 学 成 绩	毕 业 学 校
20140101006	杨过	1997-3-15	男	610	北京四中
20140101007	小龙女	1999-8-23	女	701	北大附中
20140101008	岳不群	1990-12-11	男	595	丰台八中

注意：

① 学号虽然看起来是数值，但是需要按照字符型数据录入，因此学号为"20140101001"需要输入"'20140101001"或者"=""20140101001"""。

② 日期一般按照"年-月-日"形式录入。

4.2.3　快速录入数据

虽然复制已有的单元格是最常用的快速录入数据方式，但是此处设计的快速录入数据内容主要分为 4 种情况。

1. 在多个单元格输入相同内容

首先选定单元格区域（连续或不连续均可），然后输入数据，最后按【Ctrl+Enter】组合键确认。

2. 使用下拉列表

在录入数据时，如果某一列单元格内容大致分为有限的几个，例如在录入所有人员的职称时，仅仅局限于"教授"、"副教授"、"讲师"、"助教"等，这样在输入单元格时，可以右击单元格，在弹出的快捷菜单中选择"从下拉列表中选择"命令，然后选择已有内容，实现快速录入数据。

3. 使用单元格的数据填充

数据填充是在连续单元格内输入一组有规律的数据，这些有规律的数据可以是 Excel 本身提供的预定义序列，也可以是用户自己定义的序列。

（1）填充 Excel 自带的数据序列

Excel 可以建立的序列类型主要有等差序列、等比序列、日期序列、自动填充等。实现数据的填充，具体的操作过程如下：

① 选定要填充区域的第一个单元格，输入序列的起始值。

② 右键拖动单元格右下角的填充柄（单元格粗线框右下角的实心方块），松开鼠标，在弹出如图 4-11 所示的对话框中，选择需要的填充的方式即可完成填充任务。

③ 如果没有满足需要的填充序列，可以在图 4-11 所示的菜单中选择"序列"命令，然后在打开图 4-12 所示的"序列"对话框中定做自己的填充序列，单击"确定"按钮即可完成填充。

图 4-11　填充方式

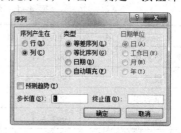

图 4-12　填充序列

（2）自定义填充序列

Excel 只提供了 11 个预定义序列，而且多数与时间有关。如果想生成一个新的序列便于今后的使用，可以自己定义序列。例如，要定义一个序列"第一临床医院、第二临床医院、第三临床医院、第四临床医院"，操作方法如下：

① 选择"文件"选项卡中的"选项"命令，在打开的"Excel 选项"对话框中，在左侧选择"高级"选项，拖动右侧的滚动条找到"编辑自定义列表"按钮，然后单击。

② 在如图 4-13 所示的"自定义序列"对话框中，在"输入序列"文本框内输入要定义的序列，每输入完一个序列项目后按【Enter】键换到下一行，直至所有序列项目均输入完成。

③ 单击"添加"按钮，则在"自定义序列"列表框中出现新定义的序列。

④ 在需要填充的单元格中输入自定义的序列的第一个数据，拖动填充柄进行填充，就可以完成自定义序列的填充。

4．导入已有数据

"数据"选项卡的"获取外部数据"功能区如图 4-14 所示。可以分别单击"自 Access"、"自网站"、"自文本"、"自其他来源"以及"现有连接"按钮，将已有数据快速导入到当前工作表中。

图 4-13　添加新序列

图 4-14　导入已有数据

【例 4-3】利用前面讲述的基本数据录入方法和快速录入方法录入工作表，内容如表 4-2 所示，命名为"量表评分"，并且将文件保存为 Ex4-3.xlsx。

表 4-2　"量表评分"工作表的原始数据

编　　号	焦　虑　症	紧　张　症	第一次评分	第二次评分	评 分 变 化
1	有焦虑	有紧张症	18	12	
2	有焦虑	有紧张症	19	8	
3	有焦虑	有紧张症	14	6	
4	有焦虑	无紧张症	16	10	
5	有焦虑	无紧张症	12	6	
6	有焦虑	无紧张症	18	5	
7	无焦虑	有紧张症	16	8	
8	无焦虑	有紧张症	18	4	

续表

编　　号	焦　虑　症	紧　张　症	第一次评分	第二次评分	评 分 变 化
9	无焦虑	有紧张症	16	6	
10	无焦虑	无紧张症	19	10	
11	无焦虑	无紧张症	16	10	
12	无焦虑	无紧张症	16	8	
平均					

【解】具体操作过程如下：

① 新建工作簿，并且将第一个工作表 Sheet1 重命名为"量表评分"。

② 在工作表中输入第一行数据。

③ 对于编号所在的列，由于存在连续递增的关系，可以使用前面讲述的序列填充的办法进行填充。

④ 对于"焦虑症"和"紧张症"所在的列，同样可以使用前面讲述方法输入相同内容的办法实现。

⑤ 保存工作簿。

4.2.4　数据检查

数据检查主要是指数据的有效性检查，通过不同的设置，在录入数据时，由系统对录入的数据按照设定的条件进行检查，对于不合法的数据提示错误的信息；如果每次录入不合条件的数据弹出错误提示，有时难免影响录入的速度，而采用条件格式，虽然同样是设定条件，但是仅仅将符合条件的数据区别显示，无疑便于快速检查录入数据的错误。

实现数据有效性设置的具体步骤如下：

① 选定需要设置数据有效性的单元格或单元格区域。

② 单击"数据"选项卡"数据工具"功能区的"数据有效性"按钮，在打开的如图 4-15所示的对话框中，可以分别进行不同的有效性设置。

图 4-15　设置整数型数据的有效性条件

- 在对话框的"设置"选项卡中设置数据的有效性条件；如果要清除所有的有效性设置，可单击"全部清除"按钮。
- 在"输入信息"选项卡的"输入信息"文本框中输入要提示的信息。
- 在"出错警告"选项卡的"错误信息"文本框中输入警告信息。
- 在对话框的"输入法模式"选项卡中，设定输入法的模式。

③ 单击"确定"按钮，完成数据的有效性设置。

【例 4-4】打开文件 Ex4-3.xlsx，并且将其另存为 Ex4-3a.xlsx，将当前工作表设置为"量化评分"工作表，练习数据检查的使用办法。

【解】具体操作过程如下：

① 单击 D 列的列标签，选中 D 列所有的数据，在如图 4-15 所示的对话框中，将 D 列的"允许"设置为"整数"，"数据"设置为"介于"，在"最大值"输入 30，"最小值"输入 5，单击"确定"按钮。

② 选中 D5 单元格，修改该列原有的数值，输入"4"，将会弹出如图 4-16 所示的错误提示信息对话框。

图 4-16　错误提示

4.3　编辑与格式化工作表

4.3.1　编辑工作表

编辑工作表主要包括行、列或单元格的插入和删除，单元格内容的清除，移动或复制单元格以及查找或替换单元格内容几部分。

1．插入或者删除行、列或单元格

行、列或者单元格的插入和删除操作，一方面可以单击"开始"选项卡"单元格"功能区的"插入"和"删除"按钮实现，另外，也可以选定单元格后，使用右键弹出的快捷菜单，分别选择"插入"或"删除"命令实现。

2．清除单元格内容

使用"删除"命令进行删除时，该单元格的内容和单元格一起从工作表中删除，空出的位置由周围其他单元格补充。而选择单元格内容时，单元格仍保留在工作表中。

单击"开始"选项卡"编辑"功能区的"清除"按钮，可以实现如图 4-17 所示的多种操作；选定单元格或单元格区域后按【Del】键可以删除其中的内容，单元格的其他属性（如格式、注释等）仍然保留。

图 4-17　清除按钮下的菜单项

3．移动或复制单元格

Excel 单元格不但包含了内容，而且还包含了格式、批注、超链接等多种设置，因此单击"开始"选项卡"剪贴板"功能区的"剪切"和"复制"按钮之后，剪贴板中包含了单元格的多种设置，单击"开始"选项卡"剪贴板"功能区的"粘贴"按钮，在弹出的下拉列表中，如果选择"选择性粘贴"命令后，打开如图 4-18 所示的对话框，用户可以方便地选择移动或者复制的内容。

4．查找或替换

若要在整张工作表中查找某个单元格中的数据，可以使用 Excel 提供的查找和替换功能，而不必自己逐个查找，从而提高效率。在"开始"选项卡的"编辑"功能区中单击"查找和选择"按钮，弹出如图 4-19 所示的下拉列表，用户可以分别选择"查找"或"替换"

命令实现查找或替换操作，由于这部分内容与 Word 2010 中的查找和替换几乎相同，在此不再赘述。

图 4-18　"选择性粘贴"对话框

图 4-19　"查找和选择"按钮的下拉列表

4.3.2　格式化工作表

创建并编辑了工作表之后，还应该对工作表中的数据以及工作表本身进行格式化。Excel 提供了丰富的格式编排功能，包括单元格内容的字符格式设置、数字格式设置、表格的边框和底纹设置、改变行高和列宽等。多数功能均可以通过"开始"选项卡下的 4 个功能区（见图 4-20）中的按钮快速设置，也可以单击功能区右下角的扩展按钮，在打开的对话框中进行综合设置。另外，也可以在选中的单元格或单元格区域右击，在弹出的快捷菜单中选择"设置单元格格式"命令实现。

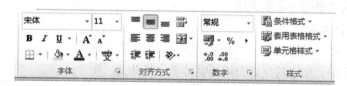

图 4-20　"开始"选项的 4 个功能区

1. 设置单元格字符格式

字符格式包括字符的字体、字号、字形、颜色、特殊效果（下画线，上、下标）等。如果要对单元格内的所有字符设置相同的格式，则选中单元格或单元格区域；如果只对单元格内的部分字符设置格式，则要先单击该单元格，然后在编辑栏内选定要设置格式的字符，或双击单元格，然后在单元格内选定要设置格式的字符。

选中设置对象后，可以直接在"开始"选项卡的"字体"功能区中进行快速设置，也可以单击"字体"功能区右下角的扩展按钮，在打开的对话框中实现综合设置，由于这部分内容与 Word 2010 中进行设置的方法类似，在此不再赘述。

注意：在编辑栏内不显示单元格字符格式。

2. 设置单元格数字格式

在单元格中输入的数字通常按常规格式显示，如果需要使用会计数据格式、百分比样式、千位分隔样式等特殊格式，则应对数字进行格式设置。

首先选中单元格或单元格区域，然后可以分别完成以下设置：

- "货币样式"按钮 ![]: 在选定区域的数字前加上人民币符号"￥"。
- "百分比样式"按钮 ![]: 将数字乘以 100，并在结尾处加上百分号"%"，使数字转化为百分数格式。
- "千位分隔样式"按钮 ![]: 使数字从小数点向左每 3 位之间用逗号分隔。
- "增加小数位数"按钮 ![] 和"减少小数位数"按钮 ![]: 每单击一次，使选定区域数字的小数位数增加/减少一位。

图 4-21 显示了进行如上设置后的效果。

	A	B	C	D	E	F
1	原始数字	货币样式	百分比样式	千位分隔样式	增加一位小数	减少一位小数
2	98.5	￥ 98.50	9850%	98.50	98.50	99
3	1203.2	￥ 1,203.20	120320%	1,203.20	1203.20	1203
4	12.3	￥ 12.30	1230%	12.30	12.30	12
5	-8.45	￥ -8.45	-845%	-8.45	-8.450	-8.5

图 4-21　设置各种数字格式后的效果

3．设置对齐方式

默认情况下输入时，文本沿单元格左对齐，数值右对齐。为了实现不同的要求，数据的对齐方式可以更改，具体操作过程如下：

① 选定要改变对齐方式的单元格或单元格区域。

② 单击"开始"选项卡"对齐方式"功能区中相应的按钮快速设置或者单击该功能区右下角的扩展按钮，在打开的对话框（见图 4-22）中进行相应设置。

③ 单击"确定"按钮完成设置。

图 4-22　单元格对齐方式

小贴士：Excel 文本对齐方式分水平对齐和垂直对齐两种：其中水平对齐中的"靠左"、"居中"和"靠右"分别对应着"格式"功能区中的"左对齐"按钮 ![]、"居中"按钮 ![] 和"右对齐"按钮 ![]；垂直对齐通常用于单元格高度大于文字高度的情况。

另外，"合并单元格"表示将多个单元格合并为一个单元格，使文本跨多列或多行显示。选择该复选框，并在"水平对齐"下拉列表中选择"居中"命令，其作用与单击"格式"功能区中"合并及居中"按钮 ![] 作用相同。该功能通常用于表格的标题。

4．添加边框和底纹

为工作表添加各种类型的边框和底纹，可以起到美化工作表的目的。选中需要设置的单元格或单元格区域，右击，在弹出的快捷菜单中选择"设置单元格格式"命令。

（1）添加边框

① 选择"边框"选项卡，如图 4-23 所示。

② 依次选择边框的样式、颜色后，可以在边框区分别设置边框的四周和斜边，也可以在预置区，设置内部、外部或取消边框。

③ 单击"确定"按钮完成设置。

（2）添加底纹

① 选择"填充"选项卡，如图 4-24 所示。

② 在左侧使用颜色填充，单击"填充效果"按钮可以实现不同形式的渐变填充，或者使用右侧的图案填充。

③ 单击"确定"按钮，完成设置。

图 4-23　边框设置

图 4-24　填充底纹

注意：颜色填充和图案填充只能选择其中一种方式。

5．调整行高和列宽

在新创建的工作表中，每列的宽度及每行的高度都是一样的。这时，如果单元格内的字符串超过列宽，超出的部分将被截去。如果是数字则显示为一串"#####"，用户可以根据需要重新设置列宽和行高，以便完整地显示内容。

（1）利用鼠标调整

鼠标指向要调整列宽（或行高）的列标（或行标）分割线上，指针形状变为双向箭头；拖动分割线至适当位置后松开鼠标。

（2）利用菜单和对话框精确设置

单击"开始"选项卡"单元格"功能区的"格式"按钮，在弹出的下拉列表中选择"行高"或者"列宽"命令，在打开的对话框中输入具体的数值，就可以对"行高"或者"列宽"命令进行精确设置。

【例 4-5】参照表 4-3 录入"课程表"工作表中的数据，并且参照图 4-25 完成单元格格式化。

表 4-3　"课程表"工作表的原始数据

		星期一	星期二	星期三	星期四	星期五	星期六	星期日
上午	第 1 节	英语	科学社会主义	高等数学	英语	高等数学		
	第 2 节							
	第 3 节	体育	计算机	电子技术	物理	物理实验		
	第 4 节							
	第 5 节							
下午	第 6 节	物理	选修课	体育	上机			
	第 7 节							
	第 8 节							
	第 9 节							

【解】具体操作过程如下：

① 新建工作簿，并且命名为 Ex4-4.xlsx，将 Sheet1 工作表重命名为"课程表"。

		星期一	星期二	星期三	星期四	星期五	
	第1节	英语	科学社会主义	高等数学	英语	高等数学	
上午	第2节						
	第3节	体育	计算机	电子技术	物理	物理实验	
	第4节						
	第5节						
下午	第6节	物理	选修课	体育	上机		
	第7节						
	第8节						
	第9节						

图 4-25　经过格式化的"课程表"工作表

② 快速录入星期：在 C1 单元格输入"星期一"后，拖动 C1 单元格右下角的填充柄，实现"星期二"至"星期日"的输入；节次也可以采用类似的方法。

③ 快速输入相同数据，选中需要填充相同内容的单元格如 C2、F2，输入"英语"后按【Ctrl+Enter】组合键，其余的如物理也可以采用类似方法。

④ 删除第 H、I 两列。

⑤ 合并相关单元格。

⑥ 缩小 D3、D5 单元格中文本的大小，使之适应单元格的宽度。

⑦ 将所有单元格设置为水平居中对齐、垂直居中对齐。

小贴士： 选定所有单元格后，在"单元格格式"对话框的"对齐"选项卡中进行设置。

⑧ 将行标题和列标题文字设置为黑体 14 号字，并为标题行单元格填充淡紫色。

⑨ 改变第 1 列的宽度，使之只有一个汉字的宽度，并使单元格内的文本自动换行。

小贴士： 在"单元格格式"对话框"对齐"选项卡中选择"自动换行"复选框。

⑩ 设置边框线，其中内部边框线为细实线，外部为粗实线；设置所有"物理"文字的格式为红色、加粗，"体育"文字的格式为蓝色、倾斜。

6．使用格式

除了一般的格式设置，Excel 还提供了条件格式和套用表格样式两种快速生成工作表格式的办法。

（1）条件格式

条件格式功能用于对选定单元格中的数值在满足特定条件时应用底纹、字体、颜色等格式。一般在需要突出显示公式的计算结果或监视单元格内容变化时应用条件格式。操作步骤如下：

① 选定要设置格式的区域。

② 单击"开始"选项卡"样式"功能区中的"条件格式"按钮，显示如图 4-26 左侧所示的菜单，可以看到多数菜单项都存在于右侧菜单中，选择不同的菜单项，就可以进行不同的条件格式设置。

图 4-26　条件格式菜单项

（2）套用表格格式

Excel 内置了大量的工作表格式，这些格式中组合了数字、字体、对齐方式、边框、行高及列宽等属性。套用这些格式可以大大提高工作效率。

【例 4-6】打开 Ex4-3.xlsx 文件，将其另存为 Ex4-3b.xlsx，使"量表评分"工作表自动套用"表样式浅色 15"格式。

【解】具体操作步骤如下：

① 选定需要自动套用格式的单元格区域。

② 单击"开始"选项卡"样式"功能区中的"套用表格样式"按钮，弹出如图 4-27 所示的下拉列表。

③ 选择"表样式浅色 15"，结果如图 4-28 所示。

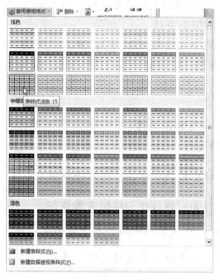

图 4-27　套用表格格式　　　　　图 4-28　经过格式化的"量表评分"工作表

如果没有满足要求的样式，可以在如图 4-27 所示的下拉列表中选择"新建表样式"命令。

4.4　数据计算与统计分析

Excel 数据计算主要通过公式和函数实现，而公式和函数的基本操作对象就是单元格或单元格区域。因此，在介绍公式和函数之前，首先介绍单元格的使用。

4.4.1　单元格的引用

Excel 使用单元格名称标识工作表中的一个单元格或单元格区域，以便利用其中的数据。

1. 单元格名称表示

① 单元格的名称由单元格的列标和行号组成，如 C3 表示第 C 列、第 3 行交叉处的单元格。

② 单元格区域：使用"该区域左上角单元格:该区域右下角单元格"表示一个区域，如 C3:D5 表示 C3、C4、C5、D3、D4 和 D5 单元格。

③ 同一工作簿中不同工作表的单元格：在单元格引用前加上工作表名及叹号"！"，如：Sheet2!A5。

④ 不同工作簿中的单元格：加上工作簿名，并将工作簿名用方括号（[ ]）括起来，如：[Book2.xlsx]Sheet2!A5。

2．单元格的引用

在使用单元格时，单元格的引用有 3 种使用方式：相对引用、绝对引用和混合引用。

（1）相对引用

相对引用指向相对于公式所在单元格位于某一位置处的单元格。当该公式被复制到别的单元格时，Excel 将根据新的位置自动更新引用的单元格。例如，在单元格 A1 中输入公式"=B1+B2"，当把 A1 单元格的内容复制到单元格 C3 时，单元格 C3 中的公式将是"=D3+D4"。

（2）绝对引用

绝对引用指向工作表中固定位置处的单元格，它的位置与包含公式的单元格的位置无关。如果希望在复制单元格时，某些单元格的引用不随着公式位置的变化而变化，就要使用绝对引用。在不希望改变的引用列标和行号前加上"$"符号，就表示绝对引用单元格。例如，将单元格 A1 中的公式改为"=$B$1+$B$2"，当把 A1 单元格的内容复制到单元格 C3 时，单元格 C3 中的公式仍为"=$B$1+$B$2"。

（3）混合引用

混合引用是指在公式中对单元格的引用即包括相对引用，又包括绝对引用。当复制这样的公式时，相对引用的部分随公式位置的变化而变化，绝对引用的部分不随公式位置的变化而变化。例如，将单元格 A1 中的公式改为"=$B1+B$2"，当把 A1 单元格的内容复制到单元格 C3 时，单元格 C3 中的公式将改为"=$B3+D$2"。

【例 4-7】打开 Ex4-2.xlsx 文件，在"学生成绩表"输入如表 4-4 所示的所有数据，并且完成相应的计算。

表 4-4　学生成绩表

学　　号	计算机基础	生 物 化 学	英　　语	总　　分
20140101001	67	90	78	
20140101002	65	89	92	
20140101003	48	76	65	
20140101004	62	82	54	
20140101005	60	75	71	
20140101006	25	69	55	
20140101007	51	81	65	
20140101008	63	75	67	

【解】具体操作过程如下：

① 单击 E2 单元格，输入"=B2+C2+D2"，按【Enter】键。

② 单击 E2 单元格，按住鼠标左键向下拖动 E2 单元格的填充柄，计算其他单元格的学生总分。

③ 观察发现计算机基础课的成绩偏低，复制"学生成绩表"工作表，并且命名为"学生成绩表 1"。

④ 使"学生成绩表 1"为当前工作表，在 B 列后插入新的一列，并且在第一行输入"计算机基础 1"。

⑤ 单击 G1 单元格，输入 "jsj 难度分"，在 G2 中输入 "15"。

⑥ 单击 C2 单元格，输入 "=B2+$G$2"，按【Enter】键；并且使用填充柄计算 C 列其他单元格的数值。

⑦ 修改 C2 单元格的值为 "=B2+G2"，并且重新计算 C 列的值，观察绝对引用和相对引用的区别。

【例 4-8】 使用混合引用，实现九九乘法表。

【解】 具体操作过程如下：

① 新建工作簿，并且命名为 Ex4-5.xlsx，将 Sheet1 工作表重命名为 "九九乘法表"。

② 在 B1 和 C1 单元格中分别输入 1 和 2，同时选中 B1 和 C1 单元格，使用填充柄横向拖动，自动填充第一行的后面单元格的 3～9 数值。

③ 在 A2 和 A3 单元格中分别输入 1 和 2，同时选中 A2 和 A3 单元格，使用填充柄纵向拖动，自动填充第一列的后面单元格的 3～9 数值。

④ 在单元格 B2 中输入 "=B$1*$A2"，这是因为，待计算单元格的数值都是使用当前单元格的第一行（行号固定 B$1）乘以第一列（列号固定 $A2）得到的。

⑤ 使用填充柄计算其他单元格的数值，保存文件。

4.4.2 公式与函数

使用公式和函数，可以完成一般的运算，还可以完成复杂的财务、统计及科学计算。公式中可以包含数值、文本、运算符、函数及单元格引用，其中函数是 Excel 预先定义好的一些能完成特殊运算的公式。

在 "公式" 选项卡的 "函数库" 功能区（见图 4-29）中，提供了多种类型的函数如财务、逻辑、文本、日期和时间等。

图 4-29 "函数库" 功能区

1. 公式的使用

所有的公式均以等号（"="）开始，然后是运算符和单元格名称组成的表达式。表 4-5 给出了 Excel 常用的运算符。输入公式后，单元格中显示的是公式的计算结果，而在编辑栏显示输入的公式。

表 4-5 Excel 中的常用的运算符

类　别	运 算 符	含　义	类　别	运 算 符	含　　义
算术 运算符	+	加	比较 运算符	=	等于
	−	减		<	小于
	*	乘		>	大于
算术 运算符	/	除		<=	小于等于
	%	除以 100		>=	大于等于
	^	乘方		<>	不等于

类　别	运 算 符	含　义	类　别	运 算 符	含　义
文本 运算符	&	将两个 文本连接 起来	引用 运算符	:	单元格区域引用,将两个单元格之间的所有单元格 进行引用
				,	单元格联合引用,将多个引用合并为一个引用

例如,使用图 4-30 所示的表格,单击 E2 单元格,直接输入或者在编辑栏输入"=B2&C2&D2",就可以得到首都医科大学的地址为"北京市丰台区右安门外西头条 10 号",复制单元格或者左键拖动单元格的填充柄就可以计算出其他单位的地址。该公式使用了文本运算符"&"。其他运算符的使用在此不再赘述。

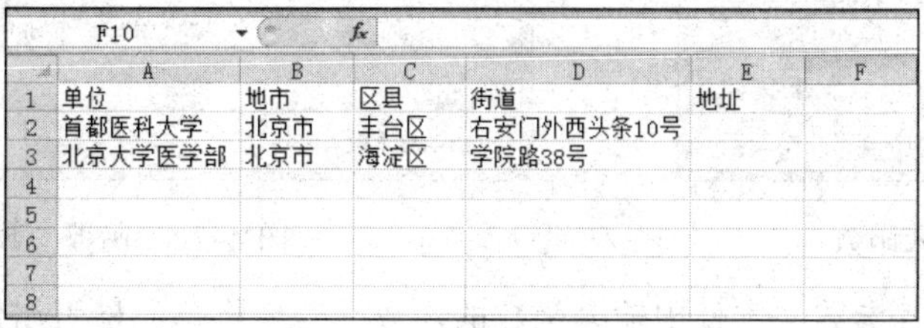

图 4-30　公式的使用

【例 4-9】使用公式对"量化评分工作表"(见图 4-28)F 列计算评分变化。

【解】具体操作过程如下:

① 打开 Ex4-3.xlsx,将文件另存为 Ex4-3g.xlsx。

② 在"量表评分"工作表中,使用公式填写百分比形式的评分变化,百分数显示 1 位小数。

- 单击 F2 单元格,输入公式"=E2/D2";将该公式复制到 F3:F13 单元格区域,观察 F3:F13单元格区域内容的变化。
- 选定包含评分变化的单元格,右击,在弹出的快捷菜单中选择"设置单元格格式"命令,在打开的"设置单元格格式"对话框的"分类"列表框中选择"百分比"选项,并设小数位数。
- 图 4-35 给出了最终的结果。

2. 函数的使用

Excel 的函数由函数名和函数的参数组成,一般形式为:函数名(参数 1,参数 2,...),其中,函数名表示函数的功能,如 SUM 表示求和运算,AVERAGE 表示求平均值;参数是函数的运算对象,可以包含常量、单元格引用,也可以包含函数。各函数的参数个数及类型依具体函数而定,多个参数之间用逗号","分开。在这一部分,首先介绍函数的基本使用过程,然后介绍几个常用的函数。

(1) 使用函数

对于一些简单的或比较熟悉的函数,可以在单元格中直接输入,方法与在单元格中输入公式的方法一样。例如,要在单元格 A5 中求单元格 A1:A4 单元格区域中的数值之和,可以在单元格 A5 中输入"=SUM(A1:A4)"。对于稍复杂一些的公式,则要利用 Excel 提供的插入函数功能。使用插入函数功能建立函数的过程如下:

① 选定需要建立函数的单元格。

② 单击"公式"选项卡"函数库"功能区的"插入函数"按钮，打开如图 4-31 所示

的"插入函数"对话框。

③ 在"选择类别"列表框中选择要插入函数的类型，然后在"选择函数"列表框中选择要使用的函数。例如选择"常用函数"类型中的 SUM()函数，单击"确定"按钮打开"函数参数"对话框，如图 4-32 所示。

图 4-31 插入函数　　　　　　　　　　　图 4-32 函数参数的设定

④ 根据提示在各参数文本框中输入函数的参数。若要将单元格引用作为参数，还可以单击"单元格拾取"按钮，用鼠标从工作表中直接选择单元格或单元格区域。

⑤ 单击"确定"按钮完成计算。

⑥ 鼠标左键拖动计算好的单元格的填充柄，完成批量的计算。

如果已知函数类别，也可以直接在"函数库"功能区单击不同类别的函数按钮直接选择，以减少查找函数名的烦恼。

对于经常用到的函数如求和、计数、求平均值和最大/最小值等，单击"公式"选项卡"函数库"功能区的"自动求和 Σ"下拉按钮，可以在其下拉列表中看到已经包括以上几个常用函数。这些函数可以对当前单元格上方或左侧的单元格中的数据进行自动运算。

【例 4-10】使用函数计算单元格的值。

【解】具体操作过程如下：

① 打开文件 Ex4-8.xlsx，并且将 Sheet1 设置为当前工作表。

② 选定存放计算结果的单元格 A14。

③ 单击"公式"选项卡"函数库"功能区的"自动求和 Σ"下拉按钮，在弹出的下拉列表中选择需要的函数 AVERAGE()，则在当前单元格中自动插入函数，并给出函数运算对象的数据区域，如图 4-33 所示。当系统自动选择的数据区域不对时，需要手工修改数据区域。

图 4-33 自动设置计算区域

④ 按【Enter】键或单击编辑栏中的✔按钮完成。

（2）几个常用函数

① 求和函数 SUM()。

功能：计算单元格区域中所有数字之和。

语法：SUM(number1,number2,…)。

说明：number1、number2、……为 1～30 个需要求和的参数。

如果参数是直接输入的数字、逻辑值及数字的文本表达式，它们将参加计算；如果参数为单元格引用，则只有其中的数字被计算，忽视引用中的空白单元格、逻辑值、文本或错误值；如果参数为错误值为不能转换成数字的文本，将会导致错误。

例如：SUM(A1:B3,C2)表示求出 A1:B3 单元格区域内及 C2 单元格中数值之和。

② 求平均值函数 AVERAGE()。

功能：计算单元格区域中所有数字的平均值（算术平均值）。

语法：AVERAGE(number1,number2,…)。

说明：number1、number2、……为需要计算平均值的 1～30 个参数。

参数可以是数字或者是包含数字的单元格引用。如果单元格引用参数中包含文本、逻辑值或空白单元格，则这些值被忽略；但包含零值的单元格将计算在内。

例如：AVERAGE(A2,A4,A6)求出 A2、A4、A6 三个单元格中数值的平均值。

③ 计数函数 COUNT()。

功能：计算单元格区域中单元格的个数。

语法：COUNT(number1,number2,…)

说明：number1、number2、……为需要计算数字个数的 1～30 个参数。

函数 COUNT()在计数时，将把数字、日期或以文本代表的数字计算在内；但是错误值或其他无法转换成数字的文字将被忽略；如果参数是一个单元格引用，那么只统计引用中的数字，引用中的空白单元格、逻辑值、文字或错误值都将被忽略。使用用法类似的函数 COUNTA()可以统计逻辑值、文字或错误值。

例如：COUNT(A1:B4)统计 A1:B4 单元格区域中包含数字、日期、以文本表示的数字的单元格的个数。

④ 求最大值函数 MAX()。

功能：返回一组值中的最大值。

语法：MAX(number1,number2,…)。

说明：number1、number2、……是要从中找出最大值的 1～30 个数字参数。

可以将参数指定为数字、空白单元格、逻辑值或数字的文本表达式。如果参数为错误值或不能转换成数字的文本，将产生错误。如果参数为单元格引用，则只计算引用中的数字，引用中的空白单元格、逻辑值或文本将被忽略。

例如：MAX(A4,100)求出单元格 A4 中的数字与 100 的最大值。

⑤ 求最小值函数 MIN()。

功能：返回一组值中的最小值。

语法：MIN(number1,number2,…)。

说明：number1、number2、……是要从中找出最小值的 1～30 个数字参数。

其他说明同 MAX()函数的说明。

⑥ 条件函数 IF()。

功能：执行真假值判断，根据判断结果返回不同内容。可以使用函数 IF()对数值和公式进行条件检测。

语法：IF(logical_test,value_if_true,value_if_false)。

说明：参数 logical_test 表示判断条件，参数 value_if_true 为条件 logical_test 结果为真时返回的值，参数 value_if_false 为结果为假时返回的值。

例如：函数 IF(A3>=60,"及格","不及格")，当单元格 A3 中的数值大于等于 60 时，函数所在单元格显示"及格",否则显示"不及格"。

⑦ 条件计数函数 COUNTIF()。

功能:计算符合条件的单元格区域中数字的个数。

语法:COUNTIF(range, criteria)

说明:参数 range 表示需要统计的单元格区域,参数 criteria 表示以数字、表达式或者文本形式表示的条件。

函数 COUNTIF()在计数时,将把数字、日期或以文本代表的数字计算在内;但是错误值或其他无法转换成数字的文字将被忽略;如果参数是一个单元格引用,那么只统计引用中的数字,引用中的空白单元格、逻辑值、文字或错误值都将忽略。例如 COUNTIF(A1:B4,">60")统计 A1:B4 单元格区域中包含数字、日期、以文本表示的数字的单元格中数值大于 60 的单元格个数。

(3)常见出错信息

当在 Excel 中不能正确计算公式时,将在单元格中显示出错信息。出错信息以"#"开头,后跟特定的字符串,具体含义如表 4-6 所示。

表 4-6　出错信息及原因

错　误　值	出　错　原　因
#NUM!	在公式或函数中使用了无效数字值
#N/A	数值对函数或公式不可用
#VALUE!	参数或操作数类型有错
#DIV/0!	数字被零(0)除
#NAME?	在公式中出现无法识别的文本
#REF!	单元格引用无效

【例 4-11】对"量表评分"工作表使用公式分别填写所有人的两次评分及评分变化的平均值,且只显示一位小数。

【解】具体操作过程如下:

① 打开 Ex4-3.xlsx,另存为 Ex4-3c.xlsx,并且将"量化评分"工作表设置为当前工作表。

② 在 D14 单元格内建立公式"=AVERAGE(D2:D13)"。

小贴士:选中 D14 单元格,单击"公式"选项卡"函数库"功能区中的"自动求和"下拉按钮,在弹出的下拉列表中选择"平均值"命令。

③ 将该公式复制到 E14 单元格。

④ 选定包含平均值的单元格,设置显示时只保留一位小数。

【例 4-12】根据评分变化生成疗效结果(填写疗效为"无效"(评分变化小于等于 50%)或"有效"(评分变化大于 50%),结果如图 4-34 所示。

【解】具体操作过程如下:

① 打开 Ex4-3a.xlsx,另存为 Ex4-3f.xlsx,并且将"量化评分"工作表设置为当前工作表。

② 在"评分变化"列后插入一列,列标题为"疗效"。

③ 选择 G2 单元格,单击"公式"选项卡"函数库"功能区的"插入函数"按钮,打开"插入函数"对话框,选择 IF()函数,单击"确定"按钮,在打开的如图 4-34 所示的"函数参数"对话框中输入相应的结果,求取单元格的值。

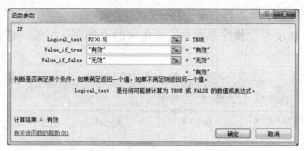

图 4-34　函数参数设置

④ 使用填充柄，计算该列的其他单元格，保存文件，最终结果如图 4-35 所示。

	A	B	C	D	E	F	G
1	编号	焦虑症	紧张症	第一次评分	第二次评分	评分变化	疗效
2	1	有焦虑	有紧张症	18	12	66.67%	有效
3	2	有焦虑	有紧张症	19	8	42.11%	无效
4	3	有焦虑	有紧张症	14	6	42.86%	无效
5	4	有焦虑	无紧张症	16	10	62.50%	有效
6	5	有焦虑	无紧张症	12	6	50.00%	无效
7	6	有焦虑	无紧张症	18	5	27.78%	无效
8	7	无焦虑	有紧张症	16	8	50.00%	无效
9	8	无焦虑	有紧张症	18	4	22.22%	无效
10	9	无焦虑	有紧张症	16	6	37.50%	无效
11	10	无焦虑	无紧张症	19	10	52.63%	有效
12	11	无焦虑	无紧张症	16	10	62.50%	有效
13	12	无焦虑	无紧张症	16	8	50.00%	无效

图 4-35　包含计算结果的"量表评分"工作表

4.4.3　数据统计

在使用公式或者函数计算了特定的结果之后，Excel 可以基于表格数据，从不同角度观察和分析数据，例如排序、筛选、分类汇总，以及建立数据透视表等，从数据中挖掘更多的信息。

1. 数据排序

数据排序是指把数据按一定的顺序要求重新排列，可以按列排序，也可以按行排序。排序时依据的列或行称为关键字。数值按数字大小排列，文本及数字文本按 0～9、a～z、A～Z 的顺序排列，日期和时间按时间先后排列，汉字可以按拼音字母顺序或笔画顺序排列。排序分按升序排序和按降序排序。

（1）简单排序

简单排序是指仅按某一列的数据进行排序。这时只需单击此列中任意单元格，单击"数据"选项卡"排序和筛选"功能区（见图 4-36）的"升序"按钮 或"降序"按钮 ，即可按指定列进行相应方式的排序。

图 4-36　排序与分级显示工具组

（2）复杂排序

复杂排序是指需要按多列的数据进行排序。例如，先按组别的升序排序，对于组别相同的行，再按治疗前数据的降序排列。这时"组别"为排序的主要关键字，"治疗前"为次要关键字。操作步骤为：

① 在要排序的数据区中单击任一单元格。

② 单击"数据"选项卡"排序和筛选"功能区的"排序"按钮，打开"排序"对话框，如图 4-37 所示。

图 4-37　排序设置

③ 在列的"主要关键字"下拉列表中选择"组别"选项、在"排序依据"下拉列表中指定所在列的排序依据，在"次序"下拉列表中选择排序方式，就可以完成一个排序关键字的设定，单击"添加条件"或者"复制条件"按钮都可以指定更多排序的次要关键字，单击"删除条件"按钮可以删除已设定的排序次要关键字。

④ 单击"确定"按钮完成排序。

【例 4-13】使用"量表评分"工作表对数据进行排序。

【解】具体操作过程如下：

① 打开 Ex4-3.xlsx，将"量表评分"工作表复制 1 次，命名为"排序"。

② 使"排序"工作表成为当前活动工作表。

③ 简单排序：在"疗效"列的任意位置单击，单击"数据"选项卡的"排序和筛选"功能区中的"升序"按钮 A↓。

④ 复杂排序：将数据按照"焦虑症"升序、"紧张症"降序排序，排序时按笔画排序。

- 在数据区域的任意位置单击，单击"数据"选项卡"排序和筛选"功能区的"排序"按钮。
- 在打开的"排序"对话框中设置"主要关键字"为"焦虑症"，"次要关键字"为"紧张症"。
- 单击"选项"按钮，在打开的"排序选项"对话框中选择"笔画排序"单选按钮。注意选定的数据区域中是否包含标题行。
- 单击"确定"按钮，完成排序。

2. 数据筛选

数据筛选是指只显示数据清单中感兴趣的数据部分，将其他数据隐藏起来。筛选包括自动筛选和高级筛选。无论是自动筛选，还是高级筛选，都可以单击"数据"选项卡"排序和筛选"功能区的"清除"按钮来取消筛选。

（1）自动筛选

Excel 提供了自动筛选器，用户可以通过简单的操作步骤筛选掉（隐藏）不希望看到的数据行。下面以实例讲解自动筛选的过程。

【例 4-14】自动筛选的使用。

【解】具体操作过程如下：

① 打开文件 Ex4-6.xlsx，将其另存为 Ex4-6a.xlsx，单击 Sheet1 工作表标签，使其成为当前

工作表，如图 4-38 所示。

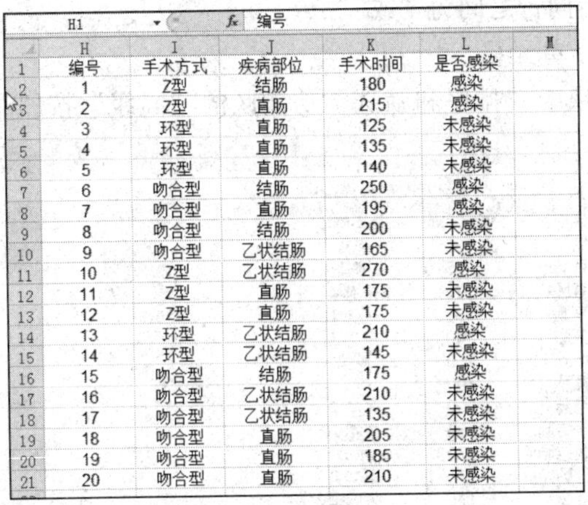

图 4-38　需要筛选的原始数据

② 单击数据区任一单元格。

③ 单击"数据"选项卡"排序和筛选"功能区的"筛选"按钮，完成后则在数据区中每个字段名的右侧都显示一个下拉按钮。

④ 如果要查看某列取值为某一特定值的数据行，则单击该字段名旁的下拉按钮，在弹出的下拉列表中选定某个值。例如，要查看疾病部位是直肠的记录，则单击"疾病部位"下拉按钮，在弹出的下拉列表中选择"直肠"选项，则数据清单中只显示直肠组的记录，如图 4-39 所示。

经过自动筛选后，使用了自动筛选的字段旁的下拉按钮变成了漏斗形状，而符合筛选条件的记录的行号为蓝色。

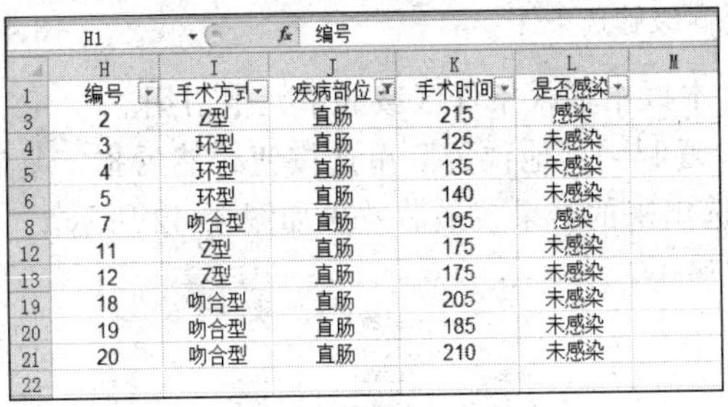

图 4-39　筛选后的结果

（2）高级筛选

当筛选的条件更复杂时，可以使用 Excel 提供的高级筛选功能，下面以例题讲解高级筛选的使用办法。

【例 4-15】高级筛选的使用。

【解】具体操作过程如下：

① 打开文件 Ex4-6.xlsx，并且将其另存为 Ex4-6b.xlsx。

② 如果 Sheet1 工作表存在自动筛选，则单击"数据"选项卡"排序和筛选"功能区的"清除"按钮来取消筛选。

③ 在数据清单以外的任何位置建立条件区域（用于设置筛选条件），如图 4-40 所示。此处筛选出疾病部位为直肠，手术时间大于 180 天的未感染的记录。

条件区域至少包含两行，首行包含的字段名必须与数据清单中相应字段名精确匹配。同一行上的条件关系为"与"，不同行之间为"或"。

① 单击数据区的任一单元格。

② 单击"数据"选项卡"排序和筛选"功能区的"高级"按钮，打开"高级筛选"对话框，如图 4-41 所示。

H	I	J	K	L
编号	手术方式	疾病部位	手术时间	是否感染
1	Z型	结肠	180	感染
2	Z型	直肠	215	感染
3	环型	直肠	125	未感染
4	环型	直肠	135	未感染
5	环型	直肠	140	未感染
6	吻合型	结肠	250	感染
7	吻合型	直肠	195	感染
8	吻合型	结肠	200	未感染
9	吻合型	乙状结肠	165	未感染
10	Z型	乙状结肠	270	感染
11	Z型	直肠	175	未感染
12	Z型	直肠	175	未感染
13	环型	乙状结肠	210	感染
14	环型	乙状结肠	145	未感染
15	吻合型	结肠	175	感染
16	吻合型	乙状结肠	210	未感染
17	吻合型	乙状结肠	135	未感染
18	吻合型	直肠	205	未感染
19	吻合型	直肠	185	未感染
20	吻合型	直肠	210	未感染

编号	手术方式	疾病部位	手术时间	是否感染
		直肠	>180	未感染

筛选条件

图 4-40　高级筛选条件

图 4-41　高级筛选设置

③ 在"条件区域"文本框中输入条件区域的单元格引用。

④ 选择"将筛选结果复制到其他位置"单选按钮，然后指定复制的位置，则既可以显示原始数据，又可以显示筛选出来的结果，最后效果如图 4-42 所示。

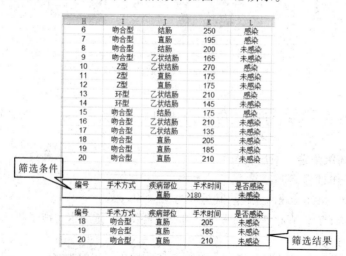

图 4-42　高级筛选后的结果

3. 分类汇总

分类汇总是指按照某一字段（分类字段）的值对数据进行分类，分别计算每类某项汇总指标（汇总方式）。Excel 提供的分类汇总功能将自动创建公式、插入分类汇总信息行，并自动分级显示数据。

【例 4-16】以图 4-43 所示的工作表为例（文件 Ex4-7.xlsx），按照"组别"分别计算治疗前及治疗后 2 周的平均值来说明分类汇总的方法。

【解】具体操作过程如下：

① 对分类字段排序，使分类字段取值相同的记录集中在一起。本例按"组别"排序，结果显示在图 4-44 中。

	A	B	C	D	E
1	病例号	组别	治疗前	治疗后2周	治疗前后之差
2	219	适应组	154.5	129.8	-24.7
3	333	缺氧组	155.1	199.6	44.5
4	425	缺氧组	177.9	153.6	-24.3
5	222	适应组	161.0	154.0	-7.0
6	311	适应组	187.0	158.0	-29.0
7	005	平原组	144.0	135.5	-8.5
8	547	平原组	181.7	160.3	-21.4
9	1108	平原组	166.7	136.8	-29.9
10	196	缺氧组	173.3	231.4	58.1
11	098	缺氧组	158.2	146.7	-11.5
12	100	缺氧组	180.4	170.8	-9.6
13	1011	适应组	173.0	124.0	-49.0
14	034	适应组	186.0	131.0	-55.0
15	912	平原组	147.1	134.2	-12.9
16	201	平原组	183.6	189.3	5.7

图 4-43 排序之前的原始数据

	A	B	C	D	E
1	病例号	组别	治疗前	治疗后2周	治疗前后之差
2	005	平原组	144.0	135.5	-8.5
3	547	平原组	181.7	160.3	-21.4
4	1108	平原组	166.7	136.8	-29.9
5	912	平原组	147.1	134.2	-12.9
6	201	平原组	183.6	189.3	5.7
7	333	缺氧组	155.1	199.6	44.5
8	425	缺氧组	177.9	153.6	-24.3
9	196	缺氧组	173.3	231.4	58.1
10	098	缺氧组	158.2	146.7	-11.5
11	100	缺氧组	180.4	170.8	-9.6
12	219	适应组	154.5	129.8	-24.7
13	222	适应组	161.0	154.0	-7.0
14	311	适应组	187.0	158.0	-29.0
15	1011	适应组	173.0	124.0	-49.0
16	034	适应组	186.0	131.0	-55.0

图 4-44 排序后的数据

② 将鼠标置于数据区，单击"数据"选项卡中"分级显示"功能区的"分类汇总"按钮，打开"分类汇总"对话框，如图 4-45 所示。

③ 在该对话框中设置分类汇总的有关选项：

- "分类字段"：选择分类所依据的字段，该字段应与第①步中排序的字段相同。此处设置为组别。
- "汇总方式"：选择汇总的函数，常用的有求和、计数、平均值等。此处设置为平均值。
- "选定汇总项"：选择需要汇总的字段，可以选定多个汇总项，但它们都按相同的方式汇总。此处设定选择"治疗前"和"治疗后 2 周"复选框。

④ 单击"确定"按钮完成，结果如图 4-46 所示。

若要取消分类汇总，只需在图 4-45 的对话框中单击"全部删除"按钮即可。

图 4-45 分类汇总

	A	B	C	D	E
1	病例号	组别	治疗前	治疗后2周	治疗前后之差
2	005	平原组	144.0	135.5	-8.5
3	547	平原组	181.7	160.3	-21.4
4	1108	平原组	166.7	136.8	-29.9
5	912	平原组	147.1	134.2	-12.9
6	201	平原组	183.6	189.3	5.7
7		平原组 平均	164.6	151.2	
8	333	缺氧组	155.1	199.6	44.5
9	425	缺氧组	177.9	153.6	-24.3
10	196	缺氧组	173.3	231.4	58.1
11	098	缺氧组	158.2	146.7	-11.5
12	100	缺氧组	180.4	170.8	-9.6
13		缺氧组 平均	169.0	180.4	
14	219	适应组	154.5	129.8	-24.7
15	222	适应组	161.0	154.0	-7.0
16	311	适应组	187.0	158.0	-29.0
17	1011	适应组	173.0	124.0	-49.0
18	034	适应组	186.0	131.0	-55.0
19		适应组 平均	172.3	139.4	
20		总计平均值	168.6	157.0	

图 4-46 分类汇总的结果

4.4.4　数据透视表

严格来说，数据透视表也属于数据统计的内容，但是由于涉及的内容较多，在此单独作为一节介绍。数据透视表可以快速合并和统计较大量的数据，同时还可以旋转行和列以看到源数据的不同汇总，而且可显示感兴趣区域的明细数据。

1. 建立数据透视表

在建立数据透视表之前必须将所有筛选和分类汇总的结果取消。下面以 Ex4-6.xlsx 中的 Sheet1 工作表给出的数据源为例，说明创建显示不同疾病部位、不同手术方式、感染组与非感染组平均手术时间的数据透视表的过程。

【例 4-17】数据透视表的建立。

【解】具体操作过程如下：

① 打开 Ex4-6.xlsx 文件，另存为 Ex4-6c.xlsx，在数据区的任意单元格单击。

② 单击"插入"选项卡"表格"功能区的"数据透视表"按钮，打开"创建数据透视表"对话框，如图 4-47 所示。

③ 在对话框的"表/区域"文本框输入需要建立数据透视表的数据源，此处为"Sheet1!$A$1: $E$21"，也可以单击"单元格拾取"按钮，用鼠标拖动生成。

图 4-47　创建数据透视表对话框

④ 在对话框的"选择数据透视表的位置"栏中选择"现有的工作表"单选按钮，在"位置"文本框中直接输入一个单元格位置（不要和数据区的单元格重叠），也可以在数据区以外的单元格，指定生成透视表的位置，然后单击"确定"按钮。

⑤ 在打开如图 4-48 所示的"数据透视表字段列表"对话框中，选别单击对应的字段，然后拖动到图 4-48 所示的区域内，这里涉及几个概念：

- 报表筛选字段：数据清单中指定不同的报表筛选字段用来分页显示（可以根据报表筛选字段显示汇总项）。本例中把"疾病部位"作为报表筛选字段。
- 行标签：数据清单中指定不同行的字段。本例中把"手术方式"作为行字段，则在数据透视表中将产生 3 行（有 3 种手术方式）。
- 列标签：数据清单中指定不同列的字段。本例中把"是否感染"作为列字段，则在数据透视表中将产生 2 列（"是否感染"的结果包括"感染"和"未感染"两种情况）。
- 数值字段：进行汇总的字段项。本例中把"手术时间"作为数据字段，并把求平均值作为汇总方式。

因此，将此对话框的"疾病部位"字段按钮拖动到"报表筛选"下的位置，"手术方式"字段拖动到"行"标签的下方，"是否感染"字段拖动到"列"标签的下方，"手术时间"字段拖动到"数值"的下方。拖动完成后，图 4-48 所示的各个字段均被选中，如果拖动过程中发生错误，可以单击图 4-48 左侧填充区域的对应字段，拖动出填充区域即可撤销。

⑥ 双击"求和项：手术时间"，打开"值字段设置"对话框，如图 4-49 所示。将"计算类型"改为"平均值"，单击"确定"按钮完成数据透视表的创建。图 4-50 显示了最终结果。

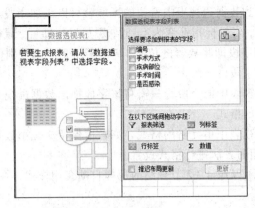

图 4-48　建立数据透视表

图 4-49　修改汇总方式

疾病部位	(全部)		
平均值项:手术时间	是否感染		
手术方式	感染	未感染	总计
Z型	221.6666667	175	203
环型	210	136.25	151
吻合型	206.6666667	187.1428571	193
总计	213.5714286	169.6153846	185

图 4-50　数据透视表结果

　　从图 4-50 的数据透视表中可以清晰地了解各种疾病部位、不同手术方式、感染与未感染情况下的平均手术时间，并且在行方向和列方向上给出了总计信息（注意：这里的总计信息是总的平均值）。

　　数据透视表的报表筛选字段为疾病部位，默认情况下显示的是"全部"，如图 4-50 所示。可以使用报表筛选来筛选数据，如只显示某种疾病部位的情况，这时只需单击图 4-50 中"全部"单元格的下拉按钮，在页字段项列表中选择相应疾病部位即可。

　　同样也可以选择行字段和列字段来筛选数据。如只显示"感染"的汇总情况，只需单击图 4-50 中"是否感染"单元格的下拉按钮，在列字段项列表中选择"感染"即可。

　　2．编辑数据透视表

　　数据透视表的编辑操作包括修改布局、添加或删除字段、复制或删除数据透视表、格式化表中数据等。

　　（1）修改数据透视表布局

　　由于数据透视表是交互式的，因此可以交换行字段与列字段，从而查看数据清单的不同汇总结果。单击数据透视表中数据区域的任意单元格，打开"数据透视表字段列表"对话框后，只需要将行字段名拖动到列字段中，将列字段名拖动到行字段中即可。

　　（2）添加或删除字段

　　可以根据需要随时向数据透视表中添加或删除字段，操作步骤如下：

　　• 单击数据透视表中数据区域的任意单元格，打开"数据透视表字段列表"对话框。

- 拖动列表中的字段到数据透视表中希望的区域就可以添加字段。如要添加行字段，则将字段拖动到行区域，当鼠标指针变为 时，释放鼠标即可。鼠标指针右下方的图标中蓝色区域代表所拖动字段即将放置的位置，、、、分别代表报表筛选字段、行字段、列字段和数据字段。
- 如果要删除数据透视表中的字段，只需将该字段拖出数据透视表区域。

（3）设置数据透视表的格式

如果需要设置数据透视表中单元格的格式，如数值保留 2 位小数等，可以将它们视为普通单元格，按照 4.3.2 节介绍的方法进行格式设置。

此外，数据透视表也可以像 4.3.2 节介绍的那样自动套用样式，在此不再赘述。

3. 操作数据透视表

对数据透视表的操作包括更新数据透视表、排序、更改汇总方式等。

（1）更新数据透视表

数据透视表中的数据不能直接修改，而且即便修改源数据区域中的数据，数据透视表中的数据也不会自动更新，实现更新可以在数据透视表区域中的任意单元格右击，在弹出的快捷菜单中选择“刷新”命令即可。

（2）显示和隐藏明细数据

建立的数据透视表一般给出的是汇总信息，此外还可以显示或隐藏明细数据。既可以单击“数据”选项卡中“分级显示”功能区的“显示明细数据”和“隐藏明细数据”按钮实现，也可以使用右键弹出的快捷菜单来操作。下面以显示图 4-51 中不同手术方式的“手术时间”明细数据为例介绍使用右键的快捷菜单实现显示明细数据的步骤：

疾病部位	(全部)			
平均值项:手术时间		是否感染		
手术方式	手术时间	感染	未感染	总计
⊟Z型	175		175	175
	180	180		180
	215	215		215
	220	220		220
Z型 汇总		205	175	193
⊟环型	125		125	125
	135		135	135
	140		140	140
	145		145	145
	210	210		210
环型 汇总		210	136.25	161
⊟吻合型	135		135	135
	165		165	165
	175	175		175
	185		185	185
	195	195		195
	200		200	200
	205		205	205
	210		210	210
	250	250		250
吻合型 汇总		206.6666667	187.1428571	193
总计		206.4285714	169.6153846	182.5

图 4-51 手术时间明细数据的数据透视表

- 单击行字段名“手术方式”所在单元格。
- 右击弹出如图 4-52 所示的快捷菜单，选择“展开”命令，打开“显示明细数据”对话框，如图 4-53 所示。

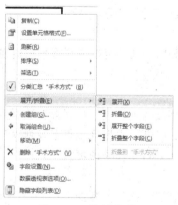

图 4-52 快捷菜单

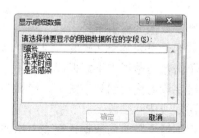

图 4-53 显示明细数据

- 选择要显示的明细数据字段"手术时间"。
- 单击"确定"按钮完成，结果如图 4-51 所示。

如果要隐藏所有手术方式的手术时间明细数据，可以在图 4-52 所示的快捷菜单中选择"折叠"命令即可。

4.4.5 数据图表化

使用图表可以把数据更清晰、直观地显示出来，更为重要的是，通过图表可以发现数据间的对比关系、变化趋势等信息，从而指导下一步的工作。

Excel 的图表与工作表中的数据相连接，并随工作表中数据的变化而变化。图表可以放在存放数据的工作表中（此时的图表称为嵌入图表），也可以放在只包含图表的图表工作表中。

在"插入"选项卡的"图表"功能区中（见图 4-54），提供了多种基于数据的图表。可以根据数据的特点单击"图表"功能区的不同按钮对数据进行数据分析。

图 4-54 图表工具组

本节首先介绍"插入"选项卡中"图表"功能区给出的几种典型图表在表达数据特性方面的应用实例，然后介绍如何创建图表，编辑图表以及图表。

1. 几种常见图表的应用实例

（1）折线图

图 4-55 所示为使用折线图表示的女性月经周期基础体温曲线。使用折线图可以直观地发现正常排卵的女性基础体温曲线呈现标准的高低温两相变化，而且更容易发现没有排卵的疑似患病女性的体温与怀孕女性体温的差异。

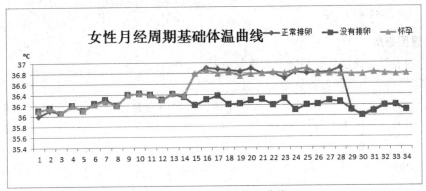

图 4-55 女性基础体温曲线

（2）柱形图

图 4-56 清楚地显示了 20 岁以上人群的糖尿病男女发病比例，可以看出男性糖尿病在 40～50 之间有一个大幅的提示，而女性的大幅提升则发生在 50～60 之间。

（3）饼图

图 4-57 显示了某地区在特定的时间段的离婚源调查情况，直观地显示了离婚原因的不同分布，也可以得出很多有价值的信息。

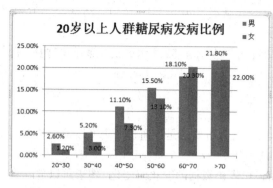

图 4-56　20 岁以上人群糖尿病发病比例

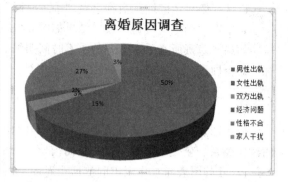

图 4-57　某地区离婚原因调查情况

此外，Excel 还提供了许多其他的图表形式，如条形图主要是用于观测进程，与旋转后的柱形图类似；散点图主要用于显示不同数据之间的关联关系（见图 4-58）或者原始数据的聚类数等；而面积图可以观察不同时间不同类别的趋势（见图 4-59）。用户可以根据不同的需要灵活选择，在此不再一一叙述，下面详细介绍图表的建立过程。

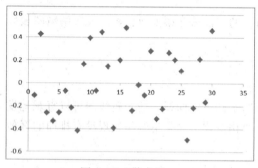

图 4-58　散点图

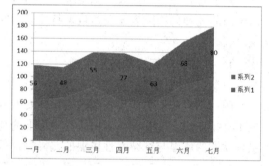

图 4-59　面积图

2．创建图表

使用"图表"功能区创建图表的步骤如下：

① 在需要建立图表的数据区单击。

② 在"插入"选项卡"图表"功能区中单击适合数据特征的一种图表按钮，即可基于数据快速建立图表。在图表上按住鼠标左键并拖动，可以将图表移动到新的位置。将鼠标放到图表边框的四角或者边框的中间，按住鼠标左键并拖动，可以调整图表的大小。

③ 鼠标指针移动到左右 2 个控制点上时，指针的形状变为 ↔，左右拖动可以在水平方向上改变图表大小。

④ 鼠标指针移动到上下 2 个控制点上时，指针的形状变为 ↕，上下拖动可以在垂直方向上改变图表大小。

⑤ 鼠标指针移动到 4 个顶点的控制点上时，指针的形状变为 ↖ 或 ↗，拖动鼠标可以在斜线方向上改变图表大小。

3．编辑与格式化图表

图表对象是指构成图表的基本要素，如数据系列、坐标轴、图例、标题、数据源、网格线等。在插入图表后，单击图表内任意区域，则会自动出现图表工具，如图 4-60 所示。其中包含"设计"、"布局"和"格式"3 个选项卡，选择不同的选项卡可以完成不同的图表设置。

在"设计"选项卡中，用户可以完成如图 4-60 所示的更改图表类型、图标样式、图表布局等诸多功能，而在"布局"选项卡（见图 4-61）可以完成坐标轴、图例、标题等的设置，在"格式"选项卡（见图 4-62）中可以调整图表的样式。

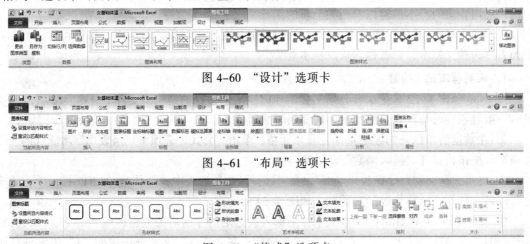

图 4-60 "设计"选项卡

图 4-61 "布局"选项卡

图 4-62 "格式"选项卡

【例 4-18】使用"量表评分"工作表，建立图表。

【解】具体操作过程如下：

① 打开 Ex4-3.xlsx 文件，另存为 Ex4-3p.xlsx，使"量表评分"工作表成为活动工作表。

② 选定需要建立图表的单元格区域 F1:F13。

③ 在"插入"选项卡"图表"功能区中，单击"柱形图"按钮，选择二维柱形图。

④ 单击新插入的图表，选择图表工具的"布局"选项卡，设置图表标题为"两次评分之比"，分类轴标题为"编号"。

【例 4-19】使用刚建立的图表，按照图 4-63 所示对"评分变化图"工作表中的图表进行格式设置。

【解】具体操作过程如下：

① 修改绘图区区域的填充效果：在绘图区的空白处右击，在弹出的快捷菜单中选择"设置绘图区格式"命令，在打开的"设置绘图区格式"对话框中选择"填充"选项卡，在右侧选择"纯色填充"单选按钮，前景色设置为橙色。

② 修改数据系列的格式：在任一矩形条上右击，在弹出的快捷菜单中选择"设置数据系列格式"命令，单击打开的"设置数据系列格式"对话框的"填充"选项卡，选择"纯色填充"，前景色设为绿色。

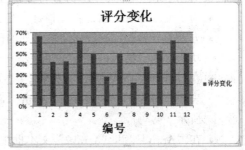

图 4-63 "评分变化图"工作表中的图表

③ 将网格线改为红色实线：在网格线上右击，在弹出的快捷菜单中选择"设置网格线格式"命令，打开"设置网格线格式"对话框，在"线条颜色"选项卡中定义网格线为红色实线。

④ 修改文字格式：选中分类轴或图表标题，在"开始"选项卡中设置标题字号为 20 磅，坐标轴字号为 18 磅；双击坐标轴，在"数字"选项卡中设置小数位为 0。

4.4.6　简单数据分析

除了利用图表对数据进行统计分析，Excel 还提供了丰富的函数实现统计分析，下面分别讲解两个应用较多的样本检验以及相关分析的函数。

对于两个样本，它们可能是完全独立的，也可能是对一组对象进行两次观察得到的，在 Excel 中前者称为独立样本，后者称为成对样本。

1. 成对样本的 t 检验

图 4-33 给出了 12 名受试者分别测量治疗前后某一指标的结果（文件 Ex4-8.xlsx）。由于这是对一组对象进行两次观察的结果，因而属于成对样本。进行成对样本的 t 检验的步骤如下：

① 在数据清单以外的区域选择任意单元格，单击"公式"选项卡"函数库"功能区的"插入函数"按钮，打开"插入函数"对话框。

② 将"选择类别"设置为"全部"，在"选择函数"列表中选择函数"T.TEST"，单击"确定"按钮，打开"函数参数"对话框，如图 4-64 所示。

③ 在"Array1"和"Array2"文本框中分别输入或选定治疗前后的数据区域 A2:A13 和 B2:B13；在"Tails"文本框中输入"2"表示进行双侧检验；在"Type"文本框中输入"1"表示进行成对样本检验，单击"确定"按钮，完成计算。

单元格显示的结果为 0.722 4，表示治疗前后观测指标值相等的概率 $P=0.722\,4>0.05$，因此不能认为治疗前后观测指标值有差异。

2. 双样本的 t 检验

对于图 4-41 中的数据，如果按照是否感染分组，则可以将 20 名患者分为感染组（7 人）和非感染组（13 人）。如果要分析两组患者的平均手术时间是否相同，则要使用双样本 t 检验，因为这是对两组不同的对象进行观察。

在进行双样本 t 检验之前，要先对两个样本的方差是否相同进行检验，随后要据此结果选择不同的 t 检验。

【例 4-20】双样本的 t 检验。

【解】具体操作过程如下：

① 打开文件 Ex4-6.xlsx，另存为 Ex4-6t.xlsx。

② 首先确定两个样本的方差特征是否相同。

- 为了便于选取数据，首先根据"是否感染"字段进行排序。
- 方差差异检验：在数据清单以外的区域单击任意单元格，单击"公式"选项卡"函数库"功能区的"插入函数"按钮。
- 在打开的"插入函数"对话框中，将"选择类别"设置为"全部"，在"选择函数"列表中选择函数"F.TEST"，单击"确定"按钮，打开"函数参数"对话框，如图 4-65 所示。
- 在"Array1"和"Array2"文本框中分别输入或选定两个样本的数据区域，单击"确定"按钮，完成计算。

单元格显示的函数结果为 0.665 8，表示两样本方差无差异的概率 $P=0.665\,8>0.05$，可以认为两样本方差相等。

图 4-64 T.TEST()函数参数设置　　　　　图 4-65 F.TEST()函数参数设置

③ 双样本 *t* 检验：

- 在文件 Ex4-6t.xlsx 的 Sheet1 工作表的空白区域单击。
- 单击"公式"选项卡"函数库"功能区的"插入函数"按钮，打开如图 4-66 所示的对话框。选定数据区域后，在"Type"文本框中输入"2"（表示两样本的方差相等；如果在上一步中的方差差异检验中 $P<0.05$，则此处输入"3"），在"Tails"文本框中输入"2"表示进行双侧检验。

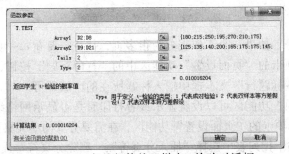

图 4-66 方差相等的双样本 *t* 检验对话框

- 单击"确定"按钮，单元格显示的函数结果为 0.010 0，表示感染组与非感染组平均手术时间相等的概率 $P=0.010\ 0<0.05$，因此可以认为感染组与非感染组平均手术时间有差异。

3. 两指标的相关分析

当要研究身高与体重、体内微量元素铁的含量与血红蛋白水平等之间的关系时，应对两指标进行相关分析，其统计方法是计算 Pearson 相关系数。Excel 提供的函数 PEARSON() 和 CORREL() 均可完成此任务。

图 4-33 中的数据是对 12 名受试者分别测量治疗前后某一指标的结果（文件 Ex4-8.xlsx），可以分析治疗前后两次测量结果是否相关。进行相关分析的步骤如下：

① 在数据清单以外的区域单击任意单元格，单击"公式"选项卡"函数库"功能区的"插入函数"按钮，打开"插入函数"对话框。

② 将"选择类别"设置为"统计"，在"选择函数"列表中选择函数"PEARSON"，单击"确定"按钮，打开"函数参数"对话框。

③ 在"Array1"和"Array2"文本框中分别输入或选定治疗前后的数据区域 A2:A13 和 B2:B13，如图 4-67 所示。单击"确定"按钮，完成计算。

单元格显示的结果为 0.286 4，表示治疗前后两次测量结果之间不具有相关性。

图 4-67 PEARSON()函数参数设置

4.5 打印输出与网络共享

在完成建立、编辑和美化工作表之后,一方面可以将其打印输出,另外也可以使用网络共享,将其发给其他人。为了使打印出的工作表清晰、准确、美观,可以进行页面设置、页眉页脚设置、图片和打印区域设置等工作,并可以在屏幕上预览打印结果。

4.5.1 页面设置

在如 4-68 所示的"页面布局"选项卡的"页面设置"功能区,可以分别单击"页边距"、"纸张大小"、"打印区域"、"打印标题"等按钮完成对应的设置。

图 4-68 "页面布局"选项卡

特别需要指出的是,如果一个工作表分为很多页,往往需要在每一页的顶行设置标题行,单击"页面布局"选项卡的"页面设置"功能区中的"打印标题"按钮,会打开如图 4-69 所示的对话框,在"顶端标题行"文本框中输入标题所在的区域即可。

另外"工作表选项"功能区可以设置显示或者打印时是否显示网格线,如图 4-68 所示。

在"页面布局"选项卡的"页面设置"功能区,在需要分页的单元格处单击,然后单击"分割符"按钮,在弹出的下拉列表中选择"插入分页符"、"删除分页符"或者"重设所有分页符"命令则可以手工设置分页。

4.5.2 添加页眉页脚

页眉就是在文档的顶端添加的附加信息,页脚则是在文档底端添加的附加信息。这些信息可以是文本、日期和时间、图片等。单击"插入"选项卡"文本"功能区的"页眉页脚"按钮,如图 4-70 所示。可以在工作表中显示一个预览的页面布局,如图 4-71 所示。在页眉或者页脚区输入即可完成设置,如果需要切换到工作模式,可以单击"视图"选项卡"工作簿视图"功能区的"普通"按钮。

图 4-69 设置打印标题行

图 4-70 "页眉页脚"按钮

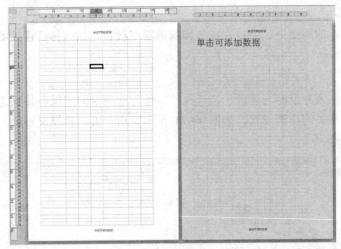

图 4-71　预览页面布局

如果需要在页眉页脚处输入页码、页数日期等，可在预览页面布局模式下，在如图 4-71 所示的页眉或者页脚处单击，就会打开如图 4-72 所示的页眉页脚工具，单击"设计"选项卡的"页眉页脚元素"功能区中的按钮，就可以完成页码、页数、日期等的插入。

图 4-72　页眉页脚工具

4.5.3　打印与输出

1. 打印预览

单击"视图"选项卡的"工作簿视图"功能区的"页面布局"按钮，可以预览打印输出的效果。另外，在选择"文件"选项卡的"打印"命令，就可以显示如图 4-73 所示的画面，右侧也可以观察打印预览的效果。

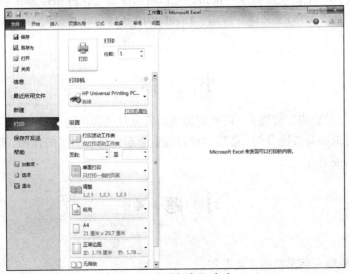

图 4-73　"打印"命令

2．工作表打印

在图 4-73 所示的画面中，可以完成打印前的很多设置，如选择已连接的打印机、设定打印的份数、纸张等。

3．网络共享

在 Excel 还提供云办公的先进理念，选择"文件"选项卡的"保存并发送"命令，可以看到很多和网络共享相关的功能设置，如图 4-74 所示。用户可以将设置好的工作簿以邮件形式发送或者保存到 Web 等。

图 4-74　网络共享

4．保存为其他格式的文件

从图 4-74 中不难发现，在"文件"选项卡的"保存并发送"命令中，还有一项"文件类型"栏，单击其中的"更改文件类型"按钮，可以将当前的工作簿保存为其他文件格式的工作簿；如果单击"创建 PDF/XPS 文档"按钮，Excel 2010 还可以将当前的工作簿或者工作表保存为 PDF 文档格式。

小　　结

Excel 电子表格的功能非常强大，而我们讲到的部分只是其中的一部分，有些部分对于特定的工作人群而言也未必是最适合的，希望本章内容能够起到抛砖引玉的作用，激发大家对 Excel 电子表格的学习兴趣。

习　题　4

一、单选题

1．在单元格中输入回车符的方法是按_____键。

　　A．【Enter】　　　　B．【Alt+Enter】　　　　C．【Ctrl+Enter】　　　　D．【Shift+Enter】

2. 在 Excel 中，如果按降序排序，那么序列中有空白单元格的行会_____。

    A. 放置在排序的数据清单最后　　　　B. 放置排序的数据清单最前

    C. 不被排序　　　　　　　　　　　　D. 保持原始次序

3. 函数_____用于计算选定单元格区域数据的平均值。

    A. AVERAGE()　　　B. COUNTIF()　　　C. SUM()　　　D. RATE()

4. 在 Excel 中没有预先设定的序列是_____。

    A. 星期　　　　　B. 月份　　　　　C. 季度　　　　　D. 日期

5. 在 Excel 中，要使用函数进行运算，下述操作正确的是_____。

    A. 先选择要计算的数据，再粘贴对应的函数

    B. 先选中存放计算结果的单元格，再粘贴对应的函数

    C. 先粘贴对应的函数，再选择要计算的数据

    D. 先粘贴对应的函数，再选择要存放计算结果的单元格

6. 设在 A1:A3 单元格区域中的数据分别为数值 1~3，在 B1:B4 单元格区域中的数据分别为数值 4~7。若在 A4 单元格输入一个字符串，则函数_____的结果将发生变化。

    A. =SUM(A1:B4)　　　　　　　　　　B. =MAX(A1:B4)

    C. =MIN(A1:B4)　　　　　　　　　　D. =COUNT (A1:B4)

7. 设 E4 为当前单元格，依次执行"插入列"和"插入行"命令后，_____。

    A. 引用 E4 单元格的公式发生变化，不引用 E4 单元格的公式不变

    B. 绝对引用 E4 单元格的公式发生变化，相对引用 E4 单元格的公式不变

    C. 单元格区域 A1:D3 中的公式不变，其余单元格中的公式发生变化

    D. 引用单元格区域 A1:D3 中单元格的公式不变，其余公式发生变化

8. 关于数据透视表有如下 4 种说法，唯一正确的说法是_____。

    A. 数据透视表与图表类似，它会随着数据清单中数据的变化而自动更新

    B. 数据透视表的实质是：根据用户的需要将源数据清单重新取舍组合

    C. 数据透视表中，数据区中的字段总是以求和的方式计算

    D. 数据透视表的页面布局一经确定，修改时必须通过"插入"选项卡"表格"功能区中的"数据透视表"按钮进行

9. 在选择单元格时，如果选择较大的连续单元格区域，可以单击其中的第 1 个单元格，按住_____键单击区域中的最后一个单元格。

    A.【Ctrl】　　　　B.【Shift】　　　　C.【Alt】　　　　D.【Tab】

10. 在相邻单元格中输入的内容常常构成一个序列，如数字、日期、时间及文本的组合等。假设一个序列的前两项内容是：Mon、Wed，那么它的第 3 项内容是_____。

    A. Tue　　　　　　B. 星期二　　　　　C. 星期五　　　　　D. Fri

11. 列 A 到列 E 和行 10 到行 20 之间的单元格区域的表示方法为_____。

    A. A10:E20　　　B. A:E,10:20　　　C. A:10,E:20　　　D. A,10:E,20

12. 在进行公式计算时，如果出现了"#VALUE!"的错误，其原因是_____。

    A. 数字被零除　　　　　　　　　　B. Excel 未识别公式中的文本

    C. 数值对函数或公式不可用　　　　D. 使用的参数或操作数类型错误

13. 对数据清单进行分类汇总前，要先_____。

    A. 筛选　　　　　B. 选中　　　　　C. 按任意列排序　　　　D. 按分类列排序

14. 如果自定义数字格式为 "#.0#"，则输入数字 12 和 12.568 后将分别显示为 _____。

    A. 12.0 和 12.568   B. 12.0 和 12.57

    C. 12 和 12.57   D. 12 和 12.568

15. 如果要按文本格式输入邮政编码 100069，以下输入操作中正确的是 _____。

    A. "100069"   B. '100069   C. '100069'   D. "100069

16. 单元格区域 A10:F14 包含的单元格数目是 _____。

    A. 10   B. 20   C. 30   D. 不确定

17. 关于 Excel 默认的常规格式，正确的说法是 _____。

    A. 数字数据右对齐，文本数据左对齐   B. 数字数据左对齐，文本数据右对齐

    C. 数字数据右对齐，文本数据右对齐   D. 数字数据左对齐，文本数据左对齐

18. 为避免将输入的分数视做日期，正确的操作是 _____。

    A. 在分数前添加一个 0   B. 在分数前添加一个 0 和空格

    C. 在分数前添加一个空格   D. 在分数前添加一个空格和 0

19. 用鼠标拖动生成填充序列时，可以生成的序列 _____。

    A. 一定是等差序列   B. 一定是等比序列

    C. 可以是等差序列或等比序列   D. 只能填充相同数据

20. 在 Excel 中，对某列进行升序排列时，在原列上具有相同数值的行将 _____。

    A. 重新排序   B. 保持原顺序   C. 逆序排列   D. 排在最后

21. 选择自动筛选后会在 _____ 出现下拉按钮图标。

    A. 空白单元格内   B. 所有单格内   C. 字段名处   D. 底部

22. 在 Excel 中，下列输入数据中属于字符型的是 _____。

    A. +A1+3   B. =SUM(A1:A2)   C. =A1+3   D. 'SUM(A1,A2)

23. 对单元格进行编辑时，下列方法不能进入编辑状态的是 _____。

    A. 双击单元格   B. 单击单元格   C. 单击公式栏   D. 按<F2>键

24. 选定单元格区域后按【Del】键，则 _____。

    A. 彻底删除单元格中的全部内容、格式和批注

    B. 只删除单元格的格式，保留其中的内容

    C. 只删除输入的内容，保留单元格的其他属性

    D. 只删除单元格的批注

25. 打印 Excel 的工作表时，如果希望在每一页上都保留标题行，应该 _____。

    A. 冻结标题行窗口

    B. 在"页面设置"中指定标题行的范围

    C. 在工作表中复制标题行的内容

    D. 拆分标题行单元格

二、多选题

1. 在 Excel 2010 工作表中单元格的引用地址有 _____。

    A. 绝对引用   B. 相对引用   C. 直接引用   D. 间接引用

2. 在 Excel 2010 的公式中，可以使用的运算符有 _____。

    A. 算术运算符   B. 文本运算符   C. 关系运算符   D. 逻辑运算符

3. Excel 2010 工作簿在打印输出时，可选打印范围有_____。

  A. 选定区域　　　　B. 整个工作簿　　C. 活动工作表　　　　D. 纸张的左右边距

4. 下面有关 Excel 2010 中的工作簿的说明中，正确的是_____。

  A. 一个 Excel 文件就是一个工作簿

  B. 一个 Excel 文件可包含多个工作簿

  C. 一个 Excel 工作簿可以只包含一张工作表

  D. 一个 Excel 工作簿可包含多张工作表

5. 下列说法中正确的是_____。

  A. 工作表中的列宽和行高是固定不变的

  B. 按【Home】键可以使光标回到 A1 单元格

  C. 双击 Excel 窗口左上角的控制按钮☒可以快速退出 Excel

  D. 在 Excel 中，可以通过"开始"选项卡"编辑"功能区中的"查找和替换"按钮实现对单元格的相应操作

6. "选择性粘贴"命令功能强大，以下项目属于"选择性粘贴"命令可完成的有_____。

  A. 粘贴公式　　　　B. 粘贴批注　　　C. 加减乘除运算　　　　D. 行列转置

7. 下列操作项目中可以实现数据求和功能的有_____。

  A. 合并计算　　　　B. 分类汇总　　　C. 数据透视表　　　　D. 分列

8. 在 Excel 2010 工作表中，能进行的操作是_____。

  A. 恢复被删除的工作表　　　　　　B. 修改工作表名称

  C. 移动和复制工作表　　　　　　　D. 插入和删除工作表

9. Excel 中的 COUTIF() 函数可以用来_____。

  A. 计算选中区域的平均值　　　　　B. 统计非空单元格个数

  C. 统计学生考试各个分数段的人数　D. 变换日期格式

10. 在 Excel 函数中 SUM(B1:B4) 等价于_____。

  A. SUM(A1:B4 B1:C4)　　　　　　B. SUM(B1+B4)

  C. SUM(B1+B2,B3+B4)　　　　　　D. SUM(B1,B2,B3,B4)

三、判断题

1. Excel 中的清除操作是将单元格的内容删除，包括其所在的地址。　　　（　　）

2. Excel 可以把正在编辑的工作簿保存为文本文件。　　　　　　　　　　（　　）

3. Excel 的单元格中可输入公式，但单元格真正存储的是其计算结果。　　（　　）

4. 第一次保存工作簿时，Excel 窗口中会打开"另存为"对话框。　　　　（　　）

5. 对 Excel 工作表中的数据可以建立图表，图表一定存放在同一张工作表中。（　　）

四、填空题

1. 在 Excel 中，用黑色实线围住的单元格称为_____。

2. 在 Excel 中，要输入数据 2/3，应先输入_____。

3. Excel 中，数据 –0.000 032 1 的科学计数法表示形式是_____。

4. 在 Excel 工作表的单元格中输入 "(256)"，此单元格按默认格式会显示_____。

5. 在 Excel 中，当单元格宽度不足以显示数据时，会显示一系列_____。

6. 在 Sheet1 中引用 Sheet3 中的 B3 单元格，格式是_____。

五、操作题

打开文件 Exercise.xlsx，分别对其中的 5 个工作表建立相应的图表。

1. 打开"基础体温"工作表，使用折线图建立如图 4-75 所示的折线图。

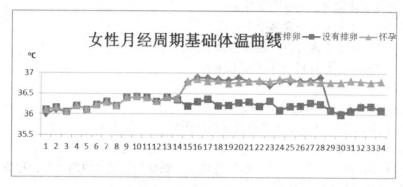

图 4-75 女性基础体温折线图

2. 打开"糖尿病"工作表，建立如图 4-76 所示的柱形图。

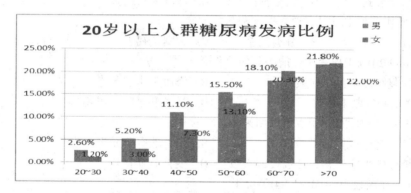

图 4-76 糖尿病发病比例柱状图

3. 打开"离婚"工作表，建立如图 4-77 所示的离婚原因饼图。

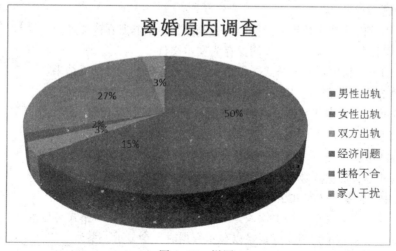

图 4-77 饼图

4. 打开"面积"工作表，建立如图 4-78 所示的面积图。

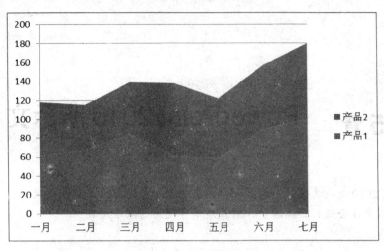

图 4-78　面积图

第5章 PowerPoint 2010 演示文稿

PowerPoint 2010 是集文字、图形、动画、声音于一体的演示文稿制作软件，用于设计、制作各种演讲、报告、会议、产品演示、商业演示等使用的演示文稿。

学习目标：

- 了解 PowerPoint 2010 的基本操作；
- 熟练掌握 PowerPoint 2010 制作演示文稿的基本方法；
- 熟练掌握为演示文稿添加多媒体对象的技巧；
- 掌握为演示文稿增加动画效果的方法。

5.1 PowerPoint 2010 概述

PowerPoint 2010 在图表、绘图、图片、文本等方面的编辑制作的强大功能，使得制作的演示文稿效果更加美观。PowerPoint 2010 具有动态多媒体文稿编辑功能、新增音频和可视化功能，可以帮助用户快速编辑视频内容。

5.1.1 工作界面

启动 PowerPoint 2010，即可打开其工作界面。在 PowerPoint 2010 中，工作界面分为 5 个区域：功能区、大纲视图区、幻灯片视图区、幻灯片备注区、自定义状态栏，如图 5-1 所示。其中：

① "功能区"概念取代了 PowerPoint 2003 及更早版本中的"菜单"和"工具栏"，用户通过"功能区"可以方便浏览和操作大量的常用命令。

② "大纲视图区"、"幻灯片视图区"和"幻灯片备注区"保持了 PowerPoint 2003 的功能。

③ "自定义状态栏"比 PowerPoint 2003 更加丰富，增加了显示比例滑块等工具，方便客户使用不同规格的显示器。

PowerPoint 2010 命令区由快速访问工具栏、标题栏、窗口控制栏、选项卡和功能区 5 部分组成，如图 5-2 所示。功能区是 PowerPoint 2010 操作的核心区域。

大纲视图区　　幻灯片备注区　　功能区　　幻灯片视图区　　自定义状态栏

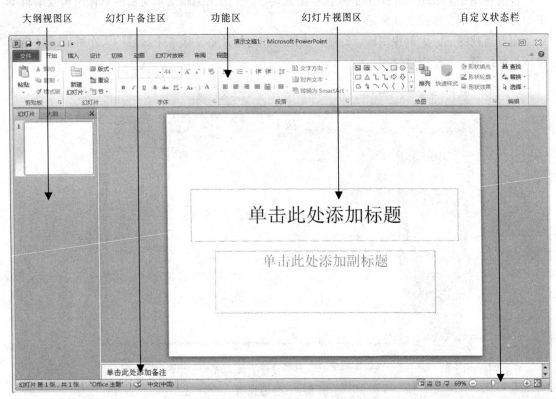

图 5-1　PowerPoint 2010 工作界面

快速访问工具栏　　选项卡　　标题栏　　功能区　　窗口控制栏

图 5-2　PowerPoint 2010 功能区

5.1.2　视图模式

PowerPoint 2010 提供普通视图、幻灯片浏览、备注页和阅读视图 4 种视图方式，通过这 4 种方式可以方便地对演示文稿进行编辑和观看。

变更视图方式有 2 种常用方法：

① 单击 PowerPoint 工作窗口右下方的"幻灯片视图模式"工具栏的"视图模式"按钮，可以在各种视图之间切换，如图 5-3 所示。

图 5-3　"幻灯片视图模式"工具栏

② 在"视图"选项卡中切换视图模式。

1. 普通视图

普通视图是 PowerPoint 2010 的默认视图方式，主要用来编辑演示文稿的总体结构或编辑单页幻灯片及大纲，如图 5-4 所示。

在普通视图下，大纲视图区、幻灯片视图区和幻灯片备注区 3 个区域的大小可以通过拖动窗格边框调整，方便用户使用。

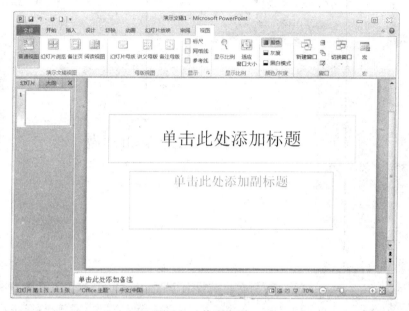

图 5-4　普通视图

2. 幻灯片浏览视图

幻灯片浏览视图以图片浏览模式将演示文稿缩略显示，该方式可以快速浏览、拖动、复制、插入和删除幻灯片，如图 5-5 所示。由于显示内容仅是缩略图，因而该视图方式不能对单张幻灯片进行编辑。如果需要编辑某张幻灯片，可双击该幻灯片，系统将自动切换到普通视图方式。在幻灯片浏览视图下可以快速调整演示文稿的整体结构以及审视其设计风格、色彩的协调性。

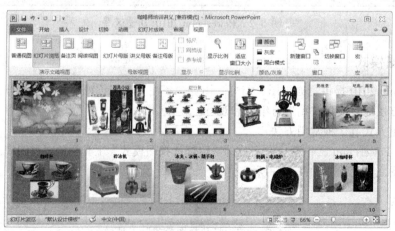

图 5-5　幻灯片浏览视图

3．备注页视图

备注页视图在屏幕上半部分显示幻灯片，下半部分显示备注，如图 5-6 所示。备注页视图主要用途是"备课"，调用该视图只能在"视图"选项卡的"演示文稿视图"功能区中单击"备注页"按钮进行切换。

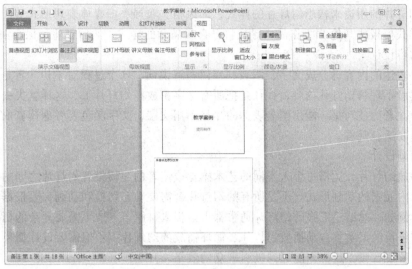

图 5-6　备注页视图

4．阅读视图

阅读视图是在保留 Windows 窗口底部任务栏环境下，一种最大窗口显示的动态视图模式，如图 5-7 所示。单击"视图"选项卡的"演示文稿视图"功能区中的"阅读视图"按钮后，系统切换到"PowerPoint 幻灯片放映"窗口下，从当前幻灯片开始全窗口放映演示文稿。单击可以从当前幻灯片切换到下一页幻灯片，继续放映，按【Esc】键可立即结束放映。阅读视图的用途主要是可以方便地切换到其他文档而不用中断放映模式，这个功能方便一些小屏幕计算机用户在编辑幻灯片时，用一个副本查看设计细节，发现问题即可直接切换到原稿上修改。

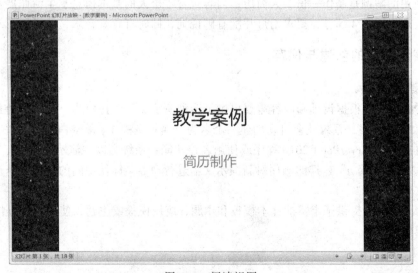

图 5-7　阅读视图

5.2 演示文稿的建立与编辑

制作一份 PowerPoint 2010 演示文稿通常经过以下 4 步：

（1）样式设计

根据幻灯片的用途来构思幻灯片的样式，即风格、布局、多媒体表现形式等。这个过程一般是浏览样式模板或其他 PPT 作品，寻找自己喜欢满意的样式，然后创建、保存演示文稿。

（2）内容设计

把需要表达的内容拆分成文字、图表、音像和解说词。这个过程对于初学者是个挑战，初学者担心读者不理解幻灯片内容，往往是把所有文字都放在幻灯片上，这样就失去了幻灯片的意义。值得注意的技巧是：能用图表表达的尽量不用文字，文字颜色要考虑读者的视觉感受，颜色对比度要适合观看。

（3）动画设计

通过播放幻灯片，凭借每个人不同的艺术感觉或读者的习惯设置幻灯片之间的切换风格和每张幻灯片内元素的动画形式。不是所有的幻灯片都需要动态切换和动画，要根据需要和输出形式而定，例如，总结、汇报的幻灯片通常都由汇报人讲解，一般不需要复杂的切换和动画；对于没有讲解员的演示类自动播放幻灯片、循环播放的幻灯片，不但需要设计切换和动画，而且还需要配解说音频，这样才能起到吸引观众的效果。

（4）输出设计

输出设计包含两方面内容：一是播放形式，即是否需要录制自动播放；二是提交形式，PowerPoint 存在版本兼容问题，PowerPoint 2010 制作的幻灯片不能直接在 2003 以下的版本上播放、编辑，因此要根据读者对象的需要，选择输出的版本和形式，例如，PowerPoint 2010 已经可以将录制的自动播放幻灯片直接输出成视频文件。

本节学习的幻灯片建立和编辑就是第一和第二步的工作。

本节将通过一个实用案例来说明如何使用 PowerPoint 2010 来设计、创建、编辑、美化、发布一个幻灯片。

本章使用的案例是制作一份个人简历，内容包含了个人的基本信息、生活照展示、自我展示视频以及理想愿景 4 部分，要求幻灯片配有解说词，同时有背景音乐，并可以自动播放。

5.2.1 演示文稿的创建与保存

1. 创建演示文稿

PowerPoint 2010 根据设计和内容需要提供了多种演示文稿创建模式，最基本的是直接启动 PowerPoint 2010 程序，系统就会自动创建一个名为"演示文稿 1"的空白演示文稿，如图 5-8 所示。若再次启动 PowerPoint 2010 程序或使用新建功能，系统会以"演示文稿 2"、"演示文稿 3"、……、"演示文稿 n"这样的顺序对新演示文稿进行命名。即便中间的新建文档被删除，序号也不会改变。

PowerPoint 2010 提供了丰富的样本模板和主题，应用模板或主题，使用者可以快速创建一个幻灯片架构。

图 5-8　名为"演示文稿 1"的空白演示文稿

【例 5-1】通过使用主题模板，创建一个现代风格的相册。

【解】操作方法如下：

① 启动 PowerPoint 2010，系统自动创建一个空白演示文档——演示文档 1。

② 选择"文件"选项卡，观察此选项卡左、中、右三个窗格的内容。

③ 选择左窗格的"新建"命令，观察左、中、右三个窗格的内容变化。

④ 选择中间窗格的"样本模板"选项，然后选择"现代型相册"，最后单击右窗格的"创建"按钮，系统自动生成一个有 6 页内容的演示文档——演示文档 2，如图 5-9 所示。

图 5-9　例 5-1 结果

注意：在"文件"选项卡中选择"新建"命令后在右侧窗格发生了变化，如图 5-10 所示。

图 5-10 "文件"选项卡"新建"命令的窗格

右侧窗格是 PowerPoint 2010 提供的可用模板和主题。在这个窗格下，用户还可以根据需要进行选择。例如在"可用的模板和主题"栏中，选择"空白演示文稿"选项，可创建空白演示文稿；选择"样本模板"选项，可基于本机上的模板创建演示文稿；选择"根据现有内容新建"选项，可将现有的演示文稿作为模板创建一个格式和内容都与之相似的文稿。

模板分本地模板和在线模板，"Office.com 模板"属于在线模板，必须在联网状态下选择才有效。选择"Office.com 模板"选项，系统会自行到网上下载，并根据所选样式的模板创建新文稿。

2．保存演示文稿

在演示文稿的编辑过程中，要及时保存演示文稿。一个新演示文档创建后，最好立刻保存，在编辑过程中，可通过手动保存或系统设定定时自动保存。

保存演示文稿，有以下 2 种方法：

① 单击快速访问工具栏中的"保存"按钮，如图 5-11 所示。在打开的"另存为"对话框中选择保存位置、输入文件名后，单击"保存"按钮即完成保存。如果需要设定权限，可以在单击"保存"按钮前，打开对话框下侧的"工具"下拉列表，如图 5-12 所示。在下拉列表中选择需要的项设置，如添加密码、选择图像压缩等，如图 5-13 所示。

图 5-11 "保存"按钮

图 5-12 "工具"按钮下拉列表

图 5-13　添加密码、图像压缩

② 通过"文件"选项卡保存，可按下面的操作实现：在"文件"选项卡中选择"保存"或"另存为"命令，打开对话框进行操作。

【例 5-2】创建一个空白文档，并保存为"xxx 的简历"，掌握"保存"和"另存为"操作。

【解】具体操作过程如下：

① 运行 PowerPoint 2010，系统自动创建一个名为"演示文稿 1"的空白演示文稿。

② 选择"文件"选项卡中的"另存为"命令。

③ 观察"另存为"对话框的组成，在对话框左侧窗格选择"D:"盘。

④ 单击"新建文件夹"按钮，在对话框右侧窗格的"新建文件夹"文本框中输入文件夹名称"my"，按下【Enter】键。

⑤ 双击"my"文件夹图标，打开"my"文件夹。

⑥ 在"另存为"对话框下的"文件名"文本框中内输入要保存的文件名："辛老师的简历"。

⑦ 单击"保存"按钮。结果在 D 盘 my 文件夹中保存了一个名为"辛老师的简历.pptx"的文件。

⑧ 对演示文稿略做修改，单击"快速访问工具栏"中的"保存"按钮，或者选择"文件"选项卡中的"保存"命令，可以保存修改后的演示文稿。

5.2.2　幻灯片的基本操作

一份演示文稿通常由多张幻灯片组成，新建的空白演示文档都仅有一张默认为标题版式的空白幻灯片，本节学习幻灯片的版式设置、添加、移动、复制、删除等针对幻灯片的基本操作。

1. 版式设置

版式就是幻灯片的布局，版式可以用户自己设计，也可以使用 PowerPoint 2010 系统自带的标准版式，操作方法有以下 2 种：

① 在当前幻灯片（或幻灯片缩略图）上右击，在弹出的快捷菜单中选择"版式"命令，在打开的"Office 主题"对话框中选择需要的版式，如图 5-14 所示。

② 选择"开始"选项卡，单击"幻灯片"功能区中的"版式"按钮 ，在打开的"Office 主题"对话框中选择需要的版式，以此改变当前幻灯片的版式。

2．新建幻灯片

添加幻灯片的途径有两种，一种是添加空白幻灯片，另一种是复制一张内容相同的幻灯片。

（1）添加空白幻灯片的常用方法

① 选择"开始"选项卡，"新建幻灯片"按钮的下拉列表分为上下2个部分，上面是新建图标，下部分是"新建幻灯片"命令，单击上部分图标则系统自动添加一张"标题和内容"版式的空白幻灯片；选择"新建幻灯片"命令，则弹出的下拉列表以供用户选择，如图5-15左图所示。

② 光标定位于需要插入新幻灯片位置，右击，在弹出的快捷菜单中选择"新建幻灯片"命令，则在鼠标指向的幻灯片下将插入一张空白幻灯片，如图5-15右图所示。

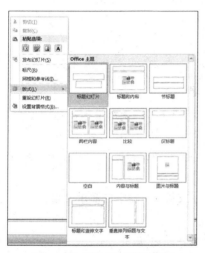

图5-14 "版式"下拉列表　　　　　图5-15 "新建幻灯片"命令

（2）复制内容相同的幻灯片

选中需要复制的幻灯片缩略图，右击，在弹出的快捷菜单中选择"复制幻灯片"命令，在当前幻灯片下将插入一张与所选幻灯片内容相同的新幻灯片。

3．移动幻灯片

移动幻灯片最方便的方法是在"幻灯片浏览"视图下进行，也可以在普通视图下进行。方法如下：选中需要移动的幻灯片缩略图，按住鼠标左键拖动目标幻灯片到目的位置释放即可。

4．复制幻灯片

复制就是复制/粘贴一张幻灯片，复制幻灯片一般是用在不同演示文档间复制单张或多张幻灯片时使用，同一文档中当需要多处复制时，例如目录页，也可以使用。具体方法如下：

① 选中需要复制的幻灯片缩略图，右击，在弹出的快捷菜单中选择"复制"命令，光标定位在需粘贴处右击，在弹出的快捷菜单中的"粘贴选项"命令中有3个图标工具可选，它们分别是："使用目标主题"、"保留源格式"和"图片"，如图5-16所示。一般情况下都是选择"使用目标主题"命令，如果是不同的演示文档间复制，配色、位置和字体都可能发生变化；"保留源格式"则没有任何改变地复制到目标文档，但整个文档的风格可能会被影响；尽量不要选择"图片"，这样将无法对该部分进行内容编辑。

图5-16 "粘贴"选项

② 使用"开始"选项卡中"剪贴板"功能区也可以完成以上操作。同样使用快捷键【Ctrl+C】、

【Ctrl+V】也可以完成复制、粘贴操作。

5．删除幻灯片

方法如下：

① 选中需要删除的幻灯片缩略图，右击，在弹出的快捷菜单中选择"删除幻灯片"命令，该幻灯片被删除。

② 单击"开始"选项卡的"剪贴板"功能区中的"剪切"按钮也可以完成幻灯片的删除。

【例 5-3】打开"my"文件夹中的"辛老师的简历.pptx"，分别将"古典型相册"和"现代型相册"复制到"辛老师的简历"中，以此熟练掌握幻灯片的基本操作。

【解】具体操作过程如下：

① 选择"文件"选项卡的"打开"命令，在打开的"打开"对话框中找到"辛老师的简历"文件，单击"打开"按钮。

② 选择"文件"选项卡的"新建"命令，然后选择"样本模板"栏中的"古典相册"选项，单击"创建"按钮。

③ 选择"文件"选项卡的"新建"命令，然后选择"样本模板"栏中的"现代相册"选项，单击"创建"按钮。

④ 在状态栏中切换上面 3 个 PPT 文档，把每个文档都设置成"幻灯片浏览"模式。

⑤ 切换到新建的"现代相册"文档，按下【Ctrl+A】组合键，选择全部幻灯片；也可以在"开始"选项卡的"编辑"功能区中，单击"选择"按钮，在弹出的下拉列表中选择"全选"命令。

⑥ 按下【Ctrl+C】组合键将选择的幻灯片复制到剪贴板，也可以单击"开始"选项卡"剪贴板"功能区中的"复制"按钮。

⑦ 切换到"辛老师的简历"简历文档，按下【Ctrl+V】组合键将剪贴板上的内容粘贴到此文档，也可以单击"开始"选项卡"剪贴板"功能区中的"粘贴"按钮。

⑧ 将"古典相册"文档中所有幻灯片也复制粘贴到"辛老师的简历"文档中。

⑨ 在"辛老师的简历"文档中，调节右下角"视图模式"工具栏中的显示比例，使得全部幻灯片都能显示在当前屏幕中。

⑩ 选中第一张空白幻灯片，按【Delete】键删除该幻灯片，然后拖动各个幻灯片，使得彩色幻灯片与黑白幻灯片间隔排列，删掉最后一张幻灯片，结果如图 5-17 所示。

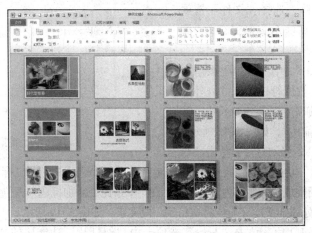

图 5-17　例 5-3 结果

5.2.3 文本的编辑与格式化

虽然越来越多的人认识到演示文稿中应尽量减少文字的使用，多用图、表和影音素材，但文本依然是幻灯片的核心对象，文字具有图形无法替代的表达准确性。演示文稿中，标题、内容文字、表格、组织结构图、艺术字的内容以及图片、声音、图像等多媒体对象的说明文字都用到大量的文本编辑。

1. 文本的添加

添加文本有以下方法：

（1）在占位符中添加文本

在带有版式的空白幻灯片中，有一些带有"单击此处添加 xx（xx 有标题、文本、图片等）"的虚线方框和半透明图标，这些虚线方框就是占位符，可添加的 xx 和半透明图标表示这些框中可以插入的各种对象，如标题、文本、表格、图表、图形、图片、剪贴画、多媒体影音等对象。此外，在标题和文本的占位符内，可添加文字内容，单击占位符即可添加文字。

（2）使用文本框添加文本

个性化的幻灯片往往需要自己设置幻灯片的布局，只要是幻灯片没有占位符的空白处都可以自己添加文本框。方法如下：

① 单击"开始"选项卡中"绘图"功能区的"形状"按钮，在弹出的下拉列表中选择"文本框"或"垂直文本框"命令，将鼠标箭头移到幻灯片上占位符以外的空白处按住左键（这时鼠标变成一个"十"字），拉动"十"字拉出文本框需要的宽度（垂直文本框是高度）后释放鼠标左键，系统自动建立一个活动文本框（没有文字输入时是单行）。

② 新建的文本框有一个跳动的光标，用来提醒用户输入文字，如果不输入文字，在文本框外单击鼠标，该文本框被取消。

【例 5-4】建立"简历"演示文稿，添加 5 张空白文档，调整版式并加入相应文字。

【解】具体操作过程如下：

① 新建演示文稿，在"普通视图"模式下，光标定位在左窗格的第 1 张幻灯片下面，连续按 5 次【Enter】键，则生成有 6 张空白幻灯片的演示文稿，选择"文件"选项卡的"另存为"命令，将演示文稿保存为"简历.pptx"文件。

② 在第 1 张幻灯片中添加文本。要求在"单击此处添加标题"占位符中输入"秀外慧中"，在"单击此处添加副标题"占位符中，输入副标题 "辛丽梅的简历"，如图 5-18 所示。

图 5-18　第 1 张幻灯片设置

③ 光标定位在第 2 张幻灯片，单击"开始"选项卡中"幻灯片"功能区的"版式"按钮，在弹出的下拉列表中选择"标题和内容"命令，将第 2 张幻灯片的版式调整成"标题和内容"版式，在"单击此处添加标题"占位符中输入题目"我的价值观"，在"单击此处添加文本"占位符中粘贴一段文字，如图 5-19 所示。

④ 选择第 3 张幻灯片，单击"开始"选项卡中"幻灯片"功能区的"版式"按钮，在弹出的下拉列表中选择"空白"命令；在该空白幻灯片右侧添加一个"垂直文本框"，输入"我的

历程"，如图 5-20 所示。

　　⑤ 选择"文件"选项卡中的"保存"命令保存文件为"简历.pptx"。

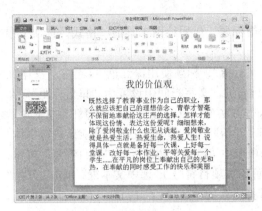

图 5-19　第 2 张幻灯片设置

图 5-20　第 3 张幻灯片设置

2．文本的编辑

　　录入或复制的文字经常需要做删除、修改等编辑，编辑的方法是单击文本编辑处，这时文本框被自动激活，文字编辑的方法在文字处理软件、表格处理软件中均有介绍，不再复述。

3．文本格式的设置

　　PowerPoint 2010 除提供了字体、字号、字形、颜色、阴影、段落、缩进、对齐、行距、间距等常用文本编辑功能外，还增加了所见即所得的"形状样式"、"艺术字样式"等可视化文字格式编辑工具，集中在"开始"选项卡和绘图工具。此外，当选定文字后，鼠标停留在选定文字上，系统还能自动出现一个快捷工具栏，集中了最常用的针对文字编辑排版的工具，如图 5-21 所示。

图 5-21　可视化文字格式编辑工具

　　文本编辑不仅针对文字，还可以给文本框设置不同效果，操作主要通过"开始"选项卡中的"绘图"功能区。选中需要设置的文本框，根据形状填充、形状轮廓和形状效果对选中的文本框进行修改，最简单的方法是使用"快速样式"下拉列表中，如图 5-22 所示。

　　【例 5-5】调整"简历.pptx"演示文稿字体格式并添加艺术字。

　　【解】具体操作过程如下：

　　① 打开"简历.pptx"演示文稿。

　　② 将首页字体设置为"微软雅黑"，标

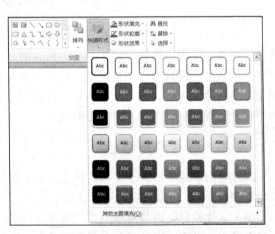

图 5-22　"快速样式"下拉列表

题改为 60 号字，副标题改为 28 号字。操作方法为：分别选中标题和副标题的文本内容，使用"开始"选项卡中的"字体"功能区进行字体、字号的设置（也可以在弹出的浮动工具栏中进行快速设置）。

③ 将标题文字换成艺术字的操作方法为：选中标题，使用绘图工具的"格式"选项卡中的"艺术字样式"功能区，选择满意的艺术字。

④ 将第 2 张的标题和文本字体都设定为"华文行楷"，标题使用深红色 44 号字，文本文字使用黑色 30 号字；文本取消项目符号，设置首行缩进，文字行间距设置为"单倍行距"。文本框使用快速样式或自行设计添加边框和底纹。操作方法为：鼠标移到第 2 张幻灯片左上角，按住鼠标左键拖动到右下角选定 2 个占位框，使用"开始"选项卡中"字体"功能区进行字体、字号的设置；选择全部文本内容，单击"开始"选项卡中"段落"功能区的"项目符号"按钮，以此取消项目符号（再次单击"项目符号"按钮则可添加项目符号）；选中文本框，单击"开始"选项卡中"绘图"功能区的"快速样式"按钮，选择喜欢的样式。

⑤ 保存文件，最终效果如图 5-23 所示。

图 5-23　例 5-5 结果

5.3　添加多媒体对象

添加多媒体对象主要采用插入操作，PowerPoint 2010 的"插入"选项卡集成了表格、图像、插图、链接、文本、符号、媒体等 7 类内容的添加功能，多数版式中也有对应的快捷方式，只需要在版式的占位符中选择快捷键，然后按提示操作就可以了。熟练使用"插入"选项卡，利用文本、图片、表格、图表、剪贴画、自选图形、声音、影片等对象，不仅可以创作一份完美的幻灯片，甚至可以创作一段鲜活的视频。

5.3.1　插入图片和剪贴画

图片是幻灯片中仅次于文本的第二大元素，切合主题，编辑、排版美观的照片使幻灯片更加丰富多彩。

插入图片或剪贴画最简单的方法是复制/粘贴，图片可以来自任何地方，网络、文件、文件夹或摄像头，只要可以被复制或截图就可以粘贴过来。

【例 5-6】为"简历.pptx"添加图片。在"简历.pptx"的第 3 张幻灯片中,要用图片来展示"辛老师"的成长历程,还要出现"辛老师"的大头像,来方便别人认识"辛老师",为了体现"辛老师"的特长或心情,还需要选择一两幅剪贴画来辅助表达。

【解】具体操作过程如下:

① 修改第 3 张的幻灯片,用鼠标选定原来的文本框按【Backspace】键删除其内容;然后重新将版式调整为"两栏内容",标题栏输入"我的成长历程",使用"开始"选项卡中"剪贴板"功能区的"格式刷"按钮,将第 3 张幻灯片的标题格式设置成与第 2 张幻灯片同样的标题格式;使用"开始"选项卡中"段落"功能区的"文字左对齐"按钮使文本左对齐。

图 5-24 "剪贴画"任务窗格

② 单击"插入来自文件的图片"占位符,在打开的"插入图片"对话框中选中图片文件,单击"插入"按钮,则图片被插入到占位符中;依次插入若干张不同图片。

③ 单击"剪贴画"占位符,打开"剪贴画"任务窗格,如图 5-24 所示。在"搜索文字"文本框中输入要搜索的主题,在"结果类型"下拉列表中选择相应类型,也可不选此项,选择"包括 Office.com 内容"复选框,单击"搜索"按钮,系统就会将全部符合检索条件的结果显示出来,在搜索结果中选中要插入的图片,单击图片的下拉按钮,从弹出的下拉列表中选择"插入"命令。

④ 保存文件。

【例 5-7】使用图片工具的"格式"选项卡对"简历.pptx"中的图片进行编辑排版。

【解】具体操作过程如下:

① 打开"简历.pptx"文件,选择第 3 张幻灯片图片。

② 调整图片大小:单击图片就会激活图片,此时边框的四角和正中就会出现小的圆和正方形标志,鼠标拖动此处就可以拉伸或压缩图片,用鼠标拖动边框上的绿色小圆圈则可改变图片的倾斜角度。

③ 精确调整图片尺寸的方法如下:选中图片,选择"格式"选项卡,在"大小"功能区中的"高度"或"宽度"微调框设置相应的尺寸。在默认状态下,图片的纵横比是处于"锁定"状态;单击"大小"功能区的右下角的按钮,在打开的"设置图片格式"对话框中,可以对选中的图像进行更充分的修改。

④ 裁剪图片的方法如下:选中图片,在"大小"功能区中单击"剪裁"按钮,图片边框四周出现黑色的剪裁标志,鼠标向图片内部拖动剪裁标志即可完成剪裁图片。

⑤ 调整图片色彩的方法如下:选中图片,在图片工具"格式"选项卡中分别单击"调整"功能区的"更正"和"颜色"按钮,以此调整图片的"亮度和对比度",给图片"重新着色",如图 5-25 所示。

⑥ 调整图片样式的方法如下:选中图片,移动"图片样式"功能区的右侧滑块,单击"图片样式"栏中的示例图片。分别使用"图片边框"、"图片效果"、"图片版式"按钮能够进一步美化图片。

⑦ 保存文件,结果如图 5-26 所示。

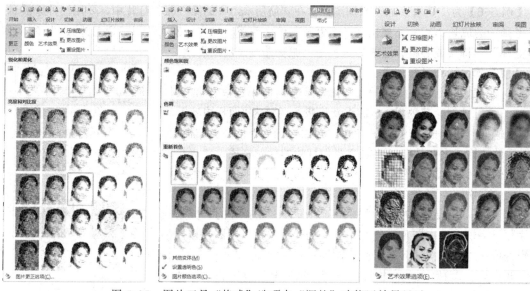

图 5-25　图片工具"格式"选项卡"调整"功能区效果显示

图 5-26　图片工具"格式"选项卡"图片样式"功能区效果显示

5.3.2　插入声音

演示文稿的多媒体化是社会进步的方向，需要自动播放的幻灯片，除配音以外，背景音乐是不可缺少的元素，动听的背景音乐能给听众带来舒畅的心情，在教学、汇报等演示用幻灯片中插入一首音乐，让休息的间隙充满旋律。

1. 音频类型

在演示文稿中插入声音文件的操作非常容易，难点是音频类型的兼容性，目前媒体播放电子产品的类型很多，电子产品间的音频编码往往互不兼容，PowerPoint 2010 比 2003 版支持更多类型音频的插入，如表 5-1 所示。

表 5-1　PowerPoint 2010 支持插入的音频类型

文 件 格 式	扩 展 名	更 多 信 息
AIFF 音频文件	.aiff	音频交换文件格式 单声道、非压缩，文件很大，不建议使用
AU 音频文件	.au	UNIX 音频 UNIX 计算机或网站创建的声音文件
MIDI 文件	.mid .midi	乐器数字接口 乐器、合成器和计算机之间交换音乐信息的标准格式
MP3 音频文件	.mp3	MPEG Audio Layer 3 资源丰富的压缩声音文件
Windows 音频文件	.wav	波形格式 相同播放时长的文件大小差异有时很大，注意挑选
Windows Media Audio 文件	.wma	Windows Media Audio PowerPoint 2003 版支持的唯一可嵌入的格式，方便幻灯片传递

2．插入音乐

【例 5-8】在"简历.pptx"中插入声音文件。

【解】具体操作过程如下：

① 打开"简历.pptx"文件，在第 2 张幻灯片中插入音乐。在"插入"选项卡中的"媒体"功能区中单击"音频"按钮，在打开的"插入音乐"对话框中选择需要插入的音频文件，单击"插入"按钮。

② 播放音乐：在幻灯片上可以见到如图 5-27 所示的"小喇叭"图标和"播放控制"框，单击黑色的播放按钮即可播放音乐。

③ 保存文件。

3．音频设置

选中"小喇叭"图标，在功能区增加了音频工具，其中包括"格式"和"播放"选项卡，"格式"选项卡和图片工具的"格式"选项卡一样，可以起到美化图标的作用；"播放"选项卡如图 5-28 所示。

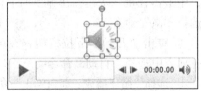

图 5-27　插入音频

图 5-28　音频工具的"播放"选项卡

一般用户只需要设置音频选项中的几组设置：

（1）"音量"设置

"音量"有低、中、高、静音 4 种选择，一般选择高，这样可以通过计算机来更方便地控制音量。

（2）"开始"模式设置

"开始"模式有自动、单击和跨幻灯片播放 3 种，具体说明如下：

① 自动模式下只要幻灯片切入就自动开始播放，幻灯片切出后停止播放，这种方式适合自动播放或将幻灯片转换视频输出时使用。

② 单击模式是幻灯片切入后，需要将鼠标指向小喇叭激活播放条后，单击"播放"按钮才能播放，幻灯片切出后停止播放，这种方式适合讲课、解说以及汇报时使用。

③ 跨幻灯片播放是音乐播放后不受幻灯片切换控制，一般用于背景音乐或全程配音。

（3）"放映时隐藏"复选框

是否选中"放映时隐藏"复选框，表明播放时是否需要隐藏小喇叭。"自动模式"和"跨幻灯片模式"情况下建议选择"放映时隐藏"复选框。

（4）"循环播放、直到停止"复选框

对于背景音乐建议选择此项设置，配音不能循环。

（5）"播完返回开头"复选框

对于一般用户而言不用选择此项。

4．音频编辑

PowerPoint 2010 对音频编辑提供了剪裁和淡入、淡出设置，如果一个音频文件过长或只想播放其中一段，可以使用剪裁音频来方便完成。淡入、淡出让音乐轻声响起，缓缓结束。

【例 5-9】为"简历.pptx"第 2 张幻灯片添加背景音乐，要求：幻灯片切入时自动播放，幻灯片切出时自动停止，幻灯片不切换音乐不能停止，小喇叭播放时隐藏。

【解】具体操作过程如下：

① 打开"简历.pptx"文件，选择第 2 张幻灯片。

② 选择"小喇叭"图标，在"音频工具"的"播放"选项卡中的"音频选项"功能区中，单击"音量"按钮，在弹出的下拉列表中选择"高"命令。

③ 单击"开始"下拉按钮，在弹出的下拉列表中选择"自动"命令。

④ 选择"循环播放、直到停止"复选框。

⑤ 选择"放映时隐藏"复选框。

⑥ 保存文件，结果如图 5-29 所示。

图 5-29　例 5-9 结果

5.3.3　插入视频

在演示文稿中添加视频已经成为一种常用模式，视频可以更直观地帮助幻灯片的阅读者理解内容。

1．视频类型

在演示文稿中插入视频文件的操作非常容易，与音频插入的难点一致，视频也存在编码的兼容性问题，PowerPoint 2010 支持的视频类型如表 5-2 所示。

表 5-2　PowerPoint 2010 支持插入的视频类型

文 件 格 式	扩 展 名	更 多 信 息
Adobe Flash Media	.swf	Flash 视频 这种文件格式通常用于使用 Adobe Flash Player 通过 Internet 传送视频

文 件 格 式	扩 展 名	更 多 信 息
Windows Media 文件	.asf	高级流格式 这种文件格式存储经过同步的多媒体数据，并可用于在网络上以流的形式传输音频和视频内容、图像及脚本命令
Windows 视频文件	.avi	音频视频交错 这是最常见的格式之一，兼容性好，但太大
电影文件	.mpg 或 .mpeg	运动图像专家组 常见的压缩视频格式，使用时注意选择压缩率，太大占用空间，太小影响播放
Windows Media Video 文件	.wmv	Windows Media Video 可嵌入格式，压缩率大，效果好，方便幻灯片传递

2．插入视频文件

在演示文稿中插入视频文件的操作方法如下：

（1）使用"视频"按钮插入视频

选择"插入"选项卡，单击"媒体"功能区中的"视频"按钮，在打开的"插入视频文件"对话框中选择要插入的视频文件，单击"插入"按钮。

（2）直接在"插入媒体剪辑"占位符插入视频

单击"开始"选项卡的"版式"功能区中的"标题和内容"按钮，将幻灯片改为带有"插入媒体剪辑"占位符的版式，单击"插入媒体剪辑"占位符，在打开的"插入视频文件"对话框中选择要插入的视频文件，单击"插入"按钮。

插入视频后，在幻灯片上可以看到"视频窗口"图片和"播放控制条"，这时单击"播放"按钮就可以看到视频。光标移出视频窗口，播放条消失；光标移入视频窗口，播放条恢复。

3．视频设置

视频插入后还需要设置播放和窗口样式并保存，选中视频窗口，在功能区增加了视频工具"格式"和"播放"2 个选项卡，"格式"选项卡与图片工具的"格式"选项卡一样，一般用户只需要设置视频选项中的几组设置：

（1）音量设置

音量有低、中、高、静音 4 种选择，一般选择高，这样可通过计算机更方便地控制音量。

（2）开始模式设置

开始模式有自动、单击 2 种模式，具体如下：

① 自动模式下只要幻灯片切入就自动开始播放，幻灯片切出后停止播放，这种方式适合自动播放或将幻灯片转换视频输出时使用。

② 单击模式是幻灯片切入后，需要用鼠标激活播放条后，单击播放按钮才能播放，幻灯片切出后停止播放，这种方式适合讲课、解说、汇报时使用。

（3）播放/隐藏设置

全屏播放一般用于演示时，如果是浏览性质的幻灯片，建议采取窗口模式。是否隐藏播放窗口需要根据设计决定，一些全屏播放的幻灯片就可以采取隐藏模式。

（4）循环设置

视频在非宣传展示时播放，一般不建议循环。对于一般用户建议选择返回开头。

4．视频编辑

PowerPoint 2010 对视频编辑提供了剪裁和淡入、淡出设置，如果一个视频文件过长或只想播放其中一段，可以使用剪裁视频来方便完成。

【例 5-10】将"简历.pptx"的第 4 张幻灯片添加"我的才艺"。要求：先添加反应自己才艺的背景图片，然后添加一段体现自己才艺的视频。视频播放设置为：幻灯片切入后手动播放，幻灯片切出时自动停止，视频播放结束后回到开头，视频窗口始终保持。

【解】具体操作过程如下：

① 打开"简历.pptx"文件，选择第 4 张幻灯片。

② 单击"开始"选项卡的"版式"功能区中的"标题和内容"按钮，以此设置第 4 张幻灯片的版式。

③ 在"单击此处添加标题"占位符中输入"我的才艺"，字体设定为"华文行楷"，深红色、44 号字，文字右对齐。

④ 单击"插入媒体剪辑"占位符，在打开的"插入视频"对话框中选择需要插入的视频文件（在"教学"文件夹中的"我的才艺.wmv"），单击"插入"按钮。

⑤ 选择视频工具的"播放"选项卡，在"视频选修"功能区中，将"开始"设置为"单击时"，设置"音量"为"高"，其余复选框均不选择。

⑥ 保存文件，结果如图 5-30 所示。

图 5-30　例 5-10 结果

5.3.4　插入组织结构图

组织结构图表示了一种树状的隶属关系，在表示隶属、分类时经常用到。PowerPoint 2010 将组织结构图的插入归类到 SmartArt 图形之中，插入组织结构图的方法如下：

① 选择"插入"选项卡，单击"插图"功能区中的"SmartArt"按钮，在打开的"选择 SmartArt 图形"对话框中选择"层次结构"选项卡，如图 5-31 所示。选择"组织结构图"选项，单击"确定"按钮。

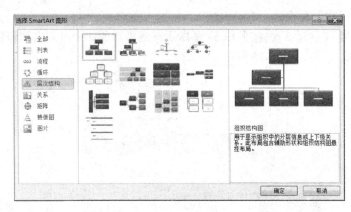

图 5-31　"选择 SmartArt 图形"对话框

② 在各个组织结构的"占位符"中输入相应的文字。

【例 5-11】为"简历.pptx"第 5 张幻灯片添加内容"我们的社团",然后添加一个组织结构图。

【解】具体操作过程如下:

① 打开"简历.pptx"文件,选择第 5 张幻灯片。

② 单击"开始"选项卡的"版式"功能区中的"标题和内容"按钮,以此设置第 5 张幻灯片的版式。

③ 在"单击此处添加标题"占位符中输入"我们的社团",字体设定为"华文行楷",深红色、44 号字,文字居中对齐。

④ 选择"插入"选项卡,单击"插图"功能区中"SmartArt"按钮,在打开的"选择 SmartArt 图形"对话框中选择"层次结构"选项卡,选择"组织结构图"选项,单击"确定"按钮。

⑤ 在各个组织结构占位符中输入如图 5-32 所示的文字。

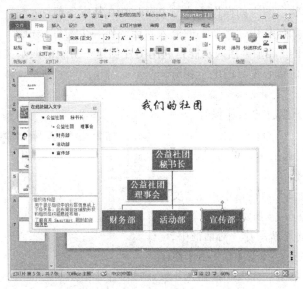

图 5-32　例 5-11 插入组织结构图结果

⑥ 单击组织结构图中的"活动部",会出现 SmartArt 工具,单击 SmartArt 工具的"设计"选项卡,在"创建图形"功能区中单击"添加形状"下拉按钮,从弹出的下拉列表中

选择"下方添加形状"命令。

⑦ 将步骤⑥操作重复 2 次,按照图 5-33 所示在新添加的 3 个组织占位符内输入相应文字。

⑧ 保存文件,结果如图 5-33 所示。

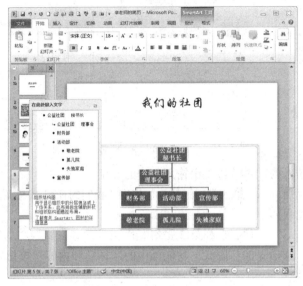

图 5-33　例 5-11 最终结果

5.3.5　插入其他对象

PowerPoint 2010 还提供了多达 20 类对象的插入功能键,前面章节介绍了图片、剪贴画、SmartArt、音频、视频 5 种对象的插入操作,超链接与动作将在下面演示章节介绍,其他如符号、文本、表格、形状、图表的操作模式与 Word 2010 基本类似。

本节将简要介绍如何利用"相册"的插入功能制作一个幻灯片相册。

PowerPoint 2010 的"相册"插入功能是利用图片创建一份新的演示文稿,还可以加入音乐、动画等,使之成为一份赏心悦目的电子相册。

操作方法如下:

① 将要制作电子相册的照片保存于一个文件夹中。

② 选择"插入"选项卡,单击"图像"功能区中的"相册"按钮。

③ 在打开的"相册"对话框中单击"文件/磁盘"按钮,如图 5-34 所示。

④ 在打开的"插入新图片"对话框中,选择照片所在的文件夹,按下【Ctrl+A】组合键选择所有文件,单击"插入"按钮。

⑤ 在打开的"相册"对话框中,"相册中的图片:"列表框中的内容是相片的排列顺序,可以选中后通过显示区域下方的上、下箭

图 5-34　"相册"对话框

头调整其顺序，也可以单击"删除"按钮删除所选图片。

⑥ 在"相册"对话框中的"预览"列表框中显示的是当前选中的图片，"预览"显示区下方的 6 个按钮可以分别调整图片方向、明暗度和色彩。

⑦ 在调整完毕后，单击"相册"对话框中的"创建"按钮，保存文件，完成电子相册的创建。

【例 5-12】利用"教学"文件夹中的"相册图片"中的图片制作电子相册。

【解】具体操作过程如下：

① 按照前面步骤将"教学"文件夹中的"相册图片"中的所有图片导入"相册"。

② 在打开的"相册"对话框中，按照如图 5-35 所示设置"相册版式"栏中的"图片版式"和"相框形状"文本框。

③ 单击"浏览"按钮，在打开的"选择主题"对话框中选择"Equity"，单击"打开"按钮。

④ 单击"相册"对话框中"创建"按钮。

⑤ 保存为"相册.pptx"。相册结果如图 5-36 所示。

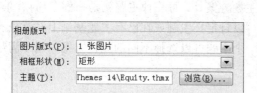

图 5-35　相册版式设置　　　　　　　　图 5-36　例 5-12 结果

5.4　设置幻灯片的外观

前几节的内容是演示文稿创作的基础，实际工作中，还有更加便捷的方法来创作演示文稿，就是应用设计模板。

5.4.1　应用设计模板

设计模板是一种包含演示文稿样式的文件，包括项目符号和字体的类型和大小、占位符的大小和位置、背景设计和填充、配色方案以及幻灯片母版。

应用设计模板是一种快速、专业完成幻灯片设计任务的捷径。设计模板是一类包含了演示文稿样式甚至结构的文件，一个模板包括与主题相配合的各种幻灯片艺术设计方案，如项目符号和字体的类型和大小、占位符的大小和位置、背景设计和填充、配色方案以及幻灯片母版和可选的标题母版。样本模板还包含了整体结构大纲，分页标题、内容框架等，用户甚至只需要输入一些个性化的文字、数字就可以完成一个主题的幻灯片制作。

在 PowerPoint 2010 中应用设计模板十分简单，具体操作如下：

① 选择"文件"选项卡的"新建"命令，在右窗格中依次选择"最近打开的模板"、"样本模板"、"我的模板"或"Office.com 模板"选项，以此选择适合的模板。

② 选择"文件"选项卡的"新建"命令，选择"根据现有内容新建"选项，在打开的"根据现有演示文稿新建"对话框中选择要使用的演示文稿，如图 5-37 所示。而后单击"打开"按钮。

图 5-37 "根据现有演示文稿新建"对话框

5.4.2 配色方案

颜色是一种信息表达的有效工具，一些颜色有其惯用的含义，例如红色表示警告，而绿色表示认可。文本、图表等幻灯片对象所表达的信息可以通过色彩变化达到增强或削弱的效果，例如红色、橙色的加粗文字比蓝色、绿色的加粗文字更具有视觉冲击力和渲染力。幻灯片的配色使用得当，可以有效地感染情绪，从而提高幻灯片主题诉求的成功。

PowerPoint 2010 配色方案包含背景色、线条和文本颜色等，可以使幻灯片更加美观、协调。配色方案可应用于幻灯片、备注页或听众讲义。

在 PowerPoint 2010 中，系统在提供了丰富的主题方案外，每一种主题就是一种布局+背景+配色的幻灯片设计方案。为适应个性化方案，还可以自定义主题或在已有主题基础上对背景、颜色、字体、效果进行个性化的组合和设计，同一个主题可以选择不同的配色方案，用于满足幻灯片制作时的不同需求。

通过主题选择配色方案操作如下：

① 选择"设计"选项卡，将"主题"功能区的所有主题展开，选择适合的主题，如图 5-38 所示。

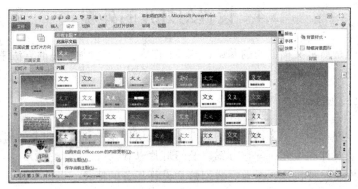

图 5-38 "设计"选项卡的"主题"功能区

② 选择"设计"选项卡，单击"主题"功能区的"颜色"按钮，可以改变主题配色方案；单击"字体"及"效果"按钮则可进一步更改主题，如图 5-39 所示。

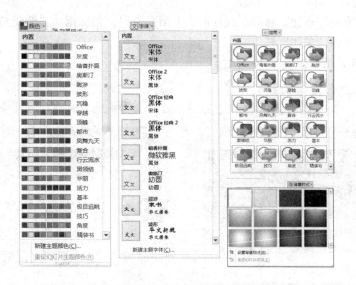

图 5-39　"主题""颜色"、"字体"及"效果"

演示文稿配色方案需要注意以下几点：

① 幻灯片设计要注意颜色和可读性，避免仅依靠颜色来表示信息内容。背景颜色的选择要与文字颜色互动选择，一种背景颜色的基础上可以有 3 种文字颜色的选择。有纹理的背景一般选择淡色，如果需要使用多种背景色，就要使用近似色；构成近似色的颜色可以柔和过渡，并不会影响前景文字的可读性，还可以通过使用补色来突出前景文字。色盘上相对位置的颜色被称为补色，如蓝桔，紫黄、青橙等都是常用的补色组合。红绿也是一种补色，但 5%～8% 的人有不同程度的色盲，其中红绿色盲为大多数，因此，应尽量避免使用红色绿色的对比来突出显示内容。

② 幻灯片不要使用过多的颜色，避免使观众眼花缭乱。在计算机上阅读和通过投影观看颜色组合的效果会存在差异，条件允许时要通过投影机测试幻灯片的播放效果。

③ 使用颜色可表明信息内容间的关系，表达特定的信息或进行强调。如果所选的颜色无法明确表示信息内容，应选择其他颜色。颜色选择原则是根据播放的形式和所针对的对象不同来进行选择的，幻灯片作者个人的趣味一般会强烈地左右幻灯片的风格，因此要在专业性（打动对象）和趣味性（个人美感）之间作出平衡。

④ 主要通过计算机来浏览的幻灯片，颜色组合应具有高对比度以便于阅读。例如，紫色背景绿色文字、黑色背景白色文字、黄色背景紫红色文字，以及红色背景蓝绿色文字。

⑤ 颜色的设置除了文字、背景、边框等外，在演示文稿中的图片色调也要注意与幻灯片中其他对象颜色的组合，使幻灯片视觉上呈现协调一致的效果。

【例 5-13】为《简历》选择一个新主题，尝试为第 2 张幻灯片的文字内容使用不同的配色。如图 5-39 所示的应用"波形"主题和突出价值观陈述文字后的效果。

【解】具体操作过程如下：

① 打开"简历.pptx"文件。

② 选择"设计"选项卡，将"主题"功能区的所有主题显示出来，从中选择"波形"主题。

③ 右击第 2 张幻灯片中的文本框，在弹出的快捷菜单中选择"设置形状格式"命令，在打开的"设置形状格式"对话框中选择"渐变填充"选项卡，单击"颜色"按钮，选择蓝色为

填充色；单击"方向"按钮，选择"线性向上"渐变方向，鼠标拖动"渐变光圈"滑块，最后调节渐变程度，单击"关闭"按钮。

④ 保存文件，结果如图 5-40 所示。

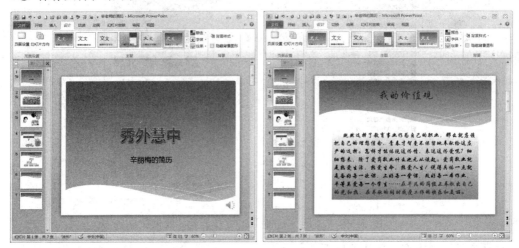

图 5-40　例 5-13 最终效果

5.4.3　应用母版

幻灯片母版的作用是使幻灯片采用相同的设计风格，是提高幻灯片制作效率的有效方法。设计母版的元素包括：标题、正文和页脚文本的字形大小和位置，文本和对象的占位符大小和位置，多级项目符号样式，背景设计和配色方案等。

PowerPoint 2010 演示文稿的母版有 3 类：幻灯片母版、讲义母版、备注母版。在"视图"选项卡的"母版视图"功能区中选择每一类母版都会在"文件"和"开始"两个选项卡之间插入一个新选项卡，即"幻灯片母版"选项卡。这个选项卡主要用于编辑母版，编辑完成后要单击最右的"关闭母版视图"按钮，退出母版视图，母版修改立即生效，如图 5-41 所示。

图 5-41　PowerPoint 2010 演示文稿母版类型

应用幻灯片母版的目的是方便进行全局更改，只需更改母版内容就可更改所有幻灯片的设计风格，如背景替换、字形修改、项目符号样式变化等。在本章前面例题中为《简历》每增添一页幻灯片，都要设置一遍标题的颜色，字体、字号，如果要换一种颜色，就要每一个都改一遍，如果是一份 100 页的幻灯片，修改起来就会非常困难，学会使用母版设计，就会轻而易举地完成修改。

1. 幻灯片母版

应用幻灯片母版需要熟悉下列操作：更改字体或项目符号、插入要显示在多个幻灯片上的徽标或背景、更改占位符的位置、大小和格式。

（1）进入幻灯片母版

单击"视图"选项卡中"母版视图"功能区中的"幻灯片母版"按钮，将进入"幻灯片母版"设计状态，如图 5-42 所示。

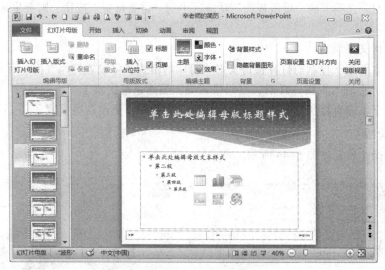

图 5-42　幻灯片母版

（2）编辑幻灯片母版

① 在幻灯片母版中可以对已有版式的字体格式、背景样式进行修改。

- 字体格式修改方法：在要修改的版式中单击"占位符"，利用"开始"选项卡中的"字体"功能区对字体格式进行设置。
- 背景样式修改方法：在"幻灯片母版"选项卡中，单击"背景"功能区中的"背景样式"按钮，在弹出的下拉列表中选择适合的背景样式；也可以单击"设置背景格式"按钮完成更多的背景格式设置，例如插入图片替换现有背景样式。

② 通过选择主题替换现有母版样式，并运用"编辑主题"功能区中的按钮快速设置主题的颜色、字体和效果。

替换主题方法：在"幻灯片母版"选项卡中单击"编辑主题"功能区中的"主题"按钮，从弹出的下拉列表中选择相应的主题类型，以此完成主题替换；替换完成后可以通过"颜色"、"字体"、"效果"等按钮快速设置母版样式。

在母版中插入图片时一定要把它置于底层，否则一些幻灯片的内容将被图片覆盖掉，影响正常显示。

③ 新增版式：PowerPoint 2010 幻灯片母版可以为每种版式定义格式，一种版式也可以通过新增版式定义多种格式。

新增版式方法为：单击"幻灯片母版"选项卡的"编辑母版"功能区中的"插入版式"按钮。

④ 取消或保存母版编辑：取消只需单击"关闭母版视图"按钮即可。对于个性化或修改了母版建议保存以便交流使用。

保存母版方法为：选择"文件"选项卡中的"保存"或"另存为"命令，在打开的"另存为"对话框的"保存类型"下拉列表中选择"PowerPoint 模板（*.potx）"或者"PowerPoint 97-2003模板（*.pot）"选项，输入文件名后单击"保存"按钮。

2．讲义母版

讲义母版操作界面如图 5-43 所示。

（1）进入讲义母版

单击"视图"选项卡的"母版视图"功能区中的"讲义母版"按钮，则会出现"讲义母版"选项卡。

（2）编辑讲义母版

讲义母版主要用于控制幻灯片按讲义形式打印的格式，可设置打印页面、每页纸打印幻灯片数量、排版、页眉、页脚、日期、页码格式等，虽然系统提供了"主题编辑"和"背景"2个功能区，由于不能直接所见，建议不要在讲义母版视图下更改这些设置。

3．备注母版

备注母版操作界面如图 5-44 所示。

图 5-43　讲义母版

图 5-44　备注母版

（1）进入备注母版

单击"视图"选项卡中的"母版视图"功能区中的"备注母版"按钮，则会出现"备注母版"选项卡。

（2）编辑备注母版

备注母版主要用于控制幻灯片按备注页格式打印，对备注页上文本的操作同幻灯片母版一样，注意母版上的幻灯片是图片格式。

【例 5-14】为《简历》设计一个新母版，并保存成母版文件。

【解】具体操作过程如下：

① 打开"简历.pptx"文件。

②　单击"视图"选项卡中"母版视图"功能区中的"幻灯片母版"按钮。

③　单击"幻灯片母版"选项卡中"编辑主题"功能区的"主题"按钮，在弹出的下拉列表中任意选择一个主题。

④　选择第 3 张幻灯片，拖动鼠标将"单击此处编辑母版文本样式"全部选中，利用"开始"选项卡将字体设置成 32 号、绿色、宋体。

⑤　单击"插入"选项卡中"文本"功能区的"日期和时间"按钮，在打开的"日期和时间"对话框中选择日期格式，单击"确定"按钮。

⑥　选择"文件"选项卡中的"另存为"命令，打开"另存为"对话框，在"保存类型"下拉列表中选择"PowerPoint 模板"选项，在"文件名"文本框内输入"模板练习"，单击"保存"按钮。

5.5　播放演示文稿

在演示文稿播放中，动画效果能起到吸引观众的重要作用。

5.5.1　动画效果

演示文稿可以使用两种动画方式：一是幻灯片间的切换动画；二是幻灯片内图片、文字、表格、图表等"固态"对象在演示文稿时的进入、强调、退出和路径等动画效果。

1. 幻灯片间切换设置

PowerPoint 2010 为幻灯片间切换设置了一个专门的选项卡，即"切换"选项卡，内置了 35 种幻灯片间切换模式，每一种模式又可设置多种效果。

幻灯片切换设置建议在幻灯片浏览视图窗口模式下进行设置，如图 5-45 所示。

图 5-45　使用"切换"选项卡实现幻灯片间切换设置

操作步骤如下：

① 选择"切换"选项卡，选择要设置切换效果的幻灯片，在"切换到此幻灯片"功能区的下拉列表中选择切换方式，单击"效果选项"按钮，打开其下拉列表，从中选择适当的效果。

② 在"计时"功能区中选择切换方式、声音、持续时间等。

③ 若幻灯片切换模式全局一致则单击"全部应用"按钮，否则每张幻灯片都依据上述步骤设定。

④ 单击"预览"按钮查看切换效果。

⑤ 选择"文件"中的"保存"命令保存文件。

【例 5-15】 为"相册.pptx"设计幻灯片切换方式。

【解】 具体操作过程如下：

① 打开"相册.pptx"，单击状态栏右侧的"幻灯片浏览"按钮，将幻灯片模式设定成浏览模式。

② 按照前面幻灯片切换设置步骤，对每张幻灯片进行设置，最后保存文件。

2．幻灯片内动画设置

幻灯片内动画设置是指：针对幻灯片中的文本、图片、图表等对象内容的进入、强调、退出和路径等动画方式进行设置，实现幻灯片播放时，一页幻灯片内不同层次、对象的内容，会随着演示的进展，逐个地、动态地显示出来。

PowerPoint 2010 设置了一个专门的选项卡，即"动画"选项卡用于动画的效果选择、声音设置、显示顺序、启动控制等设置。系统按照进入、强调、退出和路径等 4 类动画方式内置了几十种动画效果，4 类动作的各种动画效果可以无限地进行自由组合和播放设计。

幻灯片内的动画效果设置需要在普通视图模式下进行，选择"动画"选项卡进行动画设置。

（1）设置幻灯片对象的动画方式

进入、强调、退出、动作路径 4 种动画方式的设置方法一致，为对象设置一个进入动画的操作方式为：在幻灯片中选择要设置动画的对象，单击"动画"选项卡的"动画"功能区中列表框中的下拉按钮，在弹出的下拉列表中选择动画方式，进而单击"效果选项"按钮设置动画效果。

（2）设置幻灯片对象的动画的执行方式

选择完成动画效果后，还要设置动画的执行方式才能完成一个动画的完整设置，具体步骤是：

①"动画"选项卡的"计时"功能区中设定：

- 开始：设置出示动画的方式（单击时、与上一动画同时、上一动画之后）。
- 持续时间：设置动画出示过程的时间。
- 延迟：设置推迟动画播放的时间。

注意： 动画设计完成后，窗口内显示内容添加了两个标记，一是在大纲视图区幻灯片缩略图左侧编号下出现一个动画标记，单击该标记可以播放本张幻灯片动画；二是设置动画的对象旁边多出了带边框的数字标记，这个标记被用来指示动画的顺序，单击这个标记，"动画"选项卡中各功能区显示该动画的设置内容，这个数字还是该对象在本张幻灯片播放时的动画顺序。幻灯片内一个对象可以设计多种动画，使用"动画"选项卡，在"高级动画"功能区中单击"添加动画"按钮进行添加。添加后，该对象左侧将出现多个带边框的数字。

② 添加动画操作方法为：单击"动画"选项卡中"高级动画"功能区的"添加动画"按钮，在弹出的下拉列表中选择动画效果，如图 5-46 所示。单击"触发"按钮设置触发模式，设置"开

始"、"计时"和"延迟"模式的方法同前面所述，单击"预览"按钮可以查看动画效果。

多个对象使用相同动画时，可以使用"动画"选项卡中"高级动画"功能区里的"动画刷"按钮进行快速设置。

添加了多个动画后，根据预览效果，有时动画出现的顺序需要调整，使用"计时"功能区中"向前移动"和"向后移动"按钮对动画重新排序，也可单击"动画"选项卡中"高级动画"功能区中的"动画窗格"按钮，在"动画"任务窗格中进行排序。

图 5-46　动画效果快捷菜单

3. 预览动画效果

具体方法有如下几种：

① 单击"动画"选项卡"预览"功能区中"预览"按钮。

② 单击"动画"任务窗格中的"播放"按钮。

③ 单击大纲视图区幻灯片缩略图左侧的"播放动画"标记。

④ 最重要的方法是一定要用播放的方式检验动画效果，如果条件允许最好使用投影机播放，要检验幻灯片动画在不同分辨率下的表现。

4. 取消动画设置

取消动画很简单，选中要取消动画的元素，单击"动画"功能区中的"无"按钮即取消该对象的动画设置。

【例 5-16】为《相册》设计幻灯片动画。

【解】具体操作过程如下：

① 打开"相册.pptx"，单击状态栏右侧的"普通视图"按钮。

② 单击"动画"选项卡。

③ 选中第 1 张幻灯片标题，在"动画"功能区中选择动画效果为"浮入"，单击"动画"功能区的"效果选项"按钮，在弹出的下拉列表中选择"下浮"命令。

④ 选中第 1 张幻灯片副标题，在"动画"功能区中打开动画列表，选择动画效果为"陀螺旋"，单击"动画"功能区的"效果选项"按钮，在弹出的下拉列表中选择"旋转两周"命令。

⑤ 选中第 2 张幻灯片的图片，在"动画"功能区中打开动画列表，选择动画效果为"退出"栏中的"弹跳"选项。

⑥ 选中第 3 张幻灯片的图片，在"动画"功能区中打开动画列表，将"动作路径"设为"循环"。

⑦ 利用"计时"功能区调整上述动画的开始方式和持续及延迟时间。

⑧ 单击"幻灯片放映"选项卡中"开始放映幻灯片"功能区的"从头开始"按钮，观看动画效果。

⑨ 保存文件。

5.5.2　设置放映方式与播放控制

放映是一份演示文档制作的首要目标，PowerPoint 2010 在"幻灯片放映"选项卡中设置了 3 组功能区："开始放映幻灯片"、"设置"和"监视器"。

通过"开始放映幻灯片"功能区，可以设置幻灯片全部还是部分播放，部分播放是从中间还是有间隔。一个幻灯片制作完成后首先要"从头开始"播放来检验，发现问题时按【Esc】键退出播放，修改后，可以单击"从当前幻灯片开始播放"按钮，系统从刚修改的幻灯片继续播放。

一份演示文稿可能用于不同场合的演讲或播放，其中一些内容需要隐藏，PowerPoint 2010提供了两种方式：一是通过单击"自定义幻灯片放映"按钮，将需要播放的页码填入弹出的对话框中；另一种是单击"设置"功能区中的"隐藏幻灯片"按钮。两种方式的选择建议根据需要播放或隐藏的数量决定，以最少操作为原则。

1. 使用"自定义播放"设置

选择"幻灯片放映"选项卡，在"开始放映幻灯片"功能区中单击"自定义幻灯片放映"按钮，在弹出的下拉列表中选择"自定义放映"命令，在打开的图 5-47 所示的"自定义放映"对话框中单击"新建"按钮，打开如图 5-48 所示的对话框，从左侧列表框中选择需要播放的幻灯片后单击"添加"按钮，待播放的幻灯片显示在右侧列表框中，利用右侧上、下按钮可以调整播放顺序。同样，可以在右侧列表框中选择幻灯片后，单击"删除"按钮从播放列表中取消该幻灯片，最后单击"确定"按钮回到"自定义放映"对话框，这时已经添加了"自定义放映 1"，如图 5-49 所示。

图 5-47 "自定义放映"对话框

这时可以单击"关闭"按钮完成自定义播放，也可以单击"放映"按钮进行浏览，还可以进行编辑、删除和复制。

图 5-48 "定义自定义放映"对话框

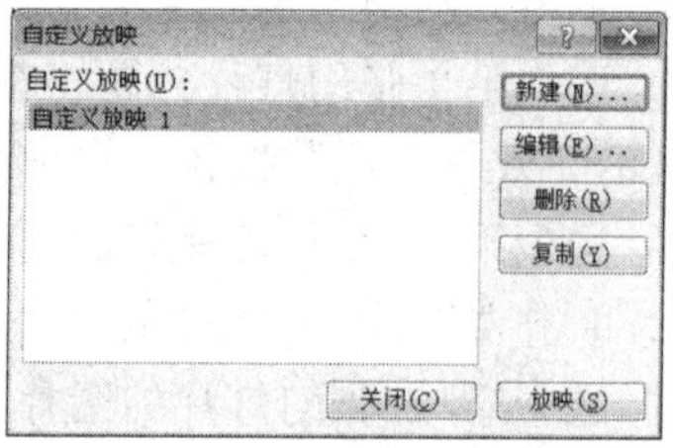

图 5-49 自定义放映结果

2. 使用"隐藏幻灯片"功能

隐藏幻灯片功能使用极其简单，在普通视图或幻灯片浏览视图下，选中要隐藏的幻灯片，单击"幻灯片放映"选项卡中"设置"功能区的"隐藏幻灯片"按钮即可。被隐藏的幻灯片其编号被做了标记，如图 5-50 所示。被隐藏的幻灯片只在播放时不显示。

取消隐藏的方法是在普通视图或幻灯片浏览视图下选中被隐藏的幻灯片，单击"幻灯片放映"选项卡中"设置"功能区的"隐藏幻灯片"按钮即可恢复。

选中幻灯片并右击，在弹出的快捷菜单中有一个"隐藏幻

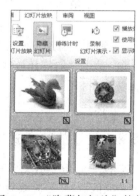

图 5-50 "隐藏幻灯片"按钮

灯片"命令，可以实现上述隐藏/取消操作。

【例 5-17】将《相册》后 10 张幻灯片隐藏。

【解】具体操作过程如下：

① 打开"相册.pptx"文件，单击"视图"选项卡中"演示文稿视图"功能区中的"幻灯片浏览"按钮。

② 选择"幻灯片放映"选项卡。

③ 选中第 5 张幻灯片，单击"设置"功能区中"隐藏幻灯片"按钮。

④ 重复步骤③，隐藏相册第 6～14 张幻灯片。

⑤ 单击"开始放映幻灯片"功能区的"从头开始"按钮，观看隐藏效果。

⑥ 保存文件。

3．放映方式设置

PowerPoint 2010 内置了 3 种放映方式，在默认情况下，系统按照预设的"演讲者放映（全屏幕）"方式来放映幻灯片，另外两种放映方式："观众自行浏览（窗口）"和"在展台浏览（全屏幕）"方式。

"演讲者放映"是最常用的放映方式，在放映过程中以全屏显示幻灯片。演讲者能控制幻灯片的放映，还可以录制旁白。

"观众自行浏览"是在标准窗口中放映幻灯片，播放效果和"阅读视图"一致。在放映幻灯片时，可以滚动鼠标的滚轮来实现幻灯片的快速浏览。

"在展台浏览"是 3 种放映类型中最简单的方式，这种方式将自动全屏放映幻灯片，并且循环放映演示文稿。在放映过程中，除了通过超链接或动作按钮来进行切换以外，其他的功能都不能使用，如果要停止放映，只能按【Esc】键来终止。

3 种方式的主要区别如表 5-3 所示。

表 5-3　PowerPoint 2010 三种放映方式的主要区别

播 放 模 式	主要选项功能					
	循环播放	播放旁白	播放动画	使用 绘图笔	使用 激光笔	显示 演示者视图
演讲者放映	可选	可选	可选	可选	可选	可选
观众自行浏览	可选	可选	可选	不可选	可选	不可选
展台浏览	固定选择	可选	可选	不可选	可选	不可选

幻灯片放映模式的设置方法是：单击"幻灯片放映"选项卡中"设置"功能区的"设置幻灯片放映"按钮，打开"设置放映方式"对话框，如图 5-51 所示。用户可根据需要选择放映类型。

【例 5-18】自定义播放《相册》，设置为展台浏览放映方式，并自动播放。

【解】具体操作过程如下：

① 打开"相册.pptx"文件，选择"幻灯片放映"选项卡。

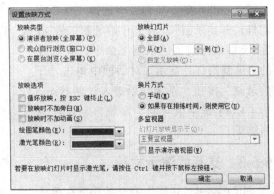

图 5-51　"设置放映方式"对话框

② 单击"设置"功能区的"设置幻灯片放映"按钮，打开"设置放映方式"对话框。

③ 选择"在展台浏览（全屏幕）"单选按钮。

④ 单击"开始放映幻灯片"功能区的"从头开始"按钮，观看隐藏效果。

⑤ 关闭文档，放弃保存。

4．录制幻灯片演示

"排练计时"按钮用于帮助演讲者设置幻灯片自动播放时每页切换的保持时间。

"录制幻灯片演示"按钮不但可以记录幻灯片的放映时间，记录幻灯片播放时通过使用鼠标右键来实现的"激光笔"移动和"绘图笔"所做标记过程，还可以逐页录制旁白并将声音文件嵌于演示文稿中。该功能使幻灯片的互动性能提高，其实用之处在于录好的幻灯片可以脱离讲演者来放映或生成视频文件。具体操作如下：在"幻灯片放映"选项卡中，"设置"功能区的"录制幻灯片演示"按钮下拉列表中有 2 个命令，选择"从头开始录制"命令打开"录制幻灯片演示"对话框（见图 5-52），有 2 个复选框可供选择，单击"开始录制"按钮系统从第 1 张幻灯片开始进入录制状态（见图 5-53），按【Esc】键结束录制，系统自动保存录制结果。

图 5-52　"录制幻灯片演示"对话框　　　　图 5-53　幻灯片录制

录制过程中，每页幻灯片的放映时间都被记录，幻灯片浏览视图中的幻灯片编号边上即可显示录制时这页幻灯片的放映时间，如图 5-54 所示。第 1 张幻灯片显示录制了 3 秒，第 2 张幻灯片则没有录制。

如果录制中间出错或修改内容，处理方法如下：在"幻灯片放映"选项卡中的"设置"功能区中，单击"录制幻灯片演示"按钮，在弹出的下拉列表中选择"从当前幻灯片开始录制"、"从头开始录制"或"清除"（即清除前面的录制）命令，在打开的"录制幻灯片演示"对话框中单击"开始录制"按钮，系统开始进入录制状态，按【Esc】键结束录制，系统自动保存录制结果。

图 5-54　记录每页幻灯片的放映时间

5.5.3　交互式演示文稿

用 PowerPoint 制作的演示文稿在播放时，默认情况下是按幻灯片的先后顺序放映，交互式演示文稿用于改变幻灯片的放映顺序，让用户来控制幻灯片的放映，增强演讲播放时的互动性。改变幻灯片的放映顺序的方式有两种：一是使用前面讲到的"自定义播放"命令自已编辑一个播放顺序；二是使用超链接。

使用超链接方式使得单击某对象时能够跳转到预先设定的任意一页幻灯片或文档以外的对象，演示用计算机能自动打开的所有资源，如其他 Office 文档、其他文件或 Web 页。

创建超链接时，起点可以是幻灯片中的任何对象（文本或图形），激活超链接的动作可以是"单击鼠标"或"鼠标移过"，还可以把 2 个不同的动作指定给同一个对象。例如，使用单击激活一个链接，使用鼠标移动激活另一个链接。

如果文本在图形之中，可分别为文本和图形设置超链接，代表超链接的文本会添加下画线，并显示配色方案指定的颜色，从超链接跳转到其他位置后，颜色就会改变，这样就可以通过颜色来分辨访问过的链接。

通过超链接可以使演示文稿具有人机交互性，大大提高其表现能力，被广泛应用于教学、报告会、产品演示等方面。

在幻灯片中添加超链接有 2 种方式：设置动作按钮和通过将某个对象作为超链接点建立超链接。使用"插入"选项卡中"链接"功能区的"超链接"和"动作"两个按钮分别实现，具体操作如下：

（1）使用"超链接"命令的 2 种方法

① 在幻灯片选中要做超链接的对象，单击"插入"选项卡中"连接"功能区的"超链接"按钮，打开"插入超链接"对话框，在"链接到"栏内有 4 个选项可供选择，选择"本文档中的位置"选项，对话框如图 5-55 所示，选择链接位置后单击"确定"按钮。

② 在幻灯片选中要做超链接的对象，右击，在弹出的快捷菜单中选择"超链接"命令，其余步骤同上所述。

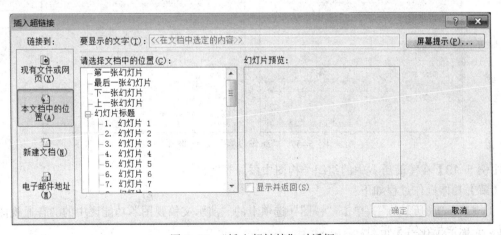

图 5-55　"插入超链接"对话框

选择"链接到"栏内的"现有文件或网页"选项后，打开的对话框如图 5-56 所示。

（2）编辑超链接的方法

选中已经加入超链接的对象，右击，在弹出的快捷菜单中选择"编辑超链接"命令，可在打开的"编辑超链接"对话框中进行编辑，如图 5-56 所示。单击"确定"按钮完成编辑。

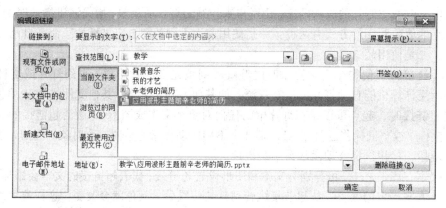

图 5-56 "编辑超链接"对话框

（3）删除超链接的方法

选中已经加入超链接的对象，右击，在弹出的快捷菜单中选择"取消超链接"命令。

（4）链接动作的设置方法

选定幻灯片中对象，单击"插入"选项卡中"链接"功能区的"动作"按钮，打开"动作设置"对话框，该对话框有"单击鼠标"和"鼠标移过" 2 个选项卡，分别选择"单击鼠标"或"鼠标移过"对象的动作，单击"确定"按钮完成，如图 5-57 所示。

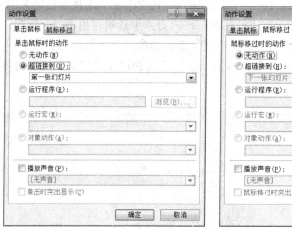 

图 5-57 "动作设置"对话框

【例 5-19】在《简历》中的组织结构图中添加超链接。

【解】具体操作过程如下：

① 打开"简历.pptx"，单击"视图"选项卡的"演示文稿视图"功能区中的"普通视图"按钮，光标定位在第 5 张幻灯片。

② 拖动鼠标选中组织结构图的"公益社团秘书长"中的"秘书长"，右击，在弹出的快捷菜单中选择"超链接"命令，在打开的"插入超链接"对话框中选择"本文档中的位置"选项，在"请选择文档中的位置"列表框中选择第 3 张幻灯片——"3.我的成长历程"，单击"确定"按钮。

③ 拖动鼠标选中组织结构图的"公益社团理事会"中的"理事会"，右击，在弹出的快捷菜单中选择"超链接"命令，在打开的"插入超链接"对话框中选择"现有文件或网页"选项，

在列表框中选择"相册.pptx"，单击"确定"按钮。

④ 在"幻灯片放映"选项卡的"开始放映幻灯片"功能区中单击"从头开始"按钮，观看超链接效果。

⑤ 保存文件。

5.6　输出演示文稿

输出演示文稿可以使用户的作品更易于广泛交流。

5.6.1　输出演示文稿

在"文件"选项卡中选择"保存"命令，可以将建立的演示文稿保存在指定的文件中；若选择"另存为"命令，可将当前文稿保存为不同的文件类型，如表 5-4 所示。

表 5-4　PowerPoint 常见保存演示文稿的文件类型

保存为文件类型	扩　展　名	用　于　保　存
PowerPoint 演示文稿	.pptx	PowerPoint 2010 默认文件格式
启用宏的 PowerPoint 演示文稿	.pptm	包含宏代码的演示文稿
PowerPoint 97-2003 演示文稿	.ppt	早期版本的 PowerPoint（从 97～2003）可打开的演示文稿
PDF 文档格式	.pdf	保留了文档格式但不能编辑，用于提交或共享文件
XPS 文档格式	.xps	一种新的、用于以文档的最终格式交换的文档
PowerPoint 设计模板	.potx	PowerPoint 2010 演示文稿模板
启用宏的 PowerPoint 设计模板	.potm	包含预先批准的宏的模板
PowerPoint 97-2003 设计模板	.pot	可以在早期版本的 PowerPoint（从 97～2003）中打开的模板
Office 主题	.thmx	包含颜色主题、字体主题和效果主题的定义的样式表
PowerPoint 放映	.pps 或 .ppsx	始终在幻灯片放映视图（而不是普通视图）中打开的演示文稿
启用宏的 PowerPoint 放映	.ppsm	包含预先批准的宏的幻灯片放映
PowerPoint 加载项	.ppam	用于存储自定义命令、Visual Basic for Applications VBA 代码和特殊功能（例如加载项）的加载项
PowerPoint 97-2003 加载项	.ppa	可以在 PowerPoint 97～Office PowerPoint 2003 中打开的加载项
PowerPoint 图片演示文稿	.pptx	其中每张幻灯片已转换为图片的 PowerPoint 2010 或 2007 演示文稿。将文件另存为 PowerPoint 图片演示文稿将减小文件大小。但是会丢失某些信息
OpenDocument 演示文稿	.odp	可以保存 PowerPoint 2010 文件，以便可以在使用 OpenDocument 演示文稿格式的演示文稿应用程序（如 Google Docs 和 OpenOffice.org Impress）中将其打开，也可以在 PowerPoint 2010 中打开 .odp 格式的演示文稿。保存和打开 .odp 文件时，可能会丢失某些信息

【例 5-20】把"相册.pptx"输出为".pps"和".ppsx"自动播放文档。

【解】具体操作过程如下：

① 打开"相册.pptx"文件，选择"文件"选项卡中的"另存为"命令。

② 打开的"另存为"对话框，在"保存类型"下拉列表中选择"PowerPoint 放映"选项，

单击"保存"按钮,此时将生成".ppsx"格式文件。

③ 选择"文件"选项卡中的"另存为"命令。

④ 打开的"另存为"对话框,在"保存类型"下拉列表中选择"PowerPoint 97-2003 放映"选项,单击"保存"按钮,此时将生成".pps"格式文件。

5.6.2　打印

幻灯片打印一般通过"文件"选项卡设置:在"文件"选项卡中选择"打印"命令,如图 5-58 所示。在中间窗格中首先是设置打印份数和打印机选择;其次是进一步设置选项,在"设置"栏中,分别是"打印范围"按钮、"打印幻灯片范围"文本框、"打印版式"按钮、"打印幻灯片排序"按钮和"打印颜色"按钮,单击每个按钮会弹出下拉列表以供用户此选择,如图 5-59 和图 5-60 所示。设置完成后单击"打印"按钮即可打印。

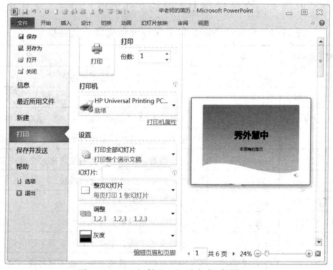

图 5-58　"文件"选项卡打印设置

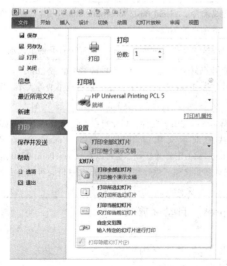

图 5-59　打印设置幻灯片

图 5-60　设置打印纸版式及幻灯片张数

【例 5-21】综合运用所学知识，把《简历》进行完善，打印在一张 A4 纸上。

【解】具体操作过程如下：

① 打开"简历.pptx"文件。

② 选择"文件"选项卡中的"打印"命令。

③ "打印份数"设置为 1。

④ 单击"设置"栏中的第 1 个按钮，在弹出的下拉列表中选择"打印全部幻灯片"命令，或者在"幻灯片"文本栏输入"1-6"。

⑤ 单击"打印版式"按钮，在弹出的下拉列表中选择"6 张水平放置的幻灯片"命令。

⑥ 将"打印版式"按钮下面的 3 个按钮分别设置为"调整"、"纵向"和"颜色"。

⑦ 如果已连接打印机，单击"打印"按钮。

小　　结

本章学习了 PowerPoint 2010 的基础知识，认识了窗口界面组成，各类选项卡、功能区的功能。通过互动案例，掌握了演示文稿的创建、保存、设计、编辑、美化、输出等基本操作，学习了文本、图片、图表、表格、音乐、视频等幻灯片对象的插入与格式设置，实践了模板、配色、动画、播放控制、交互演示、打印输出等功能的综合运用。

习　题　5

一、单选题

1．PowerPoint 2010 演示文稿的扩展名为_____。

　　A．DOCX　　　　　B．PPT　　　　　C．PPTX　　　　　D．XLSX

2．在 PowerPoint 中，占位符添加文本完成后，下列使操作生效的是_____。

　　A．按【空格】键　　　　　　　　B．单击幻灯片的空白区域

　　C．按【Enter】键　　　　　　　　D．单击保存

3．PowerPoint 窗口中，当同时打开两个 PowerPoint 演示文稿时，会出现_____。

　　A．打开第一个时，关闭第二个　　B．打开第一个时，第二个无法打开

　　C．同时打开两个重叠的窗口　　　D．非法操作

4．PowerPoint 的幻灯片浏览视图中，下列操作中不可以进行的是_____。

　　A．幻灯片的删除　　　　　　　　B．编辑幻灯片内容

　　C．幻灯片的移动　　　　　　　　D．幻灯片的切换

5．在 PowerPoint 的幻灯片浏览视图中，鼠标拖动复制幻灯片的过程中，应借助_____键。

　　A．【Ctrl】　　　　　B．【Alt】　　　　　C．【Shift】　　　　　D．【Space】

6．*.PPS 的文件类型是_____。

　　A．XPS 文档　　　　　　　　　　B．PowerPoint 演示文稿

　　C．其他版本文稿　　　　　　　　D．PowerPoint 放映

7．如需修改在幻灯片的母版中插入的对象时，只能在_____中。

　　A．幻灯片母版　　　B．普通视图　　　C．阅读视图　　　D．备注页

8．PowerPoint 2010 中插入动作按钮，应在_____选项卡实现。

    A. 图像   B. 插入   C. 主题   D. 动画

9. PowerPoint 2010 的自定义动画中，不属于 PowerPoint 2010 的添加效果是_____。

    A. 进入   B. 强调   C. 退出   D. 幻灯片放映

10. PowerPoint 中一屏显示多张幻灯片可在_____视图方式下实现。

    A. 幻灯片浏览   B. 普通   C. 备注页   D. 幻灯片放映

11. PowerPoint 2010 中，修改超链接字体的颜色，通过_____完成。

    A. 配色方案

    B. "设计"选项卡中"主题"功能区的"颜色"按钮的下拉列表中的"新建主题颜色"命令

    C. "开始"选项卡中"字体"功能区的"字体颜色"按钮

    D. "开始"选项卡中"绘图"功能区的"形状填充"按钮

12. PowerPoint 2010 中用于查看幻灯片的播放效果的是_____视图模式。

    A. 普通   B. 幻灯片   C. 阅读   D. 幻灯片放映

13. 占位符在 PowerPoint 幻灯片中的作用是_____。

    A. 为文本、图形预留位置   B. 表示输入的文本的长度

    C. 表示插入的图形的大小   D. 限制插入对象的数量

14. 在 PowerPoint 中的普通视图下为当前幻灯片设置背景格式后_____。

    A. 该背景可以应用到其他任何选定的幻灯片上

    B. 该背景只能应用到所有幻灯片上

    C. 该背景只能应用到当前幻灯片上

    D. 既可以将该背景应用到当前幻灯片上，也可以应用到所有幻灯片上

15. 在 PowerPoint 2010 中，可在_____中给每张幻灯片添加一个页码。

    A. "幻灯片母版"选项卡的"日期"功能区

    B. "符号"对话框

    C. "幻灯片母版"选项卡的"页脚"功能区

    D. "页眉和页脚"对话框

16. 当设置幻灯片的放映类型为"在展台浏览"时，幻灯片只能是_____的换片方式。

    A. 定时切换   B. 单击鼠标左键   C. 右击   D. 按【Esc】键

17. 在 PowerPoint 2010 中，可以使用_____实现新建幻灯片。

    A. 单击工具栏上的"新建"按钮

    B. 单击"开始"选项卡中的"新建幻灯片"按钮

    C. 单击工具栏上的"新幻灯片"按钮

    D. 利用"新建演示文稿"任务窗格

18. 在 PowerPoint 2010 中，可以实现幻灯片背景图形的隐藏的是_____。

    A. 选中"动画"选项卡的"背景"功能区的"隐藏背景图形"复选框

    B. 选中"视图"选项卡的"背景"功能区的"隐藏背景图形"复选框

    C. 选中"设计"选项卡的"背景"功能区的"隐藏背景图形"复选框

    D. 选中"开始"选项卡的"背景"功能区的"隐藏背景图形"复选框

19. 打印 PowerPoint 幻灯片时，一页_____。

    A. 只能打印一张幻灯片   B. 只能打印 2 张幻灯片

C. 最多打印 6 张幻灯片　　　　　　 D. 最多打印 9 张幻灯片

20. 在 PowerPoint 中，可在_____中设置幻灯片编号起始值。

    A. "页眉和页脚"对话框

    B. "页面设置"对话框

    C. "幻灯片母版"选项卡的"页脚"功能区

    D. "幻灯片母版"选项卡的"日期"功能区

二、多选题

1. 若在 PowerPoint 2010 的幻灯片中插入音频文件，正确的方法是_____。

    A. 单击"插入"选项卡"媒体"功能区的"来自文件的音频"按钮

    B. 单击"插入"选项卡"媒体"功能区的"剪辑画音频"按钮

    C. 单击"插入"选项卡"媒体"功能区的"来自网站的音频"按钮

    D. 单击"插入"选项卡"媒体"功能区的"录制音频"按钮

2. 以下关于配色方案的说法，不正确的是_____。

    A. 更改配色方案是更改幻灯片的版式

    B. 更改配色方案只能更改单张幻灯片中文字/背景的颜色

    C. 更改配色方案可以更改单张或所有幻灯片中文字/背景的颜色

    D. 更改配色方案是更改所有幻灯片中文字/背景的颜色

3. 在幻灯片放映过程中，下列选项中可以直接前进到下一张幻灯片的是_____。

    A. 单击鼠标左键　　　　　　　　　 B. 按【空格】键

    C. 右击　　　　　　　　　　　　　 D. 单击"幻灯片放映"选项卡的相应按钮

4. 可以给 PowerPoint 2010 中绘制的图形_____。

    A. 编辑文字　　　 B. 编辑顶点　　　 C. 填充颜色　　　 D. 三维旋转

5. 可以直接在 PowerPoint 2010 中的空白幻灯片中插入_____。

    A. 艺术字　　　　 B. 屏幕截图　　　 C. 图表　　　　　 D. 公式

6. 幻灯片中插入的超链接的目标可以是_____。

    A. 幻灯片中的某个对象　　　　　　 B. 同一演示文稿中的某张幻灯片

    C. 电子邮件地址　　　　　　　　　 D. 新建文档

7. 关于在 PowerPoint 的占位符中添加的文本的说法，不正确的是_____。

    A. 文本必须全部都是中文　　　　　 B. 文本中不可以含数字

    C. 文本中不可以含字母　　　　　　 D. 只要是文本形式就可以

三、判断题

1. 设置幻灯片页脚时，幻灯片编号在讲义或备注的页面上存在，而在用于放映的幻灯片页面上无此显示。　　　　　　　　　　　　　　　　　　　　　　　　　　　（　　）

2. 可以直接把 PowerPoint 2010 文件存储为 Word 文档。　　　　　　　　　（　　）

3. 在 PowerPoint 2010 的普通视图中，幻灯片通常分为两个区域，分别为幻灯片和大纲。

　　　　　　　　　　　　　　　　　　　　　　　　　　　　　　　　　　（　　）

4. 在 PowerPoint 2010 中不可以对备注页内容进行打印。　　　　　　　　 （　　）

5. 在 PowerPoint 2010 中，对演示文稿进行打包后需要在安装 PowerPoint Viewer 2010 的计算机上才能进行放映。　　　　　　　　　　　　　　　　　　　　　　　　（　　）

四、填空题

1. PowerPoint 2010 的视图包括：普通视图、幻灯片浏览视图、备注页视图和_____。

2. 直接将 PowerPoint 2010 保存为_____类型时，幻灯片文件打开后就能自动放映。

3. PowerPoint 2010 中的母版包括_____、讲义母版和_____三种。

4. 要选中演示文稿中不连续的幻灯片，需在_____视图下，按住_____键的同时单击所需的幻灯片。

5. 要在幻灯片中输入文本，除了可以将文本添加到幻灯片占位符中外，还可以在幻灯片中使用_____。

6. 在 PowerPoint 2010 中，只有在运行_____时，超链接才能链接。

五、操作题

创建一个空白的演示文稿，在其中幻灯片上添加文本框、图片、背景、表格等对象，给这些对象设置自定义动画，并使用动作按钮在幻灯片之间设置超链接；使用排练计时功能放映此幻灯片，并添加切换效果。

第 6 章　Photoshop CS6 图像处理

Photoshop 是美国 Adobe 公司旗下的一款图像处理软件，因其强大的图像处理和特效制作功能，目前在平面设计、网页设计、图片处理、三维设计和视觉创意等方面有着庞大的用户群。本章对 Photoshop 软件的功能做了较为全面的介绍，并对 CS6 版本中新增的功能进行了说明。内容涵盖了从基础操作技巧到实际应用案例的大部分操作。

学习目标：

- 掌握 Photoshop 的基本操作；
- 掌握工具的使用；
- 熟练掌握图层的相关操作；
- 了解矢量工具、通道与滤镜的用法；
- 了解制作动画的方法与动画的输出。

6.1　Photoshop CS6 概述

1990 年 2 月 Photoshop 1.0 版本正式发行，最早只能在苹果公司的 Mac 操作系统上运行。随着 Photoshop 的使用范围增加，该软件已经支持跨平台的使用。到目前为止，Photoshop 最高的版本便是 CS6 也就是 13.0 版本。在 Windows 上，Adobe Photoshop CS6 提供有 32 位或者 64 位版本运行的选项。在 Macintosh 上仅 64 位版本可用。

Photoshop CS6 对以前版本进行了大规模产品升级，其新增功能主要体现在：

① 增加主界面的颜色主题变换选择，以及使用绘制或调整选区时，增加显示提示信息。

② 增加文件在后台的自动备份功能，当前文件非正常关闭时，备份文件将会保留在自动创建的 PSAutoRecover 文件夹中，并在下一次启动 PhotoShop 后自动打开。

③ 增加图层组的高级混合设置，且在"图层"调板中新增了图层过滤器。

④ 在调整图像大小和图像变换中增加了新的插值方式。

⑤ 增加了"内容感知"的修补模式、选区增强、滤镜、透视裁切功能。

6.1.1　熟悉工作环境

1. Photoshop CS6 的操作界面

随着版本的不断升级，Photoshop 的工作界面布局也更加合理化、人性化。Photoshop CS6 的界面由菜单栏、工具选项栏、工具箱、调板、图像文档窗口及状态栏等组成，如图 6-1 所示。

其中菜单栏包含 11 个主菜单，所有的图像处理操作命令都汇集于此。而工具箱则集合了 Photoshop 的大部分工具，可以通过鼠标快捷选择需要的工具，选项栏则可以对不同工具做进一步的参数设置。此外，Photoshop CS6 为了更佳地对图像编辑操作进行控制，还提供了 26 种不同的调板，这些调板均可以根据用户需求进行随意的组合、拆分和关闭。位于工作界面最低端位置的状态栏，可以向用户提供当前编辑文件的大小、文档尺寸和图像窗口缩放比例等信息。

图 6-1　Photoshop CS6 工作界面

2．图像的基本概念

通常计算机中的图像可以分为两类，即矢量图和位图图像。矢量图主要是采用数学描述的方式，利用函数来记录图像的内容，因此矢量图文件占用的存储空间小，而且在进行图像的放大、缩小或者旋转操作时，都不会对图像画面质量造成影响。但其最大的不足之处在于颜色的色彩变化及色调丰富程度不足。

本章介绍的 Adobe Photoshop 属于位图图像处理软件，一幅位图式图像是由许多的点组成的，这些点被称为像素（Pixel）。每个像素都记录了当前位置的色彩、亮度和属性等信息。因此，当像素按照一定规则排列形成点阵时，便得到一幅位图图像。像素点阵排列的疏密程度，可以用分辨率来进行描述。通常提到的分辨率包括：

① 图像分辨率（pixel per inch，ppi）：即每英寸图像中含有多少个像素，因此图像的像素大小可以通过计算"图像尺寸 × 分辨率"得到。

② 打印分辨率（dots per inch，dpi）：指输出设备在输出图像时每英寸所产生的点数，例如激光打印机的输出分辨率为 300～600 dpi。

③ 屏幕分辨率（dots per inch，dpi）：指显示器的网屏上每英寸的显像点数。

除了分辨率，在利用 Photoshop 进行图像编辑时，还应该掌握色彩的概念，包括色彩模式、色相、饱和度和对比度等，这部分内容将在 6.5 节进行详细介绍。

小贴士：在设置图像分辨率时，受网络传输速度的限制，在网络上的图片分辨率可设置为 72 ppi 或 96 ppi。如果用于印刷或者照片打印，分辨率一般设置为 300 ppi 以上。

6.1.2　文件的基本操作

Photoshop 处理的图像既包括在新建的空白图像中进行绘制，又可以是来源于已有的图像文件，还可以是从数码照相机等设备导入的图像。

1. 新建文件

在 PhotoShop 中建立新文件时，将打开"新建"对话框，如图 6-2 所示，对话框中的设置决定文件的属性，其中：

① 宽度和高度：定义文件的尺寸，其单位可以为厘米、像素和英寸等。

② 分辨率：定义文件的质量，单位为像素/厘米和像素/英寸。通常屏幕输出的图片，分辨率在 100 左右即可。

③ 颜色模式：如 RGB、灰度、位图和 CMYK 等。

④ 背景内容：用来设置是否有背景层，及背景层的颜色内容。

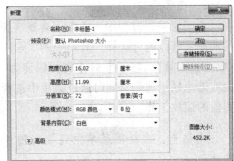

图 6-2　"新建"对话框

【例 6-1】建立一个透明背景的 RGB 文件。

【解】具体操作过程如下：

① 选择"文件"|"新建"命令或按【Ctrl+N】组合键，打开"新建"对话框。

② 在"新建"对话框中设置宽度、高度单位为"像素"，分别为 800、600。

③ 将"背景内容"设置为"透明"。

④ 单击"确定"按钮即可。

2. 打开文件

Photoshop 可以通过选择"文件"|"打开"命令，通过打开的"打开"对话框进行操作。或者利用"文件"→"最近打开文件"命令，重新打开最近编辑过的文件。方法与其他应用软件类似，在此不多叙述。相比之下，不同之处是 Photoshop CS6 在"文件"菜单中还提供了"打开为"命令，当打开文件的格式不确定时，该功能可以为其指定打开的格式。

3. 存储文件

在 Photoshop 中提供了 2 种保存文件的方式，其中"文件"|"存储"命令用于当对一个图像文件进行编辑以后，将更新操作进行保存，亦可直接使用快捷键【Ctrl+S】。而"文件"|"存储为"命令可用于改变图像的格式、名字或将文件保存到另一个位置，其快捷键是【Shift+Ctrl+S】。

【例 6-2】将文件保存成多个副本。

【解】具体操作过程如下：

① 打开素材文件"马尔代夫.psd"。

② 选择"文件"|"存储为"命令。

③ 在打开的"存储为"对话框中，设置文件保存位置。

④ 在"文件名"文本框中输入"副本 1-马尔代夫"。

⑤ 在"格式"列表框中选中"JPEG（*.JPB;*.JPEG;*.JPE）"选项。

⑥ 单击"确定"按钮，并重复以上步骤，分别完成保存副本 2 为"副本 2-马尔代夫.BMP"及副本 3 为"副本 3-马尔代夫.PNG"。

6.1.3　编辑图像的辅助工具

1. 屏幕显示模式

Photoshop CS6 为用户提供了 3 种不同的屏幕显示模式，可以在"视图"|"屏幕模式"菜单中进行不同的显示模式切换，包括标准屏幕模式、带有菜单栏的全屏模式和全屏模式。同时用户也可通过连续按【F】键进行 3 种屏幕模式之间的切换。

2. 图像缩放

在图像编辑过程中，常常需要观察图像的某些细节和效果，因此需要用到图像放大和缩小的功能。可以通过选择工具箱中的"缩放工具"按钮 🔍，此时在图像中鼠标的指针箭头将变为"放大镜工具"，按下【Alt】键可以变为"缩小工具"。单击或选中图像局部则可实现相应的放大或缩小显示比例。同时通过菜单中选择"视图"|"放大"或"视图"|"缩小"命令也可完成图像的缩放工作。

小贴士：在视图菜单中还能将图像调整为"按屏幕大小缩放"、"实际像素"和"打印尺寸"。

（1）抓手工具

当图像放大并超出窗口范围，不能完全显示的时候，需要使用工具箱中的"抓手工具"按钮 ✋ 进行图像的平行移动，其实时快捷键是【Space】。双击"抓手工具"按钮可以将图像以"适合屏幕"形式全部显示在 Photoshop 的界面中。

（2）导航器调板

图像的缩放调节功能也可以通过"窗口"|"导航器"命令打开"导航器"调板，如图 6-3 所示。只需拖动导航器下方的滑动标尺就可以设置图像的放大与缩小比例。当图像放大超出窗口显示范围时，可通过移动导航器调板中的红色矩形框查看图像中的不同部分。

（3）多窗口查看图像

图 6-3　导航器调板

在编辑图像过程中，有时需要同时观察同一图像的局部放大效果及整体效果，此时可以使用 Photoshop 提供的图像窗口功能。

【例 6-3】多窗口图像查看操作。

【解】具体操作过程如下：

① 打开素材文件"牡丹.psd"。

② 选择"窗口"|"排列"|"为<文件名>新建窗口"命令，建立一个当前图像的新窗口，如图 6-4 所示。

③ 分别调整两个图像窗口的大小，并将图像大小分别调整至 50%和 80%，每一个窗口都可以自由移动位置和调整大小。

④ 选择"窗口"|"导航器"命令，打开"导航器"调板。

⑤ 利用导航器对图像进行导航浏览。

图 6-4　多窗口显示

　　小贴士：为了便于查看，当有多个浮动窗口显示时，可以选择"窗口"|"层叠"或"窗口"|"平铺"命令，将多个窗口进行有序、整齐地排放。

3．旋转视图工具

　　当编辑图像时，为了构图效果需要将图像进行旋转变化，Photoshop 提供多种图像旋转方式，通过调用"图像"|"图像旋转"级联菜单中的各项命令，能够达到将所编辑图像"180 度"、"90 度（顺时针）"、"90 度（逆时针）"和"任意角度"旋转，并可以实现"水平翻转画布"及"垂直翻转画布"效果。

4．标尺

　　为了使图像编辑效果整齐规范，Photoshop 提供了多种辅助工具，其中标尺可以精确地度量和定位图像。通过选择"视图"|"标尺"命令或使用快捷键【Ctrl+R】，将标尺显示在图像窗口的上方和左侧。用户可以通过"编辑"|"首选项"|"单位与标尺"命令，自行更改标尺的单位。在标尺上双击也可直接打开"首选项"对话框。

5．参考线、网格

　　配合"标尺工具"的使用，在"视图"|"显示"子菜单中选择"参考线"和"网格"命令，可以在图像处理过程中更加精确地定位图像和各元素。参考线以浮动的状态显示在图像上方，但不显示在输出和打印图像结果中。根据用户的需求，可以移动、删除和锁定参考线。网格主要用来对称排列图像，能以线条或点的形式显示。"视图"菜单中的"对齐到"命令有助于进一步将图像对象与参考线和网格等目标对象对齐。

6.1.4　图像文件的基本处理

　　在 Photoshop 中可以灵活地对图像进行各种操作，最终达到我们想要的效果。必须掌握对图像文件的基本处理方法。

1. 修改图像大小

图像大小和图像分辨率之间有着密切的联系，修改图像大小不仅会影响图像质量，还会影响图像的显示及打印特性。选择"图像"|"图像大小"命令可以修改图像的尺寸及图像分辨率。

2. 修改画布大小

画布是指整个绘制和编辑图像的工作区域，利用"图像"|"画布大小"命令可以设置画布的大小，并对扩展后的画布背景色进行调整。增大画布是增加图像四周的空白区域，缩小画布可以剪裁掉图像边缘的画面。画布大小的改变并不会对图像质量产生影响。

3. 图像的裁剪

对图像进行编辑时，常常会遇到图像尺寸比例不合适或图像歪斜的情况，Photoshop CS6 重新设计的"裁剪工具"提供交互式的预览，可以帮助用户获得更好的视觉效果。单击工具箱中的"裁剪工具"按钮 🔲，通过调整图像窗口中的默认剪裁边界或通过拖动鼠标左键建立特定裁剪边界，按【Enter】键或双击剪裁区域来完成操作。

【例 6-4】制作翻页式贺年卡文件。

【解】具体操作过程如下：

① 打开素材文件 friends.jpg。

② 使用工具箱中的"裁剪工具"按钮截取图中的图像部分，如图 6-5 所示。

③ 设置背景色为 R=64、G=189、B=253，选择"图像"|"画布大小"命令调整画布大小，为图像多出半页，形成卡片样式，如图 6-6 所示。可以在增加的半页中用文字工具写上祝福词。

图 6-5　调整图像大小　　　　　　　　　图 6-6　卡片样式

小贴士： 在裁剪图像时，按住【Shift】键并按住鼠标左键拖动可以绘制正方形裁剪框，按住【Alt】键同时按住鼠标左键拖动可以从中心绘制裁剪框，按住【Shift+Alt】组合键并同时按住鼠标左键拖动可以从中心绘制正方形裁剪框。

4. 移动

在向画布中粘贴图像后，其位置通常需要调整。选中工具箱中的"移动工具"按钮，在要移动的图像上按住鼠标左键进行拖动即可。该功能不仅可以在同一个文档中移动图像，还支持在不同的文档间移动图像。

5. 变换/自由变换

在编辑过程中可以选择"编辑"|"变换"级联菜单中的命令对图像进行缩放、旋转、斜切、扭曲、透视和变形等变换命令，如图 6-7 所示。其中："斜切"命令可以在任意方向上倾斜图像，"透视"命令可以对变换对象应用单点透视，"变形"命令可以对图像的局部内容进行扭曲。

此外，在"编辑"菜单中还有"自由变换"命令，通过该命令可以将"变换"中的命令自由组合叠加使用。

【例 6-5】将照片放入相框。

【解】具体操作过程如下：

① 打开素材文件"相框.jpg"。

② 打开素材文件"照片.jpg"。

③ 在"照片"图像中文件使用【Ctrl+A】组合键全选图像，再通过【Ctrl+C】组合键复制图像。

④ 在"相框"图像文件中使用【Ctrl+V】组合键粘贴图像。

⑤ 选择"编辑"|"变换"|"缩放"命令，将照片文件缩小到适合相框大小。

⑥ 选择"编辑"|"变换"|"旋转"命令，将照片旋转至与相框位置相符。

⑦ 选择"编辑"|"变换"|"斜切"命令，调整照片使其填满相框。

⑧ 按【Enter】键完成编辑，效果如图 6-8 所示。

图 6-7　图像变换级联菜单　　　　　图 6-8　将照片放入相框

6. 还原、恢复操作与历史记录面板

在 Photoshop 中允许用户对不满意的操作进行还原、重做甚至是恢复。选择"编辑"|"还原"命令可以撤销最近的一次操作，将状态还原到上一步操作情况；与之对应，选择"编辑"|"重做"命令可以取消还原操作。而选择"文件"|"恢复"命令可以直接将文件恢复到最后一次保存时的状态。

选择"窗口"|"历史记录"命令，可以打开"历史记录"调板，如图 6-9 所示。"历史记录"调板记录了图像编辑工作中的操作步骤，默认情况下记录最近的 20 次操作。通过单击不同的操作步骤，可将当前文件还原到选中的操作状态下。

图 6-9　历史记录调板

6.2　选取对象

利用 Photoshop 进行图像编辑时，如果要对局部效果进行处理，则要求用户先将需要编辑的区域选中。因此，熟练掌握选区功能的应用，在整个 Photoshop 的学习过程中非常重要。

6.2.1　选区的基本操作

1．选区的基本功能

如果要在 Photoshop 中处理图像的局部效果，就要确定该特定区域的轮廓，从而为图像指定一个有效的编辑区域，方便用户对其进行各种编辑操作，那么这个选中编辑图像对象的过程就是选区。选区可以将编辑操作限定在一定的范围内，因此用户在处理局部图像效果的情况下，并不会影响其他内容。另外，选区在图像分离与图像混合时也是必不可少的。

2．选区的基本操作

对于选区的基本操作包括选区的运算、全选与反选、取消选择与重新选择、隐藏或显示选区、移动与变换选区等。

（1）选区的基本运算

当编辑的图像中已有选区存在时，再使用任何选区工具创建选区时，工具选项栏都会显示选区运算的相关工具，如图 6-10 所示。默认情况下是激活"新选区" 功能，此时可以创建一个新的选区，当有已存在的选区时，新选区将替代原有选区。如果激活"添加到选区" ，可在已有选区中添加新的选区范围，该功能与按住【Shift】键添加选区的情况一致。与此对应的还有"从选区减去"

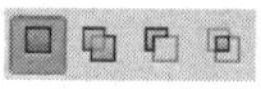

图 6-10　选区运算工具

功能，当已有选区存在时，使用该功能可以将新创建的选区从原来的选区中减去，该功能与按住【Alt】键使用选区工具的效果相同。此外，"与选区交叉" 功能可以在新建选区和原有选区内保留相交的部分作为新选区。此功能等同于按住【Alt+Shift】快捷键的选区结果，可以选择两个选区的共同区域。

（2）移动选区

创建选区后，用户还可以移动选区，将鼠标放在选区内，当鼠标指针变成 ，则可以通过按住鼠标左键拖动选区，改变其位置。

（3）隐藏与显示选区

有时为了用户观察图像方便，还可以通过选择"视图"|"显示"|"选区边缘"命令或通过快捷键【Ctrl+H】来隐藏选区。同样，也可以通过在此执行此命令重新显示选区，或使用【Ctrl+H】组合键。

6.2.2　基本选择工具

Photoshop 为用户提供了选框工具、套索工具和魔术工具等多种选区工具。

1．选框工具

"选框工具"可以用于制作规则的选区，如图 6-11 所示。在工具箱的左上角可以找到规则选区工具，包括"矩形选框工具"、"椭圆选框工具"、"单行选框工具"和"单列选框工具"。用户选中所需的工具后，按住鼠标左键在图像中拖动就会出现一个虚线框，虚线范围内的区域就是选区。其中"单行选框工具"和"单列选框工具"主要用来制作高度或宽度为 1 个像素的选区，通常被用来制作网格效果。

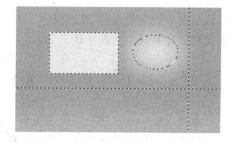

图 6-11　选框工具

注意：在拖动鼠标时，按住【Shift】键则可以建立一个正方形或圆形选区，按住【Alt】键同时拖动则起点会从选区的中心开始。

当选择"矩形选框工具"或"椭圆选框工具"后，工具选项栏的"样式"项可用，显示如图 6-12 所示的参数，可以进一步约束选区的样式。

图 6-12　"样式"
可选参数

2．套索工具

当需要选取的目标对象轮廓为不规则形状时，则需要使用工具箱中的"套索工具"。利用"套索工具"可以自由绘制出形状不规则的选区。不规则选区工具可分为 3 种：

① "套索工具"主要用于进行不规则的曲线形状选取，根据鼠标移动的轨迹，自动产生闭合选区。

② "多边形套索工具"与"套索工具"的使用方法类似，不同之处在于该方法创建的选区轮廓是由多条直线组成的多边形选区，在图像目标区域先单击设定起始定位点，在要改变选取方向的转折点处单击设定第 2 个定位点，2 个定位点间由直线连接，因此该方法需要多次单击直至完成一个闭合选区，而不是单独的拖动鼠标。

③ "磁性套索工具"是值得一提的智能化选取工具，当选区对象的边缘与背景区域反差较大时，该工具能够自动识别选区对象的边界。移动鼠标时，沿着移动轨迹能够自动吸附到图像边缘，最终形成闭合选区。在处理较为复杂的图像时，"磁性套索工具"能够更加方便、准确、平滑地选择所需范围。

【例 6-6】为小鹿涂色。

【解】具体操作过程如下：

① 打开素材"小鹿.jpg"。

② 单击工具箱中的"磁性套索工具"按钮 ，在磁性套索工具的工具选项栏中设置"羽化"为"0 px"，选择"消除锯齿"复选框。

③ 在图像中小鹿的边缘单击，确定选区起点。

④ 沿着小鹿的边缘顺时针移动鼠标指针，随着移动轨迹选框虚线能够自动吸附到图像边缘，最终双击形成闭合选区。

⑤ 设置前景色为 R=248、G=232、B=100，单击工具箱中的"油漆桶工具"按钮 在小鹿身上单击，为其着色，如图 6-13 所示。

3．魔棒工具与快速选取工具

Photoshop 还为用户提供了两种智能化的选择工具"魔棒工具"与"快速选取工具"，在工具箱中可以直接找到这两种工具，如图 6-14 所示。

（1）魔棒工具

"魔棒工具"根据图像内容的颜色进行选区，主要用于选择颜色相同或相近的区域，它的使用方法极为简单，不需要描绘对象的边缘，只需在目标区域内单击即可。在使用"魔棒工具"时需注意调整其工具选项栏中特有的参数，如图 6-15 所示。

① "取样大小"微调框：可以设置鼠标单击位置的取样像素范围，并将该范围内的所有像素颜色值作为该点的取样。

图 6-13　不规则选区套索工具 　　　图 6-14　"魔棒工具"与"快速选取工具"

图 6-15　"魔棒工具"的工具选项栏

② "容差"微调框：用于指定所选区域的颜色范围，"容差"的取值范围是 0～255，数值越低则要求选取像素之间的相似程度越高，那么选取的颜色范围就越小；反之如果该值越大，则对像素颜色的相似程度要求就会变低，因此选取范围就会较大。

③ "消除锯齿"微调框：可以使选区边缘的锯齿现象减少，从而显示的更加平滑。

④ "连续"复选框：同样是用于控制"魔棒工具"的选取范围，当该选项未被激活，单击会选中整幅图像中所有满足容差条件的像素。而选中该选项后，则以单击部位为基准，仅将相连接的颜色区域选中。

⑤ "对所有图层取样"复选框：图层就像一张张互相重叠在一起的透明卡片，可以按需求添加或删除图层，还可以对其中单一图层进行编辑而不影响其他图层。关于图层的具体概念会在本章后面的内容进行详细介绍。当选中"魔棒工具"的"对所有图层取样"选项，单击后，对于所有图层内满足容差条件的颜色像素都会被选中。否则，"魔棒工具"所选中的像素仅为当前图层中的内容。

（2）快速选取工具

相比于"魔棒工具"，"快速选取工具"更为精准和直观，快速选取工具属于一种半自动化的选区工具，利用可调整的圆形画笔笔尖迅速地绘制出选区。在鼠标拖动画笔时，选区会自动向外扩张，并查找和跟随图像中目标对象的边缘来描绘边界。

【例 6-7】去除图像背景。

【解】具体操作过程如下：

① 打开素材文件"热气球.jpg"。

② 选择工具箱中的"快速选择工具"按钮，在其工具选项栏中设置画笔的大小、硬度、间距、角度以及圆度等参数，如图 6-16 所示。

③ 利用"快速选择工具"在图像天空背景中单击并拖动，将除热气球外的天空都选为选区。

④ 设置背景色为白色 R=255、G=255、B=255。

⑤ 选择"编辑"|"剪切"命令或使用【Ctrl+X】组合键去除天空背景，得到如图 6-17 所示的结果。

图 6-16　画笔选择器

图 6-17　热气球

（3）钢笔

使用上述的选区工具有时并不能确定精准的选区，此时可以在工具箱选择使用"钢笔工具"按钮，如图 6-18 所示。它包括"钢笔工具"和"自由钢笔工具"。这两种工具可被用于绘制高精度、形状复杂的图像边缘，然后再将其转换为选区。

"钢笔工具"类似于"套索工具"，但该工具可以自由地添加和删除锚点，并且能够控制每一个锚点的方向线，从而可以构建出更贴合选区图像形状的边缘。

"自由钢笔工具"则可以像使用钢笔在纸上绘图一样，可进行任意地、自由地绘制路径。同时在"自由钢笔工具"的工具选项栏中还有"磁性的"选项，如图 6-19 所示。选择该选项后，可以使"自由钢笔工具"变成磁性钢笔，绘制的路径将根据选区对象的像素特征自动地吸附到图像边缘。除了选区外，关于钢笔选择工具的其他具体使用方法还会在后面的章节中进行详细讲解。

图 6-18　"钢笔工具"按钮

图 6-19　"自由钢笔工具"的工具选项栏

6.2.3　选择菜单

在 Photoshop CS6 中，除了可以利用工具箱中的"选择"工具建立选区外，还可以利用"选择"菜单中的命令来调整选区，如图 6-20 所示。

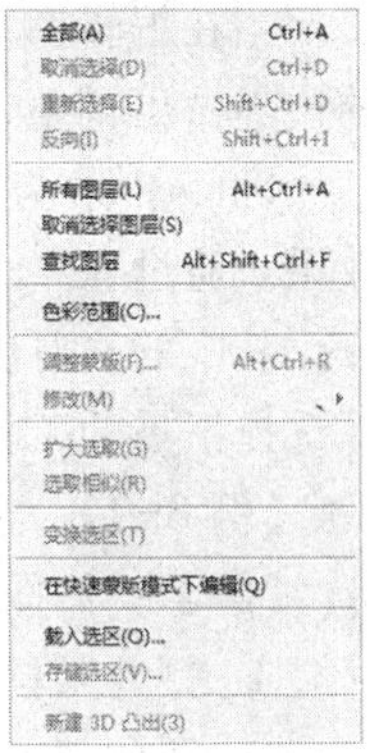

1．全选与反选选区

在编辑图像的过程中，时常要对整个文档中的图像效果进行改变，此时就需要将文档边界内的图像全部选择，利用"选择"|"全部"菜单命令或执行快捷键【Ctrl+A】可实现全部选中功能。

在图像处理过程中经常遇到需要抠图的情况，此时反选功能就显得尤为重要，当创建选区以后，通过选择"选择"|"反向"命令或使用快捷键【Shift+Ctrl+I】实现选区的反向选择，也就是选中图像中原本没有被选择的部分。

2．取消选择与重新选择

当创建选区并完成对选区内图像进行编辑之后，可以选择"选择"|

图 6-20　选择菜单

"取消选择"命令或【Ctrl+D】组合键取消选区状态。如果要再次恢复刚刚撤销的选区可以选择"选择"|"重新选择"命令来重新恢复选择。

3. 色彩范围

当用户在编辑图像过程中，想要按照图像颜色进行划分选择，则可选择"选择"|"色彩范围"命令来创建选区。该命令可以将在容差范围内的所有颜色像素当成选区，这个功能与"魔棒工具"按钮类似，但提供了更多的控制选项，因此该工具的选择精度相对来说要更高一些。例如，对于感兴趣区域颜色的选取可以通过"选择"下拉列表进行设定，既可以通过"吸管工具"按钮在图像中直接取样颜色，也可以通过"选择"命令中的预设颜色直接选择图像中特定的颜色。此外，还能够根据"高光"、"中间调"及"阴影"选项，进行图像中特定色调的选取。

【例 6-8】 改变花的颜色。

【解】 具体操作过程如下：

① 打开素材"荷花.jpg"。

② 选择"选择"|"色彩范围"命令，打开"色彩范围"对话框，并将容差设为 200。

③ 选择"本地化颜色簇"复选框，这是一种以选择像素对象为中心向外扩散的调整方式，通过调整"范围"滑块，避免选中背景中有相似颜色的花。这里将"范围"调整到 36%。

④ 单击"取样颜色"按钮，在远离屏幕一方的荷花中单击颜色拾取器。

⑤ 完成以上步骤后，选择"选区范围"单选按钮。在"选区范围"预览中被选中的部分将以高亮度显示，如果仍有选择不完全的区域，则可以通过"添加到取样"工具，增加颜色拾取，直至达到如图 6-21 所示的效果。

⑥ 选择"图像"|"调整"|"色相/饱和度"命令将色相调整为"-88"，完成花朵颜色替换。

图 6-21 "色彩范围"对话框

小贴士：在"色彩范围"对话框中还支持了人脸选择的功能，当设置"选择"为"肤色"后，可以同时选择"检测人脸"复选框，从而达到将肤色部分标记为选区。

4. 选区的修改和羽化

当在编辑图像中创建一个选区后，还可以通过"选择"|"修改"菜单下的不同命令对选区的边界做出调整，使选区更加精确，将不同的细节信息包含进来。

Photoshop 为用户提供了针对选区的羽化效果，可使图像边缘产生柔化，表现出渐变晕开的效果。通过在"选择"子菜单中的"修改"|"羽化"命令可以打开"羽化选区"对话框，通过修改其中的"羽化半径"可以控制羽化现象出现的范围，在"矩形选框工具"、"椭圆选框工具"等选择工具的工具选项栏中也有直接设置"羽化"效果的选项。

【例 6-9】 为荷花添加边框。

【解】 具体操作过程如下：

① 打开素材文件"荷花.jpg"。

② 在例 6-8 的基础上，选择"选择"|"色彩范围"命令选中一朵荷花。

③ 选择"选择"|"选取相似"命令，将图像窗口内不连续的、但像素点色彩相似的区域包括进选区内，通过多次使用该功能，将图片中的另一朵荷花加入到选区。

④ 选择"魔棒工具"的"从选区减去"运算，将图像中除了花朵的其他误选区域去除。

⑤ 当两朵荷花被选择后，选择"选择"｜"修改"｜"边界"命令，对选区的边界做出调整，形成一个新的环形选区。

⑥ 选择"选择"｜"修改"｜"平滑"命令，通过调整"取样半径"为 5 像素值实现选区的轮廓平滑效果。

⑦ 设置前景色为 R=243、G=221、B=76，选择"编辑"｜"描边"命令并使用前景色描边。最终得到如图 6-22 所示的描边结果。

如果首先设置不同的羽化值，然后再在图像中选取，则可以观察不同的羽化效果，例如：

① 单击"椭圆选框工具"按钮，在其工具选项栏中设置"羽化"值为 0，选取花朵部分。

② 新建空白文件，将选区内容粘贴在新文件中。

③ 将步骤①中的羽化值设为 30 后，再次选取花朵部分重复上面步骤②。

④ 将步骤①中的羽化值设为 50 后，再次选取花朵部分重复步骤②，对比 3 个不同的羽化效果，如图 6-23 所示。

图 6-22　描边结果　　　　　　　　　　图 6-23　羽化效果对比

小贴士：选择"选择"｜"修改"｜"扩展"或"收缩"命令可达到选区扩展或选区整体向内缩进的效果。

5．调整边缘

在抠图时经常会遇到对象边缘有杂边和组合后图像的背景不能完美融合的麻烦，"调整边缘"命令为用户提供了集中的选区边缘调整设置功能，当创建选区以后，在选择"选择"｜"调整边缘"命令后将打开"调整边缘"对话框，如图 6-24 所示。亦可利用【Ctrl+Alt+R】组合键快速执行该命令。通过对"视图模式"、"边缘检测"及"调整边缘"等选项的设置，从而达到进一步提高选区边缘品质的目的。

【例 6-10】检测选区效果。

【解】具体操作过程如下：

① 打开素材文件"荷花.jpg"。

② 在例 6-8 的基础上，选中离屏幕较远的花朵。

③ 选择"选择"｜"调整边缘"命令打开"调整边缘"对话框。

④ 为了更清晰、直观地观察选区的内容，在"视图模式"选项组中选择"白底"，使得选区内容被重点突出。

⑤ 选择"智能半径"复选框，设置"半径"为 4 像素。原有选区范围将向外和向内各扩大 2 像素，形成一个条状区域。Photoshop 将通过这个区域内的颜色对比判断，最后决定边缘保留的部分。

⑥ 设置"对比度"为 100%，"对比度"的作用和"平滑"及"羽化"相反，它的作用是

锐化选区的边缘，突出边界。

⑦ 选择"净化颜色"复选框用以消除选区边缘的杂色；通过预览图便可得知选区的状况，如图 6-25 所示。

图 6-24 "调整边缘"对话框

图 6-25 选区结果预览

6. 变换选区

该功能与图像的变换操作一致，只是针对的目标不同。在"选择"菜单中的"变换选区"命令可以实现对已有选区的旋转、斜切、扭曲和透视等自由变换效果。当存在已创建的选区时，执行"变换选区"命令后，在原选区的周围会显示一个具有 8 个控制点的变换框，鼠标拖动任一控制点都可以放大和缩小选区，同时按住【Shift】键则可以实现等比例缩放功能。

在变换框上右击，可以弹出快捷菜单，如图 6-26 所示。通过快捷命令从而能够实现对现有选区的多种变换。除了快捷菜单，在"编辑"|"变换"关联菜单中也可找到这些变换控制指令。

图 6-26 快捷菜单

6.2.4 描边与填充选区

1. 描边

当获得一个选区后，Photoshop 支持将选区内图像进行描边的效果，选择"编辑"|"描边"命令打开"描边"对话框，通过设置描边的宽度、颜色和位置为选区内对象建立一个有颜色的边框。同时在"混合"选项中还能够为描边指定混合模式以及规定是否在透明区域同样进行描边。

2. 填充

Photoshop 允许用户用其他颜色或图案来填充选区内的内容，在已有选区的前提下，通过选择"编辑"|"填充"命令或用【Shift+F5】组合键打开"填充"对话框，通过选择前景色、背景色、颜色、内容识别、图案、历史记录、黑色、50%灰色和白色来设置填充的内容。

此外，还可以设置填充内容的"混合模式"及"不透明度"。通过选择和取消选择"保留透明区域"复选框，则可以控制在填充过程中是否对图层中透明的区域进行填充。

【例 6-11】使用选取工具绘制房子。

【解】具体操作过程如下：

①　新建一个空白文件，选择"预设"下拉列表中的"默认 Photoshop 大小"选项，同时将背景色设置为白色：R=255、G=255、B=255。

②　单击"矩形工具"按钮，并绘制一个选区作为房子的墙体，选择"编辑"|"填充"命令，打开"填充"对话框，选择"使用"下拉列表中的"颜色"选项，在打开的对话框中用拾色器中设置颜色为淡黄色：R=254、G=247、B=131。

③　继续绘制一个矩形选区作为房子的屋顶，绘制结束后选择"编辑"|"变换"|"斜切"命令，对选区进行变形，并为选区填充颜色淡灰色：R=194、G=193、B=180。

④　为房子绘制侧面墙体，选择"编辑"|"变换"|"斜切"命令调整矩形框形状，设置颜色为浅蓝色：R=26、G=188、B=212。

⑤　类似于步骤③绘制另一半屋顶，选择"选择"|"变换选区"命令或快捷键【Ctrl+T】，此时可以对选区进行旋转、缩放和斜切的自由操作；按住【Ctrl】键，当鼠标指针变成白色黑框三角形时，则可以进行斜切操作。调整矩形形状并填充颜色：R=194、G=193、B=180。

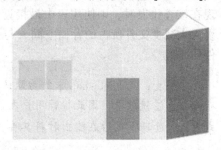

⑥　绘制房门，填充颜色为 R=202、G=173、B=36。

⑦　为房子添加两扇窗子，分别绘制两个矩形选区，并设置颜色为 R=144、G=254、B=235。

⑧　最终房子效果如图 6-27 所示。

图 6-27　绘制房子

6.3　绘画与图像修饰

在前面的内容中介绍了如何通过 Photoshop 选择感兴趣的图像内容，接下来的部分将系统地介绍如何在 Photoshop 中对图像进行美化、修饰、加工以及如何绘制出复杂的矢量图形。

6.3.1　颜色设置

1. 图像的颜色模式转换

颜色是图像的一个非常重要的属性，在 Photoshop 中用于记录图像颜色的数字形式模型被称为"颜色模式"，它决定了在计算机中如何表述和重现图像的色彩信息。选择"图像"|"模式"关联菜单下的命令可以改变 Photoshop 使用的颜色模式

（1）位图模式

"位图模式"通常也被称为二值图像，是将图像中的像素仅用黑、白两种颜色表现出来的方法。由于将文件中的颜色信息简化，因此此类图像文件的扫描速度快且文件占用空间小。

（2）灰度模式

"灰度模式"图像中每个像素都是用单一色调来表现的，但相比于"位图模式"，该模式可以表现出更丰富的色调，对于一幅 8 位的图像，每个像素的灰度值是用 0～255 之间的亮度值表示的。

（3）RGB 颜色模式

在"RGB 颜色模式"中，"R"表示红色，"G"表示绿色，"B"代表蓝色，通过对这 3 种基本颜色按照不同比例进行加和，从而可调配出肉眼可见的绝大部分颜色。这种颜色模式通常

出现在如计算机显示器和电视等设备。RGB 颜色模式也是 Photoshop 中默认的颜色模式。

（4）CMYK 颜色模式

"CMYK 颜色模式"通常用于印刷制品，它与"RBG 颜色模式"在本质上是相同的，其中"C"代表青色，"M"代表洋红色，"Y"代表黄色，"K"代表黑色。在图像处理操作时通常并不推荐使用该颜色模式，因为这种模式的图像文件不仅存储空间占用量大，而且有许多滤镜效果不支持。

（5）Lab 颜色模式

"Lab 颜色模式"中"L"为亮度分量，a 和 b 为有关色彩分量，a 表示从红色到绿色的范围，b 表示从黄色到蓝色的范围。"Lab 模式"通常被用做不同颜色模式之间转换的中间颜色模式。

（6）索引模式

在 Web 页和多媒体层序的图像文件中通常会用到"索引模式"，该颜色模式属于一种位图图像编码方法，通过限制图像中的颜色总数，建立一个颜色查找表，当图像中的颜色未出现在该查找表时，则使用表中最接近的颜色作为代替，因此该方法属于一种有损压缩，但可以大大减少文件所占的存储空间，与"RGB 颜色模式"相比，存储空间大概可以降低至原文件的 1/3。

小贴士：在 Photoshop 中作为默认选择的"RGB 颜色模式"，能够支持软件系统中提供的所有命令和滤镜效果，因此推荐用户在使用过程中，将非 RGB 模式的图像先转换成 RGB 颜色模式再进行处理，之后在输出时将其再转换回相应的颜色模式即可。

2．颜色设置

Photoshop 为用户提供了多种绘图工具，在进行绘图操作前，必须要先指定绘图所需的前景色和背景色。颜色工具默认的颜色设置是前景色，是用做画笔、文字、描边、填充等操作的颜色；背景色是画布的颜色。

颜色的设置可以有以下几种方法：

（1）拾色器

在 Photoshop 的工具箱下方有颜色选择区，可以直接单击工具箱中的"设置前景色"或"设置背景色"按钮■，打开"拾色器（前景色）"对话框，如图 6-28 所示。以前景色设置为例。在 Photoshop 中，只要设置颜色几乎都要用到拾色器，在该对话框的彩色区域中单击即可设置颜色，同时可以通过选择 HSB、RGB、Lab 和 CMYK 等颜色模式并为其指定各分量数值来自定义颜色。

（2）吸管工具

在工具箱中可以看到"吸管工具"按钮，该按钮可以在当前图像中的任意位置采集颜色样本作

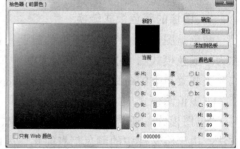

图 6-28　"拾色器（前景色）"对话框

为新的前景色，当按住【Alt】键并使用吸管工具则可以吸取背景色。在如图 6-29 所示的"吸管工具"按钮的工具选项栏中，"取样大小"文本框用来设置吸管取样时的精确程度，精确选取像素颜色，也可以取得区域内的一个像素平均颜色值。"样本"文本框则可以为拾色器指定取样的图层范围，既可以对当前图层中的颜色拾取，又可以扩展到多个图层中。

图 6-29　"吸管工具"的工具选项栏

（3）"颜色"调板

选择"窗口"|"颜色"命令，可以打开"颜色"调板，如图 6-30 所示。使用"颜色"调板可以很方便地设置当前使用的前景色和背景色。"颜色"调板的使用功能与"拾色器"对话框较为接近，在这里可以通过拖动滑块或者直接设置颜色模式各个通道的值即可完成前景色或背景色的调整。

（4）"色板"调板

为了便于快速设定颜色，Photoshop CS6 还提供了一个"色板"调板，该调板中有一些系统预设的颜色，虽然用户无法自行调配，但只需单击相应颜色即可将其设置为前景色，而按住【Ctrl】键再单击选区颜色则可以设置替换当前背景色。只需选择"窗口"|"色板"命令，便可以打开如图 6-31 所示的"色板"调板。

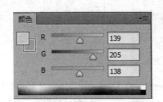

图 6-30　"颜色"调板

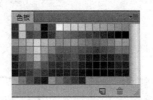

图 6-31　"色板"调板

与此同时，"色板"调板还为用户提供了添加颜色和删除颜色的功能，当鼠标指针移至调板中的空白处时，鼠标的指针会变为 ，此时单击即将当前前景色添加至"颜色"调板或者单击调板下方的"新建"按钮 也能实现同样功能。如果按住【Alt】键选择"颜色"调板中的预设颜色，则可以删除该颜色，通过单击将某预设颜色拖动至调板右下角的 按钮处同样可以删除选定的预设颜色。

6.3.2　绘画工具

Photoshop 提供了"铅笔工具"和"画笔工具"按钮用于绘画，用户可以根据画图的需求对画笔的大小、形状和硬度等属性进行设置。

1．"画笔"调板

绘制不同的图画，要选取不同的画笔，Photoshop 允许用户通过大量可选项进行自定义画笔，在"画笔"调板中用户可以设置绘画工具、修饰工具的笔刷种类、画笔大小和硬度等多种属性，以定义出一款适合图像创作编辑需求的画笔。打开"画笔"调板的方法有以下 3 种。

① 选择"窗口"|"画笔"命令，或使用快捷键【F5】。

② 当选中工具箱中的"画笔工具"按钮后在其工具选项栏上有"切换画笔面板"按钮 ，如图 6-32 所示。通过单击该按钮打开"画笔"调板。

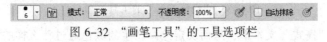

图 6-32　"画笔工具"的工具选项栏

③ 在"画笔预设"调板中也可以找到"切换画笔面板"按钮 ，在后面会对"画笔预设"调板做具体的介绍。

"画笔"调板如图 6-33 所示。在这里通过单击左上方的"画笔预设"按钮能够打开"画笔预设"调板。在使用画笔之前，可以通过选取"画笔笔尖"并配合需求设定"画笔选项参数"，同时可以根据需求在"画笔笔尖形状设置"中设置画笔的不同效果，当选中某一设置内容时，在右侧会显示相应的参数面板。每当对画笔的参数选项进行修改时，都可以通过调板最下方的效果预览窗口进行观察。

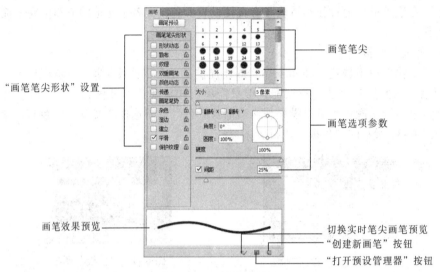

图 6-33 "画笔"调板

2．"画笔预设"调板

在使用画图工具或修饰工具时，用户可以直接从"画笔预设"调板选择画笔的样式，通过选择"窗口"｜"画笔预设"命令，打开如图 6-34 所示的"画笔预设"调板。在预设的样式中选取合适的画笔，接着在图像上绘制即可。

此外，用户也可以在"大小"文本框中，通过输入数值或拖动三角滑块来调整画笔的直径大小。用户还可以通过调板下方的"创建新画笔"按钮 来创建自己的预设画笔样式。当选择一款画笔样式后，也可以通过单击调板下方的"删除画笔"按钮来删除当前选中的画笔样式。单击"切换画笔面板"按钮 可以打开"画笔"调板，用来设置画笔的形状等更多属性。

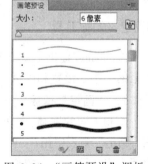

图 6-34 "画笔预设"调板

3．铅笔工具

"铅笔工具"按钮用于创建硬边绘画与装饰，其效果类似于现实中的铅笔绘图。其工具选项栏如图 6-35 所示。在使用铅笔工具前，可以按照前两节的内容通过"画笔"调板与"画笔预设"调板对"铅笔工具"按钮进行设置。

图 6-35 "铅笔工具"的工具选项栏

用户可以通过"模式"文本框，从而决定绘画产生的颜色通过什么样的方式与背景颜色融合，从而达到一种特殊的效果。例如，"正常"模式、"溶解"模式、"背后"模式、"清除"模式、"变暗"模式、"正片叠底"模式等。

选择工具选项栏上的"自动抹除"复选框，使用"铅笔工具"按钮在图像中绘画，如果在包含前景色的区域绘画，会将当前的颜色抹除并以背景色替代；如果绘画的区域不存在前景色，则能够将该区域抹成背景色。

4．画笔工具

在利用 Photoshop 绘画作图时，还可以在工具箱中单击"画笔工具"按钮，包括笔触式画笔和图案式画笔。与"铅笔工具"相同，在绘画前同样可以通过"画笔"调板与"画笔预设"调板对画笔的多种参数进行精确设计，包括选择笔尖、设定画笔的大小及硬度等。与"铅笔工具"不同的是，"画笔工具"的绘画效果不是硬边线条，而是与现实中的毛笔较为相似。"画笔预设"的工具选项栏如图 6-36 所示，其中"流量"和"喷枪"按钮 是"画笔工具"所特有的。

"流量"大小可以改变使用画笔时在绘画处应用颜色的速率，以相同的速度绘制，如果"流量"值越大则颜色越重。

如果选择"启用喷枪样式的建立效果"则可以启动喷枪功能，该功能会根据单击时间来确定画笔笔迹的填充数量。

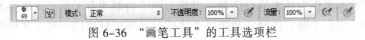

图 6-36　"画笔工具"的工具选项栏

【例 6-12】绘制风景画。

【解】具体操作过程如下：

① 选择"文件"|"新建"命令，在打开的"新建"对话框中，创建宽度 25 厘米、高度 12 厘米、分辨率为 72 像素/英寸、模式为 RGB 颜色、背景为白色、文件名为风景画的新文件。

② 单击"椭圆选框工具"按钮在画布最下端绘制一个椭圆选框，从最左侧填满到最右侧。

③ 单击"矩形选框工具"按钮在工具选项栏中选择"与选区交叉"选项，绘制矩形选框与椭圆选区交叉，最终形成半个椭圆的选区范围。

④ 选择"编辑"|"填充"命令在选区中填充颜色 R=27、G=226、B=70，形成草地。

⑤ 在工具箱中单击"画笔工具"按钮，在工具选项栏"画笔工具"的下拉列表中选择 选项，为画笔追加"特殊效果画笔"。

⑥ 选择"特殊效果画笔 69"，设置前景色为 R=243、G=31、B=206、在草地上单击，画出花朵。

⑦ 选择"特殊效果画笔 29"，在花朵上利用画笔绘制蝴蝶，最终得到如图 6-37 所示的图画。

图 6-37　画笔绘图

6.3.3　图像修复工具

通常数码照片的底片都会存在各种缺陷，平时在杂志和书籍中的图像都会或多或少地进行修复处理，从而消除缺陷。

1．图章

图章工具包含"仿制图章工具"和"图案图章工具"两种。

（1）仿制图章工具

从工具箱中可以找到"仿制图章工具"按钮，该按钮可以将一幅图像的部分或全部仿制到该图像中的其他位置或是另一个图层，甚至是另一个图像文件中。该按钮需要先按住【Alt】键，在仿制目标区域单击进行采样，随后便可以在仿制目的区域通过拖动鼠标将目标区域中的图案复制到新的区域。在仿制的过程中，可以通过设置工具选项栏中的"画笔"选项来选取合适的画笔。

（2）图案图章工具

"图案图章工具"按钮也是一种用于仿制的工具，但是该工具与仿制图章工具不同的是它不需要选取采样点，而是可以在选择好画笔后直接绘制预设的图案。在工具选项栏的"图案"下拉列表中可以找到 Photoshop 提供的预设图案。此外，用户也可以自定义图案，选择"编辑"|"定义图案"命令即可增加新的仿制图案。

2. 修复画笔

"修复画笔工具"按钮可以修复图像中的瑕疵，在使用时同样需要在图像中先进行取样，并以取样点周围的像素作为样本进行绘制。但其不同于仿制图章工具的地方是修复画笔工具可以对样本像素的纹理、光照、透明度和阴影等属性与修复区域周围的像素环境进行匹配，从而使得修复部分能够更自然地融入周围图像。

3. 污点修复画笔

"污点修复画笔工具"按钮可以快速去除图像中的污点和其他不理想的地方，该工具不需要设置取样点，从工具箱中单击该按钮后，在污点对象上拖动鼠标，Photoshop 则会自动为用户将图像修补瑕疵。

4. 修补工具

单击工具箱的"修补工具"按钮后，可以在图像中进行选取，对于选取的内容可以根据工具选项栏中的选项设定，如图 6-38 所示。当选中"源"单选按钮则可以将需要修补区域选中，通过拖动鼠标，使选区到达取样位置，当释放鼠标后，修补区域将按照采样点的像素信息进行修复。

类似的，如果选中"目标"单选按钮则恰好相反，需要在采样区域创建选区，并拖动到需要修补的位置即可达到消除瑕疵的目的。

图 6-38　"修补工具"的工具选项栏

【例 6-13】去除照片杂物。

【解】具体操作过程如下：

① 打开素材文件"修复前.jpg"，如图 6-39 所示。在地板上有多余杂物。

② 在工具箱中单击"仿制图章工具"按钮，在工具选项栏中设置画笔"大小"为 7 像素，"硬度"为 30%。

③ 按住【Alt】键在杂物附近对应地板处进行取样，接着在杂物上进行取样点的复制，以此来覆盖杂物图像。

④ 以一条地板为单位重复步骤③。

⑤ 当完成"仿制图章工具"处理后，单击工具箱中的"污点修复画笔工具"按钮，在工具选项栏中设置画笔"大小"为"7 像素"，"硬度"为 30%，在仿制的图像周围横向拖动，达

到修复处图像更加自然的效果。最终结果如图 6-40 所示。

5. 历史记录画笔

"历史记录画笔"按钮与"修复画笔工具"按钮的功能较为接近，它可以将某一历史状态下的图像结果或快照作为样本数据对图像进行修改，配合"历史记录"中的信息，选择合适的画笔，在图像恢复的地方拖动鼠标，用画笔重新描绘出历史图像的部分内容或全部图像。

图 6-39　修复前图像　　　　　　　　　图 6-40　修复后图像

【例 6-14】制作图片边缘效果。

【解】具体操作过程如下：

① 打开素材文件"岛屿.jpg"。

② 选择"选择"|"全部"命令，将图像完全选中，设置背景色为白色，按【Del】键删除图像。

③ 从工具箱单击"历史记录画笔工具"按钮，选择"窗口"|"画笔"命令，打开"画笔"调板，单击调板右侧的 按钮，为画笔追加"粗画笔"样式。

④ 选择"扁平硬毛刷 111"画笔，用此画笔在画布上从左至右拖动。

⑤ 最终得到如图 6-41 所示的图像画边效果。

6. 红眼工具

当拍摄照片时，由于光线不足闪光灯开启后导致的眼睛部分出现红色反光的效果被称为红眼。利用 Photoshop 提供的"红眼工具"按钮可以有效去除红眼。当单击"红眼工具"按钮 后，通过工具选项栏中的"瞳孔大小"和"变暗量"两个参数来调整眼睛暗色中心的大小及变暗程度，以此将瞳孔的颜色变为暗色，达到消除红眼的作用，如图 6-42 所示。

图 6-41　画边效果　　　　　　　　　　　图 6-42　"红眼工具"的工具选项栏

6.3.4　图像擦除

Photoshop 中提供"图像擦除工具"按钮来去除图像多余的部分。

1．橡皮擦工具

在工具箱中单击"橡皮擦工具"按钮，可以在其工具选项栏中设置橡皮的擦除方式是以柔边的"画笔"形式、硬边的"铅笔"形式或"块"的模式进行擦除，且擦除区域显示为背景色。

另外，还可以设置"不透明度"来决定橡皮擦的擦除强度，"流量"来决定橡皮擦的擦除速率，如图 6-43 所示。

2．背景橡皮擦工具

"背景橡皮擦工具"按钮可以指定要擦除的颜色范围，且擦除区域显示为透明。在如图 6-44 所示的选项工具栏中，"限制"下拉列表中的"连续"选项表示擦除区域为包含样本颜色并且相互连接的区域；"不连续"选项抹除出现在画笔下任何位置的样本颜色；"查找边缘"选项抹除包含样本颜色的连接区域，同时更好地保留形状边缘的锐化程度。

"容差"微调框相同于"魔棒工具"的颜色范围控制。

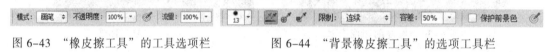

图 6-43　"橡皮擦工具"的工具选项栏　　　图 6-44　"背景橡皮擦工具"的选项工具栏

3．魔术橡皮擦

"魔术橡皮擦工具"按钮用于自动擦除图像中颜色相似的像素，并更改为透明颜色。选项工具栏如图 6-45 所示。选择"消除锯齿"复选框则可以使擦除区域的边缘变得平滑。"不透明度"微调框则是用于设置擦除强度，该值越低，擦除的像素部分越小。

图 6-45　"魔术橡皮擦工具"的选项工具栏

6.3.5　图像填充工具

填充是图像装饰的重要操作手段，Photoshop 为用户提供了"渐变"和"油漆桶"两种填充工具。

1．渐变工具

使用"渐变工具"按钮可以在选区或整个图像中填充色彩渐变效果，展现出多种颜色过渡的混合效果。"渐变工具"按钮的工具选项栏如图 6-46 所示。通过单击，将打开"渐变编辑器"对话框，从中可以编辑渐变颜色。

而渐变又可以呈现出不同的效果，包括"线性渐变"、"径向渐变"、"角度渐变"、"对称渐变"和"菱形渐变"，单击工具选项栏中的按钮即可改变渐变方式。

"反向"复选框可以使得已设定的渐变颜色顺序对换，而"仿色"复选框则能令渐变过程更加平滑自然。

图 6-46　"渐变工具"的工具选项栏

2．油漆桶

"油漆桶工具"按钮用于在图像或选区内填充前景色或图案。当有选区存在时，填充范围为整个选区，若不存在选区，则将颜色相近的区域进行填充。在填充的过程中，还可以通过设定"模式"使填充具备"正常"、"变亮"、"变暗"、"溶解"等特殊效果。

【例 6-15】绘制蓝天下的花海。

【解】具体操作过程如下：

① 新建宽度 25 厘米、高度 12 厘米、分辨率为 72 像素/英寸、模式为 RGB 颜色、背景为白色、文件名为风景画的新文件。

② 单击"椭圆选框工具"按钮，在画布最下端绘制一个椭圆选框，从最左侧填满到最右侧。

③ 单击"矩形选框工具"按钮在工具选项栏中单击"与选区交叉"按钮，绘制矩形选框与椭圆选区交叉，最终形成半个椭圆的选区范围。

④ 在工具箱中单击"油漆桶工具"按钮，在其工具选项栏中将"前景色"填充改为"图案"填充。

⑤ 在"图案"下拉列表中单击齿轮状按钮 ⚙，为图案追加"自然图案"。

⑥ 选择"蓝色雏菊"图案，在选区内单击，使用油漆桶将选区填满花朵。

⑦ 选择"选择"|"反向"命令，选择画布中剩余的部分，在工具箱中单击"渐变工具"按钮。

⑧ 设置前景色为 R=62、G=80、B=245 以及背景色为 R=64、G=189、B=253，将鼠标在选区内由上向下拖动，填充由前景色到背景色的渐变。

⑨ 最终效果如图 6-47 所示。

图 6-47　蓝天下的花海

6.3.6　图像润饰工具

Photoshop 还提供了一些可以对画面局部进行微细调整的修饰工具。

1．模糊

"模糊工具"按钮 ⬭能够柔化硬边图像和模糊图像中的细节，产生图像朦胧的效果。

而"强度"参数则可以设置像素模糊的强度。另外，当鼠标停留在一处进行多次绘制时，也会增加模糊效果。

2．涂抹

"涂抹工具"按钮 ⬭可以模拟出手指在湿颜料中拖动所产生的效果。涂抹之处的颜色比较均匀，能够达到消除图像中小疤痕及瑕疵的目的。

3．锐化

"锐化工具"按钮 ◿与"模糊工具"按钮的作用恰好相反，该按钮可以提高图像中相邻像素间的对比度，使图像颜色效果更加锐利，图像整体清晰度提升。

4．加深

"加深工具"按钮 ⬬的作用是将处理区域的色调变暗、颜色加深。在工具选项栏中的"范围"选项可以选择要处理的色调区域。

而"曝光度"选项则决定了颜色变暗的强度。同样的，多次在同一地方绘制，也会增加颜色加深的强度变化。

5. 减淡

"减淡工具"按钮 🔍 的作用与"加深工具"按钮的作用正好相反，该按钮可以增加图像局部的亮度，能够增加特定区域的曝光度。同样在工具选项栏中也可以调整"曝光度"和"强度"两个选项参数，以控制减淡的效果。

6. 海绵

"海绵工具"按钮是用来调整图像色彩饱和度的工具，在工具选项栏中的"模式"下拉列表中可以选择"饱和"选项用于增加色彩饱和度，以及"降低饱和度"选项用于降低色彩饱和度并增加图像中的灰度色调。"海绵工具"按钮还可以选择不同的画笔类型，达到不同的绘画效果。

6.4 图 层 操 作

图层是 Photoshop 最重要的功能，图层的应用可以使得图像处理的效率大大提高，特别是需要保持原有图像的时候，通过图层可以方便有效地对图像进行编辑而又不影响原图像。

6.4.1 了解图层的概念

图层使得对图像的编辑不再局限在一个平面上，而是在一个画面中，进行多个透明的图层的堆叠，在每一个透明图层上进行的涂抹绘画不会影响到其他的图层。图像的最终效果可以是多个图层的内容整合显示的结果。如图 6-48 显示了图像及其所对应的各个图层。

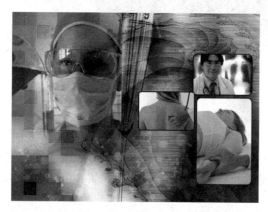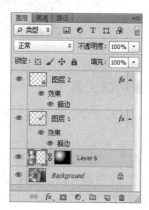

图 6-48　图像及其各个图层

图像是由多个图层叠加显示的结果，图层的叠加顺序、显示或隐藏以及混合方式的改变，可以生成不同的显示结果，从而得到多个不同效果的图像。

1. "图层"调板

图层的操作主要通过图层调板进行，可选择"窗口"|"图层"命令，打开"图层"调板。"图层"调板上各个部分如图 6-49 所示。

① 滤镜类型选择：选择查看不同的图层类型，可快速显示相同类型的图层。

② 图层混合模式：在下拉列表中，选择图层的混合模式

③ 锁定：设置锁定的部分将不可编辑。其中：

- 单击"锁定透明像素"按钮▨时，透明部分不可编辑。
- 单击"锁定图像像素"按钮✎时，画图工具将不可编辑。
- 单击"锁定位置"按钮✢时，图层中的内容不能移动。
- 单击"锁定全部"按钮🔒时，整个图层不可编辑。

④ 图层显示/隐藏：为开关键，按下时没有眼睛显示，则当前图层为隐藏状态。

⑤ 填充：当前图层有填充部分的不透明度。

⑥ 不透明度：当前图层的透明程度。

⑦ 调板按钮为图层操作的快捷按钮，其中：

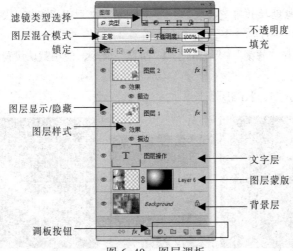

图 6-49　图层调板

- "链接图层"按钮⌘：链接选中的多个图层。
- "添加图层样式"按钮fx：为当前图层添加图层样式，设置层间效果。
- "添加图层蒙版"按钮◉：为当前图层添加蒙版层。
- "创建新的填充或调整图层"按钮◑：为当前图层添加填充或调整图层，调整图层的类别可进行再设置。
- "创建新组"按钮📁：创建新的图层组。
- "创建新图层"按钮🗊：单击此按钮可在当前层的上方创建一个新图层。
- "删除图层"按钮🗑：删除当前图层。

2．图层菜单

有关图层的操作，均在"图层"菜单中列出。"图层"菜单中不仅包括了"图层"调板上的相关操作，同时也包括图层的重命名、合并等操作。

6.4.2　图层的基本操作

1．新建图层

在 Photoshop 中建立新图层的方法有多种：

① 使用"图层"调板新建普通图层：在"图层"调板中单击"创建新图层"按钮，则可在当前层的上面新建一个普通图层。

② 使用"图层"菜单中的"新建"命令可新建背景层、图层组以及普通图层。

③ 进行复制粘贴操作时，粘贴操作将会在当前图层上自动生成一个新层，同时将粘贴的内容放置到新层中。

【例6-16】使用拷贝图层突出主题。

【解】具体操作过程如下：

① 打开素材文件"牡丹.JPG"，在工具箱上单击"磁性套索"按钮，选取牡丹花，如图6-50（a）所示。

② 选择"图层"|"新建"|"通过拷贝的图层"命令，生成图层1，图层1中只有选中的牡丹花，如图6-50（b）所示。

小贴士：使用复制粘贴操作可直接生成一个新图层：选取牡丹花后，选择"编辑"|"拷贝"命令，再选择"编辑"|"粘贴"命令，也可生成图层1。

③ 选择背景层，选择"滤镜"|"风格化"|"拼贴"命令，使用默认设置，效果如图6-50（c）所示。

④ 将文件保存成为"牡丹.PSD"。

（a）　　　　　　　　　　（b）　　　　　　　　　　（c）

图6-50　使用复制图层突出主题

2．图层的复制、移动与删除

（1）复制图层

Photoshop中可对整个图层进行复制，复制的内容将与原图层的位置重合，被复制的图层通常被命名为"××副本"，例如复制图层1时，新图层自动命名为"图层1副本"。复制图层的方法常用的有两种：一是拖动当前图层到"新建图层"按钮释放鼠标，可复制当前图层；或者选择"图层"|"复制图层"命令，复制图层时，可实现在不同文件之间的图层的复制。

【例6-17】复制图层。

【解】具体操作过程如下：

① 打开例6-1生成的"牡丹.PSD"，在"图层"调板上选择图层1。

② 复制图层1：在"图层"调板上拖动图层1到"创建新图层"按钮上释放鼠标，生成"图层1副本"。

③ 将图层1复制成为新文件：选中图层1，选择"图层"|"复制图层"命令，在打开的"复制图层"对话框中选择"文档"下拉列表中的"新建"命令，如图6-51（a）所示。

④ 生成一个只有图层1的新文件，新文件"图层"调板如图6-51（b）所示。

（2）移动图层

在 PSD 文件中，显示的效果与图层的排列顺序密切相关，上层的内容将遮盖下层，因此，改变图层的顺序可以改变图像的显示效果。

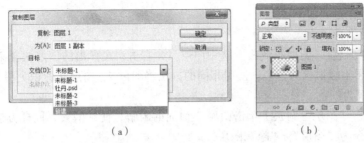

（a）　　　　　　　　　　　　　　　　　　　（b）

图 6-51　复制图层对话框

【例 6-18】改变图层顺序。

【解】具体操作过程如下：

① 打开素材文件"南太行.PSD"，如图 6-52（a）所示。

② 在"图层"调板上，选中图层 7，将图层 7 拖动到图层 2 下方。图像的显示结果如图 6-52（b）所示。

③ 或者使用菜单命令：选择"图层"|"排列"|"后移一层"命令，多次使用，直至移动到合适位置。

（a）　　　　　　　　　　　　　　　　　　　（b）

图 6-52　改变图层顺序

（3）删除图层

最便捷的删除图层方法是通过"图层"调板，选中要删除的图层，拖动到"删除图层"按钮上释放鼠标即可。图层的右键快捷菜单中的"删除图层"命令，以及菜单命令"图层"|"删除"|"图层"也可完成同样操作。

3．修改图层属性

当图像中有较多的图层时，可以通过为图层重新命名、设置图层的标识颜色来有效管理图层。通过图层的显示和隐藏的设置，会有不同的效果，从而可生成多个副本文件。通过改变图层的透明度，得到若隐若现的效果。当有多个图层要进行同时操作时，链接图层可实现多个图层的整体编辑。文字层是特殊的图层，文字层上不能进行绘画等编辑操作，要想进行这些操作必须先将文字层转换成为普通图层，这个转换过程称为图层的栅格化。

图层属性的改变可以通过"图层"调板上的相关按钮、右键快捷菜单完成，也可通过"图层"菜单中的命令完成。

小贴士：选中的要操作的图层，右击，可弹出图层操作的快捷菜单，快捷菜单中包含了"图层"菜单及"图层"调板上的部分常用操作。

【例 6-19】改变图层属性生成多个副本文件。

【解】具体操作过程如下：

① 打开素材文件"南太行.PSD"。

② 标识图层颜色："图层"调板上选中图层 1，右击，在弹出的图层快捷菜单上选择"橙色"命令，将图层 1 标识成为橙色；使用相同的方法将图层 2、图层 3 标识为橙色，图层 5、图层 6、图层 7 标识为红色。

③ 隐藏图层："图层"调板上单击图层 2 前面的眼睛，使其消失，同样方法隐藏图层 6，此操作的菜单命令为"图层"|"隐藏图层"。

④ 图层重命名："图层"调板上选中图层 1，单击图层 1 的名称位置，输入新的图层名称"黑白挂壁公路"，此操作的菜单命令为"图层"|"重命名图层"。

⑤ 改变不透明度："图层"调板上选中图层 5，在"图层"调板上方移动不透明度的滑块，或者直接输入数值，将不透明度改为 54%，图层 3 的不透明度改为 51%，图层"黑白挂壁公路"的不透明度改为 46%。

⑥ 栅格化文字："图层"调板上选中文字层"南太行"，右击，在弹出的快捷菜单中选择"栅格化文字"命令。文字层将转换成普通图层，如图 6-53 所示。也可使用菜单命令"图层"|"栅格化"|"文字"。

⑦ 栅格化后的编辑：在工具箱上单击"橡皮工具"按钮，在"南太行"图层上进行涂抹。设置笔刷形状为"特殊效果画笔"中的"菊花"，如图 6-54 所示。

⑧ 链接图层：在"图层"调板上，选中"黑白挂壁公路"图层，按下【Shift】键的同时，选中图层 3、图层 5 和图层 7，单击"图层"调板上"链接图层"按钮，或选择"图层"|"链接图层"命令。选中的各个图层后将出现链接标识，如图 6-55 所示。链接好图层后，使用移动工具可将 3 层中的内容整体移动。

注意：链接图层按钮是开关键，选中已链接的图层，再次单击此按钮，可取消图层的链接。只有当前选中的图层被取消链接，不影响其他链接图层。

图 6-53 栅格化文字

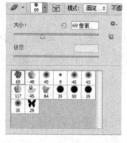

图 6-54 定义橡皮的笔刷

图 6-55 链接图层

⑨ 保存文件副本：选择"文件"|"存储为"命令，在打开的"存储为"对话框中，选择"存为副本"复选框，设置文件格式为 jpg，将文件保存为"南太行-1.jpg"。完成上述操作后，文件的"图层"调板及生成的文件副本如图 6-56 所示。

⑩ 随机设置图层的隐藏可得到不同的显示效果，每个显示效果下各保存一个副本文件。

图 6-56　生成文件副本

6.4.3　图层混合模式

多个图层之间，除了上下顺序、不透明度的调整会影响图像的显示效果外，还可通过改变图层的混合模式、添加编辑图层样式等操作得到许多处理效果。合并图层可以减少图层的数量，从而便于操作。

1. 合并图层

Photoshop 文件的大小与图层的数量相关联，同等文件尺寸和分辨率的前提下，图层多的文件大，对图层进行合并整理，可改变图像文件的大小。对相关的图层进行合并也利于图像的编辑。

【例 6-20】图层合并。

【解】具体操作过程如下：

① 打开素材文件"方块.psd"，文件中已绘制有 4 层，分别为前、后、顶、底。

② 按下【Shift】键的同时，选择"前"和"顶"图层，选择"图层"|"合并图层"命令，将两层合并，并重命名为"前面"；同样的方法或选中"后"和"底"图层后，使用快捷键【Ctrl+E】，将这两层合并为"后面"图层。

③ 使用移动工具，移动"后面"图层，移动到如图 6-57 所示的效果。

④ 复制 5 个"后面"图层、2 个"前面"图层，使用移动工具将图像编辑成如图 6-58 所示。

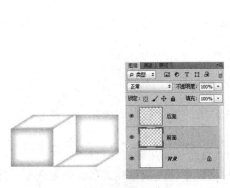

图 6-57　合并图层　　　　　　　　　　图 6-58　复制多个层

⑤ 合并所有带内容的层：单击背景层前面的眼睛来隐藏背景层，再选择"图层"|"合并可见层"命令，合并后的新层命名为"台阶"。

⑥ 打开素材文件"概念小人.psd"，选中其中的小人，选择"编辑"|"拷贝"命令，回到"方块.psd"，选择最上面的图层，选择"编辑"|"粘贴"命令，将小人粘贴到当前文件中，选择"编辑"|"转换"命令，调整大小，放置到合适的台阶上。

⑦ 打开素材文件"天空.jpg"，选中整个文件，选择"编辑"|"拷贝"命令，回到"方块.psd"，选择背景层，选择"编辑"|"粘贴"命令，将其粘贴到背景层上。

⑧ 拼合图像：选择"图层"|"拼合图像"命令，将文件合并成为一层。

⑨ 保存文件：选择"文件"|"存储为"命令，将文件另存为"台阶人物.jpg"。处理结果如图 6-59 所示。

2．添加与编辑图层样式

图层样式是 Photoshop 中层之间的特殊效果，通过添加和编辑样式，可以得到许多意想不到的效果。图层样式有很多种，在同一图层上可以应用多个样式，每种样式都有相应的设置参数，不同的参数设置使得同一样式拥有不同的效果。背景层和智能图层不能添加图层样式。

图 6-59　最终处理效果

（1）添加图层样式

有 3 种方法：

① 选择"图层"|"图层样式"命令，在级联菜单中选择任一项打开"图层样式"对话框，如图 6-60 所示。

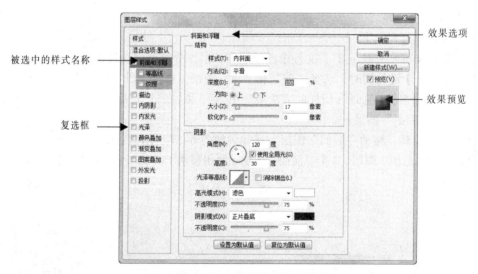

图 6-60　"图层样式"对话框

② 单击图层调板上的"添加图层样式"按钮，在弹出的下拉列表中选择一个样式，打开"图层样式"对话框。

③ 选中要添加样式的图层，双击该图层上缩略图，打开"图层样式"对话框。

Photoshop 中提供了 10 种样式，在"图层样式"对话框中，左侧是样式名称的复选框，选择复选框即可添加样式；单击选择样式的名称，右侧的将出现被选中样式的效果选项，编辑样式参数，可对样式进行设置。

注意：选择样式名称的复选框，可以设置应用或不应用该样式，但不会显示相应的样式效果选项，必须单击样式名称才可看到效果选项。

【例 6-21】添加图层样式。

【解】具体操作过程如下：

① 打开素材文件"舞.psd"，在"图层"调板上选择图层 1，双击图层 1 缩略图打开"图层样式"对话框。

② 为图层 1 添加"斜面和浮雕"、"渐变叠加"和"投影"样式，效果选项如图 6-61 所示。

图 6-61　图层 1 样式的效果选项

③ 为图层 2 添加"外发光"样式，效果选项如图 6-62 所示。

④ 为文字层添加"斜面和浮雕"、"描边"和"投影"样式，效果选项如图 6-63 所示。

⑤ 在文字层的斜面和浮雕的设置中，对阴影部分做了设置，其中"光泽等高线"设置为"环形"，"阴影模式"设置为"线性减淡（添加）"。图像的处理结果及图层调板如图 6-64 所示。

图 6-62　图层 2 样式的效果选项

图 6-63　文字层样式的效果选项

小贴士：在"图层样式"对话框的效果选项设置中，"投影"、"内阴影"、"内发光"、"外发光"、"斜面和浮雕"、"光泽"都包含"等高线"设置。等高线的编辑类似于图像的"曲线"设置，单击"等高线"选项的缩览图，可以打开"等高线编辑器"对话框，单击缩览图旁边的下拉列表可选择系统提供的等高线设置。

图 6-64　图像处理结果及其图层调板

⑥　选择"文件"|"存储为"命令，将文件另存为"舞-1.psd"。

（2）编辑图层样式

在"图层"调板上，被添加了样式的图层将出现 _fx_ 标记，单击下拉按钮，可以打开或隐藏"图层"调板上的样式列表，黑色的小三角向上时显示效果列表，三角向下时隐藏效果列表。

在效果列表中，单击每个样式前面的"显示/隐藏"按钮 👁，设置样式的显示。

已经添加的样式可以通过"图层"调板的快捷菜单进行复制、粘贴、栅格化等操作，通过快捷菜单中的"清除样式"命令将设置的样式删除。

图层的样式是与图层相关联的，当图层不显示时，样式也无法显示，对于没有内容的图层，不能设置样式效果，或者说一个设置了样式效果的图层，如果将图层中的内容都删除，效果也将消失。可以通过样式的栅格化将样式保留下来。

【例 6-22】编辑图层样式制作透明字。

【解】具体操作过程如下：

①　打开"舞动-1.psd"。

②　复制图层样式：选择文字图层"舞"，右击，在弹出的快捷菜单中选择"拷贝图层样式"命令，或者选择"图层"|"图层样式"|"拷贝图层样式"命令。

③　粘贴图层样式：选择文字图层"动"，右击，在弹出的快捷菜单中选择"粘贴图层样式"命令，或者选择"图层"|"图层样式"|"粘贴图层样式"命令，设置后的图像及图层调板如图 6-65 所示。

图 6-65　复制图层样式效果

④ 栅格化图层样式："图层"调板上选择文字图层"动"，右击，在弹出的快捷菜单中选择"栅格化图层样式"命令，或选择"图层"｜"栅格化"｜"图层样式"命令，将文字层转换为普通层，样式效果被固定到图层中。

⑤ "图层"调板上隐藏除了"动"以外的所有图层，图像及"图层"调板如图 6-66 所示。

图 6-66 栅格化图层样式及隐藏其他图层

⑥ 选择"动"图层中的黑色部分：选择"选择"｜"色彩范围"命令，使用吸管单击"动"图层上黑色的部分，如图 6-67 所示色彩范围对话框及图像的选择结果。

图 6-67 选取黑色部分

⑦ 按【Del】键，删除选中的部分，单击图层调板上其他图层前面的眼睛，将其他图层显示出来，图像处理完成，完成后的效果及图层调板如图 6-68 所示，将文件存储为"透明字.psd"。

图 6-68 图像处理结果及图层调板

3．图层的混合模式

图层的混合模式是 Photoshop 中非常重要的功能，不同图层间的不同混合模式可以为图像带来变化丰富的图像效果。使用混合模式可以实现减少图像细节、提供或降低图像的对比度、制作单色效果等。在图层调板上的"混合模式"下拉列表中，列出了 6 种混合模式，如图 6-69 所示。

【例 6-23】不同混合模式的效果。

【解】具体操作过程如下：

① 打开素材文件"牡丹.jpg"，增加图层 1，在工具箱上单击"渐变工具"按钮，定义渐变方式为"色谱"，渐变方向为"径向"，在图层 1 上，从中间向外拖到鼠标设置渐变。"图层"调板如图 6-70 所示。

② 在"图层"调板上"混合模式"的下拉列表中改变图层 1 的混合模式，部分效果如图 6-71 所示。

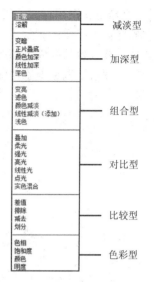

图 6-69　图层混合模式下拉列表

图 6-70 添加图层 1

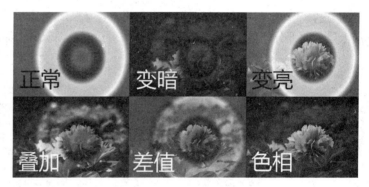

图 6-71　部分图层混合模式效果

注意：背景层不能设置混合模式，其他图层都可以设置混合模式，图层的混合模式通常与图层的不透明度配合使用，以使图像得到更好的处理效果。

6.4.4　蒙版

Photoshop 中蒙版的概念来源于一种传统的印刷工艺，这种方法是在印刷过程中，使用一种红色的胶状物来保护印版。因此，Photoshop 中默认的蒙版颜色都是红色。Photoshop 中的蒙版是在一个图层上，叠加一个蒙版层，这个层可将不同灰度的颜色值转化成为不同的透明度，使得这一图层上的不同部位产生不同的透明度。黑色是完全透明，白色是完全不透明。

蒙版有 3 种类型：图层蒙版、剪贴蒙版和矢量蒙版。图层蒙版是通过蒙版层中的灰度信息来控制图像的显示效果；剪贴蒙版是通过一个对象的轮廓来控制其他图层的显示效果；矢量蒙版是通过路径和矢量形状来控制图像的显示区域。快速蒙版作为一种临时蒙版，常被用做选取操作的辅助工具。

1．图层蒙版

图层蒙版是最为常用的蒙版类型，是在图层上增加一个蒙版层，可以隐藏部分图层内容，并显示下面图层。通常用于多个图像组合操作，是重要的图像复合手段。

图层蒙版上只有灰度颜色。图层蒙版上白色部分将显示上层的内容，下层的图像被遮挡；黑色部分将显示下层的内容，上层的内容被遮挡；灰色部分将是两层同时显示，显示的深浅与灰色的深浅有关。

【例 6-24】利用图层蒙版实现图层复合效果。

【解】具体操作过程如下：

① 打开素材文件"图层蒙版.psd"，背景图层是树林，图层 1 上是蓝天和花海，图层调板如图 6-72 所示。

图 6-72　素材文件及其图层调板

② 图层调板上选中图层 1，单击图层调板上的"新建图层蒙版"按钮 ，增加图层蒙版。

③ 设置前景色为黑色、背景色为白色。

④ 单击选中蒙版层，在工具箱上单击"渐变工具"按钮，在蒙版上从左上向右下拖到鼠标，做线性渐变，使背景层上的树林显示出来，遮挡图层 1 的天空部分，与花海融合。

⑤ 最后效果及图层调板如图 6-73 所示。

图 6-73　图层蒙版效果及"图层"调板

注意：添加了图层蒙版后，在同一图层上既有图层也有蒙版层，因此在操作时须注意当前选中的是哪个层，如果选中了图层，则操作会在图层上进行。

2．快速蒙版

快速蒙版实际上是一个临时蒙版，经常与选取操作联合使用。但快速蒙版并不是选区，在快速蒙版的编辑状态下，可以使用 Photoshop 的各种工具进行编辑，通常使用画笔进行绘制。绘制的红色区域为被保护区域，当退出快速蒙版的编辑状态后，非被保护区域将转换成选区。

【例 6-25】使用快速蒙版进行选取。

【解】具体操作过程如下：

① 打开素材文件"快速蒙版.psd"，如图 6-74 所示。

② 在工具箱上单击"以快速蒙版编辑"按钮 ，进入快速蒙版的编辑状态，同时此按钮转换为"以标准模式编辑"按钮 。

③ 将前景色设置为黑色，在工具箱上单击"画笔工具"按钮，在人物上绘画，将人物涂成红色保护色，如图 6-75 所示。

④ 单击"以标准模式编辑"按钮，退出快速蒙版编辑状态，按钮回复成为"以快速蒙版编辑"按钮。

⑤ 退出快速蒙版编辑后，被保护的人物以外的区域成为当前选区。

⑥ 按下【Del】键删除背景，如图 6-76 所示。

图 6-74　原图　　　　　图 6-75　快速蒙版编辑状态　　　图 6-76 最终结果

注意：背景层上不能直接应用快速蒙版，要把背景层转换成为普通图层，方法是：在"图层"调板上双击背景层，打开"新建图层"对话框，单击"确定"按钮即可。新建的图层为"图层 0"，实际是将背景层转换为图层 0。

6.4.5　设计文字

Photoshop 中提供了多种文字处理工具，除了可以通过设置文字属性改变文字的基本外观，还可对文字进行变形等操作，得到特殊的文字效果。文字在 Photoshop 中经常是以独立的文字层的形式出现的，文字图层上具有普通图层的所有特性。

单击工具箱中的"横排文字工具"按钮 T，长按鼠标左键，打开文字工具组，文字工具组中包含了 4 种文字工具按钮，其中"横排文字工具"按钮和"竖排文字工具"按钮可创建文字图层，"横排文字蒙版工具"和"竖排文字蒙版工具"按钮可创建文字形状的选区。横排和竖排是文字的排列方向。

1. 横排/竖文字工具

使用横排/竖排文字工具可创建一个文字图层，设置文字工具的选项栏上的属性，可对文字进行字体、字号、颜色、段落格式、文字方向等进行设置，工具选项栏上的"变形"选项可以制作变形文字。

文字层是独立的层，与普通图层不同的是，文字层上不能进行绘画等其他操作，文字层上的文字只能通过文字工具进行编辑修改。

【例 6-26】为图像添加文字。

【解】具体操作过程如下：

① 打开素材文件"夜晚.jpg"。

② 使用横排文字工具：单击工具箱上的"横排文字工具"按钮，在文字工具选项栏上，设置字体为"Papyrus"，大小为 36 点，颜色是白色，如图 6-77 所示。输入"The first jasmines"，图层调板上增加了一个文字层，标识为"T"。

图 6-77　文字工具选项栏的设置

注意：前景色是默认的文字颜色，因此可在应用文字前，更改前景色即可。

③ 同样方法输入"最初的茉莉花"，字体为微软雅黑，字号 36。

④ 在工具箱上单击"移动工具"按钮，将文字移动到合适位置，最后结果如图 6-78 所示。

图 6-78　横排文字工具的效果

⑤ 文件保存为"文字工具.psd"。

多行文本进行输入时，可以单击"文字工具"按钮的工具选项栏上的"切换字符和段落面板"按钮 ，打开"字符/段落"对话框，进行文字及格式的设置，如图 6-79 所示。

【例 6-27】设置段落文字。

【解】具体操作过程如下：

① 打开例 6-26 的结果文件"文字工具.psd"。

② 单击"横排文字工具"按钮，字体为"Tekton Pro"，字形为"Bold"，大小为 18 点，颜色为白色，按照以下格式输入文字：

图 6-79　字符/段落面板

I seem to remember the first day when I filled my hands with these jasmines,

These white jasmines.

I have loved the sunlight, the sky and the green earth;

I have heard the liquid murmur of the river through the darkness of midnight.

③ 将文字移动到合适位置，单击"文字工具"按钮，在其工具选项栏上，单击"切换字符和段落面板"按钮 ，打开"字符/段落"面板，设置行间距为 6 点，参考图 6-79 中的段落面板。

④ 在工具箱上单击"竖排文字工具"按钮，设置字体为"微软雅黑"，大小为 18 点，颜色为白色，设置行间距为 16 点，输入以下文字：

我仿佛记得我第一次手捧着这些茉莉花，

这些白色的茉莉花，

我喜爱那阳光，

那天空，

那绿色的大地，

我曾在漆黑的午夜，

侧耳倾听河水潺潺。

⑤ 保存文件，最终结果如图 6-80 所示。

文字层具有图层的所有特效，可以添加效果、蒙版等，从而得到更多的变化。可针对例 6-27 的结果，对各个文字层进行效果设置，添加外发光、描边等效果。

图 6-80 使用文字工具

小贴士：对文字层上的文字进行属性修改时，可先选中相应的文字层，再单击"文字工具"按钮，在工具选项栏上直接设置属性，如字体、字号等，不必选中文字。

2．变形文字

单击"文本工具"按钮的工具选项栏上的"创建文字变形"按钮 ，或者选择"文字"|"文字变形"命令，打开"变形文字"对话框，选择变形的样式，设置变形方式，可将当前文字层上的内容进行设置。图 6-81 所示为"变形文字"对话框及部分变形效果。

图 6-81 "变形文本"对话框及部分效果

3．3D 文字效果

Photoshop CS6 新增了文字的 3D 效果，可直接将文字层上的文字进行 3D 效果设置。

【例 6-28】制作 3D 文字效果。

【解】具体操作过程如下：

① 建立新文件，500×400 像素，白色背景。

② 在工具箱中单击"横排文字工具"按钮，输入"立体文字"，字体为黑体，大小 30 点，颜色是红色。

③ 选择"文字"|"凸出为 3D"命令，将打开提示对话框，进入 3D 视图。

④ 进入 3D 视图后，默认为选取了移动工具，即此时拖动鼠标即可看到三维的视图变换，同时也可看到文字的立体效果，如图 6-82 所示。

⑤ 将文字拖动到合适的角度即可，在菜单栏的右端选择"基本功能"视图，在图层调板上可看到文字层与普通的文字层不同，没有"T"符号，而是多了一个小立体方块，如图 6-83 所示。

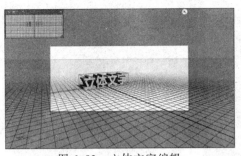

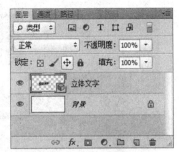

图 6-82　立体文字编辑　　　　　　图 6-83　立体文字层的"图层"调板

　　注意：设置了立体效果的文字层，在任何视图下均可使用移动工具进行 3D 角度的调整，文字的属性如字体、字色等，可通过单击"横排/竖排文字工具"按钮，在工具选项栏上直接设置，但是不能更改文字的内容。

4．文字蒙版工具

　　文字蒙版工具创建的是一个文字形状的选区，并不能创建独立的文字层，通常文字蒙版工具用来制作与背景融为一体的文字效果。

　　【例 6-29】制作与背景融为一体的文字效果。

　　【解】具体操作过程如下：

　　① 打开素材文件"天空.jpg"。

　　② 在工具箱中单击"横排文字蒙版工具"按钮，设置字体为黑体、48 点，在图的合适位置单击，图像的显示与快速蒙版的显示类似，如图蒙了一层红色的纱，输入文字，然后单击"矩形选框工具"按钮，将出现一个文字样的选区，如图 6-84 所示，"图层"调板上没有出现独立的文字图层。

图 6-84　文字蒙版工具

　　③ 选区出现后，选择"编辑"|"拷贝"命令，再选择"编辑"|"粘贴"命令，生成图层 1。

　　④ 为图层 1 设置效果：由于图层 1 的内容与底层图片的内容相同，位置一致，因此如果不设置效果不会显示文字，"图层"调板上选择图层 1，双击缩略图，打开"图层样式"对话框，设置"斜面和浮雕"、"阴影"，具体设置如图 6-85 所示。

　　⑤ 保存文件为"文字蒙版.psd"，文件最终效果及图层调板如图 6-86 所示。

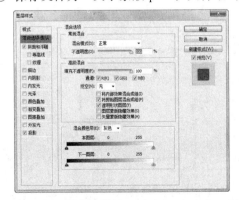

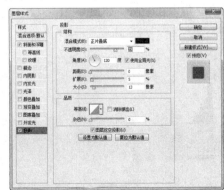

图 6-85　图层效果设置

图 6-86　文字蒙版工具的应用效果

6.5　图像颜色与色调调整

　　色彩对于图像来说，是设计中的重要元素，图像的色彩、色调的控制是制作完美图像的关键步骤，在 Photoshop "图像" 菜单中的 "调整" 子菜单中，给出了一系列进行色彩调整的命令。

6.5.1　查看图像的色彩

　　通过选择 "图像" | "调整" | "色阶" 命令，打开 "色阶" 对话框，Photoshop 用直方图的形式显示了图像在各个亮度级别的像素数量，反应了像素在图像中的分布情况，通过查看直方图，可以判断当前图像的阴影、中间调、高光的细节情况，可对图像的曝光、明暗进行进一步调整。

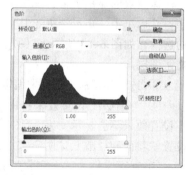

　　调整 "色阶" 对话框中直方图的阴影、高光和中间调，可以修补图像的曝光问题。如图 6-87 所示为正常曝光图像的直方图，从阴影（0）到高光（255）像素均有分布。图片为曝光不足时，直方图偏向阴影（0），如图 6-88 所示；曝光过度的图片直方图偏向高光（255），如图 6-89 所示。直方图呈现两边高、中间低时，如图 6-90 所示。图片的反差会很大，通常为逆光拍摄或是夜间拍摄的亮光。反差不足的图像的像素会集中在中间，如图 6-91 所示。

图 6-87　正常曝光的直方图

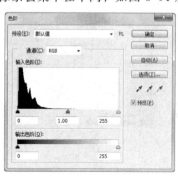

图 6-88　曝光不足的直方图

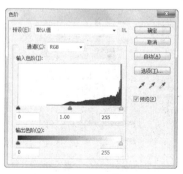

图 6-89　曝光过度的直方图

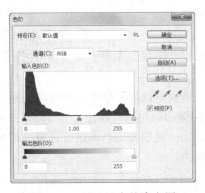
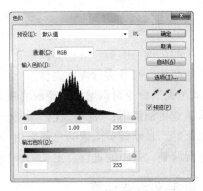

图 6-90　反差过大的直方图　　　　　图 6-91　反差不足的直方图

【例 6-30】调整图像色阶。

【解】具体操作过程如下：

① 打开素材文件"色阶 1.jpg"。

② 选择"图像"|"调整"|"色阶"命令，打开"色阶"对话框。

③ 查看直方图，从直方图可看出此图像的曝光不足，图像比较暗，如图 6-92 所示为原图及其直方图。

图 6-92　原图及其直方图

④ 调整色阶，拖动右边白色的三角滑块，向左移动到直方图波形的边缘，如图 6-93 所示。可发现图像的曝光发生了很大变化，单击"确定"按钮。

⑤ 保存文件。

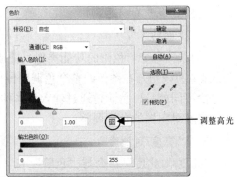

调整高光

图 6-93　调整色阶后及其直方图

6.5.2　自动调整

对图像的色调、明暗、颜色的调整，可以通过"图像"菜单中的"自动色调"、"自动对比度"、"自动颜色"命令进行快速调整。

"自动色调"命令可以增加图像的清晰度；"自动对比度"命令可通过增强图像的对比度，使得图像感觉更加清晰；"自动颜色"命令是对图像的颜色进行校正，例如图像的偏色、饱和度过高或过低等。自动调节图像的色调是由 Photoshop 对图像的色调进行分析，按照系统所定义的方向进行调整，是不能进行自定义的参数设置的。

6.5.3　自定义色调调整

"图像"菜单中的"调整"下拉列表中，列出的多数都是可以自定义调整的命令，这些命令的针对性更强，可以调整图像的指定颜色，改变图像的色相、饱和度、亮度对比度等。

1．调整参数

在图像调整的自定义参数的过程中，许多参数的含义是相同的，下面以"色阶"对话框（见图 6-87）为例，分别说明各个参数的含义：

① 预设：在"预设"的下拉列表中，有 Photoshop 提供的调整文件，这些调整文件中保存了调整参数的组合，可以直接应用到当前图像。也可将当前进行的参数设置进行保存，保存为一个预设文件，在使用同样的方式进行设置其他图像时，直接载入即可自动完成参数设置。

② 通道：通道中包含 RBG、红、绿、蓝 4 项，可对组成图像的通道进行分别设置。

③ 输入色阶：即直方图，用来调整图像的阴影、中间调、高光区域，可以拖动滑块进行调整，也可直接输入数值。

④ 输出色阶：用来限定图像的亮度范围。

⑤ 自动按钮：每单击一次此按钮，图像以 0.5%的比例自动调整图像色阶，可以使图像的亮度分布更为均匀。

⑥ 选项：对自动颜色校正的参数进行设置，会打开"自动颜色校正选项"对话框。

⑦ 设置黑场 ✒：单击此按钮，在图像上单击，被选中的点将变为黑色，同时原图像中比该点暗的点也变为黑色。

⑧ 设置灰点 ✒：单击此按钮，在图像上单击，被选中的点的亮度值将作为调整其他中间调的平均亮度。

⑨ 设置白场 ✒：单击此按钮，在图像上单击，被选中的点将变为白色，同时原图像中比该点亮的点也变为白色。

2．"曲线"

"曲线"命令与色阶的功能类似，只是功能更为强大，色阶只用 3 个调整功能：白场、黑场和灰点。曲线则是在图像的整个色调范围内，最多调整 14 个点，可以得到更为精准的调整效果。与色阶不同的是，色阶是通过输入具体的数值完成调整，曲线是通过增加控制点、调整曲线的变化实现对图像的色调调整。

3．"亮度/对比度"

"亮度/对比度"命令与"色阶"和"曲线"命令相比，是最为简单、直接的调整图像亮度与对比度的方法。

【例 6-31】增加照片清晰度。

【解】具体操作过程如下：

① 打开素材文件"图像调整原图.jpg"。

② 调整色阶：选择"图像"|"调整"|"色阶"命令，在打开的"色阶"对话框中调整直方图的阴影滑块，如图 6-94 所示。

③ 调整曲线：选择"图像"|"调整"|"曲线"命令，对全图进行调整，曲线的上部向上，下部向下，加大图像的对比度，将曲线调整为如图 6-95 所示。

④ 调整亮度/对比度：选择"图像"|"调整"|"亮度/对比度"命令，如图 6-96 所示调整亮度和对比度参数。

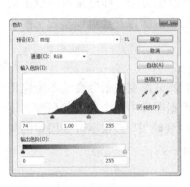 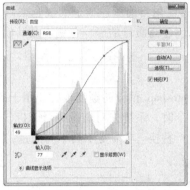 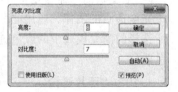

图 6-94　调整色阶　　　　　图 6-95　调整曲线　　　　图 6-96　调整亮度/对比度

⑤ 调整后的图像与原图对比如图 6-97 所示。

（a）调整前　　　　　　　　　　（b）调整后

图 6-97　调整前后图像

⑥ 保存文件为"图像调整.jpg"。

4．"色彩平衡"

"色彩平衡"命令可以对图像的整体颜色色调进行直观的调整，是色彩调整中最为简单、快捷的命令。

5．"色相/饱和度"

"色相/饱和度"命令可对图像的全部颜色或是指定范围的颜色进行饱和度、亮度和色相的调整，其中：

色相的改变将使得指定范围的颜色本身发生改变，比如从原来的红色改为蓝色。

饱和度的改变会对指定范围的颜色深浅产生作用，饱和度高颜色会越鲜艳，饱和度降到最低时，彩色将变化为黑白。

明度的改变将改变图像整体的亮度，最大时图像整体变成白色，最低时为黑色。

6．"匹配颜色"

当有多个图像，需要有相同的色调时，可以使用此命令使多个图像的颜色保持一致。"匹配颜色"的设置分两个部分：目标图像和源图像。首先要指定源图像文件及其作为标准的图层，再对目标区域进行设置。

7．"替换颜色"

选择此命令可对图像中选定的颜色进行整体替换，选定颜色的方法与"选择"菜单中的"色彩范围"命令相似，颜色的调整方法与"色相/饱和度"的调整相似。

8．"通道混合器"

"通道混合器"命令是通过使用当前颜色通道的混合来修改颜色通道，即通常与图层上的图层混合模式联合使用，可以创建高质量的深棕色调以及其他色调的图像，还可以实现交换和复制颜色通道的效果。

9．"渐变映射"

"渐变映射"命令是将 Photoshop 预设的渐变模式作用于图像，"渐变映射"命令不能应用于完全透明的图像，应用此命令时，系统先对图像进行分析，根据图像中各个像素的亮度，用所选择的渐变模式中的颜色进行替换。与渐变工具不同的是，"渐变映射"会根本改变图像的颜色取值。

10．"照片滤镜"

"照片滤镜"命令类似于为照相机添加滤色镜片的效果，可以通过选择预设的颜色或者自定义的颜色对整张图像进行色相调整。例如对冷色调的图像应用加温滤镜，可将图像转换成暖色调图像，快捷而简单。

11．"去色"与"黑白"

通过"去色"和"黑白"命令可以将图像转换为灰度图像。"去色"命令是将图像中的颜色饱和度均改为 0，改变后的图像显示为黑白，但图像的属性依然是 RGB 的，如果对当前图像进行了局部选取，应用"去色"命令时，只对被选中的区域有效。"去色"在应用时没有可调整的参数。

"黑白"命令与"去色"命令不同的是在改变图像时，可以通过进行参数设置，控制图像在转换过程中的转换方式，也可将图像转换为单色图像。

【例 6-32】调整曝光制作老照片效果。

【解】具体操作过程如下：

① 打开素材文件"老照片原图.jpg"。

② 增加曝光度：选择"图像"|"调整"|"曝光度"命令，做如图 6-98 所示设置。

③ 降低图像饱和度：选择"图像"|"调整"|"色相/饱和度"命令，设置如图 6-99 所示。

④ 增加图像的暖色调：选择"图像"|"调整"|"照片滤镜"命令，设置如图 6-100 所示。

⑤ 增加亮度对比度：选择"图像"|"调整"|"亮度/对比度"命令，设置如图 6-101 所示。

⑥ 调整色调：选择"图像"|"调整"|"色彩平衡"命令，设置如图 6-102 所示。

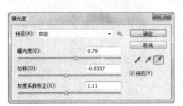
图 6-98　调整曝光度

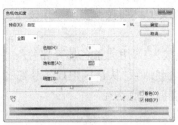
图 6-99　调整色相/饱和度

图 6-100　调整照片滤镜

图 6-101　调整亮度/对比度

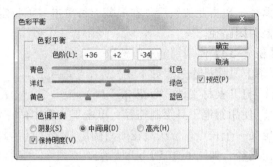
图 6-102　调整色彩平衡

⑦ 保存文件为"老照片.jpg",处理后照片与原图如图 6-103 所示。

（a）原图

（b）处理后效果

图 6-103　老照片原图与处理结果

6.6　路径、滤镜和通道

6.6.1　路径与矢量工具组

　　矢量工具不仅可以绘制复杂的图形,还可以实现路径与选区之间的相互转换,在对图像进行一些复杂的选取工作如抠图时,矢量工具的应用可以提高处理的精确度。

　　路径功能是矢量工具的体现,是指用户使用矢量工具勾绘处理的一系列用点连接起来的线段或曲线,可以沿着这些线段或曲线进行颜色填充、描边等操作,从而绘制出复杂图像。

　　路径可以转换成为选区,选区也可以转换成为路径。路径上的每个点,可以通过矢量工具进行细致的编辑。路径编辑主要通过路径调板,可通过选择"窗口"|"路径"命令打开"路径"调

板。"路径"调板与"图层"调板类似，调板下方是操作按钮，如图 6-104 所示。

图 6-104　"路径"调板

调板下方的按钮从左至右依次为："用前景色填充路径"、"用画笔描边路径"、"将路径作为选区载入"、"从选区生成工作路径"、"添加蒙版"、"创建新路径"、"删除当前路径"。

1. 钢笔工具 ✎

工具箱中的"钢笔工具"按钮是绘制路径的专用工具，可以绘制封闭的路径，也可绘制开放的路径，单击此按钮后，在屏幕上每单击一下将定义一个新的锚点，鼠标回到起点时单击即可绘制封闭路径。

【例 6-33】使用钢笔进行选取。

【解】具体操作过程如下：

① 打开素材文件"菊花.jpg"。

② 使用钢笔工具绘制路径：单击工具箱中的"钢笔工具"按钮，在图像上勾选一个花瓣，单击定义一个顶点，依次沿花瓣周围绘制多个点，如图 6-105（a）所示。最后单击起始点，完成封闭路径，如图 6-105（b）所示。

（a）　　　　　　　　　　　　　（b）

图 6-105　钢笔绘制路径

③ 将路径转换为选区：打开"路径"调板，单击"将路径作为选区载入"按钮，选取完成。

2. 形状工具

工具箱中的"形状工具"按钮包括"矩形工具"、"圆角矩形工具"、"椭圆工具"、"多边形工具"、"直线工具"和"自定形状工具"，可以快捷地绘制出不同形状的图形。形状工具的绘制有 3 种模式，在"形状工具"按钮的工具选项栏的"选择工具模式"下拉列表中进行设置，如图 6-106 所示。

图 6-106　形状工具

①"形状"模式将创建填充前景色的形状图层，在"图层"调板上会出现一个新图层，图层上形状可以分别对边界和填充进行颜色设置等操作，同时生成一个同等形状的路径，可从"路

径”调板上看到新的工作路径。

② “路径”模式不会生成新图层，仅生成一个工作路径。

③ “像素”模式即不生成选区也不生成一个工作路径，只是在当前图层上绘制一个选定的形状，并且使用前景色进行填充。

【例 6-34】绘制自定形状。

【解】具体操作过程如下：

① 打开素材文件"夜晚.jpg"。

② 新建图层：在背景层上新建"图层 1"，并选中图层 1。

③ 绘制自定形状：单击工具箱中的"自定形状工具"按钮，在工具选项栏上设置模式为"路径"，形状为"心形"，如图 6-107 所示。

图 6-107　自定形状工具的工具选项栏

④ 绘制路径：在图像上拖动鼠标绘制一个心形路径，在"路径"调板上出现新的工作路径。

⑤ 设置画笔：设置前景色为 R=218、G=250、B=241，在工具箱中单击"画笔工具"按钮，设置笔刷硬度为 0%，大小为 16 像素，按【F5】键打开"画笔"调板，设置"散布"属性，如图 6-108 所示。

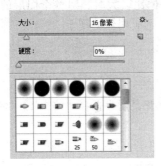

图 6-108　画笔属性设置

⑥ 路径描边：单击"路径"调板上的"用画笔描边路径"按钮，在图像上绘制出一个心形，如图 6-109 所示。

⑦ 保存文件为"自定形状.jpg"。

3．路径与选区

工作路径与选区之间可以进行相互转换，通过"路径"调板不仅可以查看、保存路径，也可对工作路径进行管理，以及路径与选区之间的转换。

使用钢笔或者形状工具绘制的图形，会自动生成一个

图 6-109　绘制结果

工作路径，工作路径是临时的，双击工作路径名称可打开"存储路径"对话框，输入路径名称可将其保存。

6.6.2 滤镜

滤镜是通过分析图像中的每一个像素，用数学算法将其转换成特定的形状、颜色、亮度等视觉效果。滤镜是 Photoshop 的重要组成部分，滤镜的应用可以快速制作出各种视觉效果。

1．滤镜的种类

Photoshop 的滤镜全部通过"滤镜"菜单进行设置，滤镜主要有 3 种类型：

① 特殊滤镜：包括滤镜库、液化滤镜和消失点滤镜等，在"滤镜"菜单的前半部，单击后将打开相应的对话框，是使用最为频繁的滤镜。

② 内置滤镜：包括模糊、扭曲、风格化等，在滤镜菜单的下半部，每个滤镜命令都是一个滤镜组，都具有下级菜单，主要用于纹理制作、效果修复、特殊处理等。

③ 外挂滤镜：外挂滤镜不是 Photoshop 自带的，而是其他软件公司专为 Photoshop 制作的独立软件，需要单独安装。外挂滤镜的种类非常多，比较著名的有 Kpt、EyeCandy 等，外挂滤镜放置在"滤镜"菜单的最下部。

2．滤镜的使用方法与原则

滤镜可以应用到选区、图层、图层蒙版、快速蒙版、通道等对象上，在"滤镜"菜单中选择滤镜名称，进行相应的参数设置即可。滤镜在使用过程中有以下几点需要注意的：

① 在隐藏的图层上无法应用滤镜。

② 如果没有进行任何选取，滤镜将应用于当前图层。如果有选区，则只对选区内有效。

③ 对文本层和形状图层，要先将其转换成为普通图层才可应用滤镜。

④ 滤镜的应用会占用很多的内存，尤其当图像比较大时，对整个图层的应用有时很费时间，可先制作低分辨率的小图，制作小样看效果，再应用到大图上。

【例 6-35】制作钢笔淡彩效果。

【解】具体操作过程如下：

① 打开素材文件"滤镜.jpg"。

② 复制图层：使用快捷键【Ctrl+A】选中整个背景层，选择"编辑"|"拷贝"命令，再选择"编辑"|"粘贴"命令，复制出图层 1。

③ 调整亮度/对比度：在"图层"调板上选中图层 1，选择"图像"|"调整"|"亮度/对比度"命令，在打开的对话框的参数设置如图 6-110 所示。

④ 在"图层"调板上选中图层 1，使用快捷键【Ctrl+A】选中整个背景层，选择"编辑"|"拷贝"命令，再选择"编辑"|"粘贴"命令，复制出图层 2，单击图层 2 前的眼睛，隐藏图层 2。

⑤ 模糊滤镜：在"图层"调板上选择图层 1，选择"滤镜"|"模糊"|"高斯模糊"命令，在打开的"高斯模糊"对话框中设置模糊半径，如图 6-111 所示。

⑥ 水彩滤镜：在"图层"调板上选择图层 1，选择"滤镜"|"滤镜库"命令，在打开的对话框中选择"艺术效果"列表框中的"水彩"选项，设置相关参数，如图 6-112 所示。

⑦ 制作钢笔描边效果：在"图层"调板上选择图层 2，单击图层 2 前的眼睛显示图层 2，选择"图像"|"调整"|"去色"命令，再选择"滤镜"|"风格化"|"等高线"命令，在打开的对话框中的设置如图 6-113 所示。

图 6-110　设置亮度/对比度　　　　图 6-111　高斯模糊设置

图 6-112　水彩滤镜设置

⑧ 设置图层混合模式：在"图层"调板上选择图层 2，设置图层混合模式为"正片叠底"。

⑨ 保存文件为"钢笔淡彩.jpg"，图像处理结果及"图层"调板如图 6-114 所示。

图 6-113　等高线设置　　　　　　图 6-114　图像最终结果及其"图层"调板

6.6.3　通道

通道是 Photoshop 中的重要概念，通过通道可以创建复杂的选区、高级图像合成、调整图像色调等操作。通道与图层在操作上有相似的地方，只是不同的是通道所存储的是颜色信息或者是选区。通道的种类有：

① 复合通道：复合通道在"通道"调板的最上方，不含任何信息，只是当前被编辑的通道的效果预览。

② 颜色通道：RGB 图像的颜色通道为红、绿、蓝，CMYK 图像的颜色通道为青色、洋红、黄、黑。位图、灰度图、索引色、双色调图只有一个通道。

③ Alpha 通道：Alpha 通道主要是用来建立选区的，不会直接影响图像的颜色。此通道上的内容可以直接保存成为选区，也可将选区载入，选择"选择"|"载入选区"|"保存选区"命令实现相应的操作。

【例 6-36】复杂选区的获取。

【解】具体操作过程如下：

① 打开素材文件"牡丹.jpg"。

② 增加新通道：选择"窗口"|"通道"命令，打开"通道"调板，单击"创建新通道按钮"，新建一个 Alpha 通道。

③ 编辑 Alpha 通道内容：在"通道"调板上选中 Alpha 通道，在工具箱上单击"渐变工具"按钮，设置渐变方向为"径向"，前景白色，背景黑色，从中心开始拖动鼠标绘制渐变，如图 6-115 所示。

④ 应用滤镜：在"通道"调板上选中 Alpha 通道，选择"滤镜"|"滤镜库"命令，在打开的对话框中选择"扭曲"列表框中的"玻璃"选项，设置如图 6-116 所示。

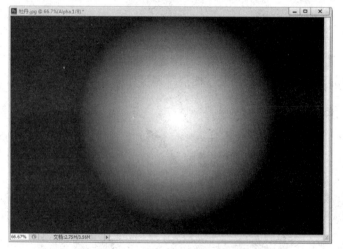

图 6-115　新建 Alpha 通道绘制渐变

⑤ 在"通道"调板上显示复合通道（RGB），隐藏 Alpha 通道，并选中复合通道，如图 6-117 所示。

⑥ 载入选区：打开"图层"调板，选中背景图层，选择"选择"|"载入选区"命令，打开的"载入选区"对话框设置如图 6-118 所示，得到选区如图 6-119 所示。

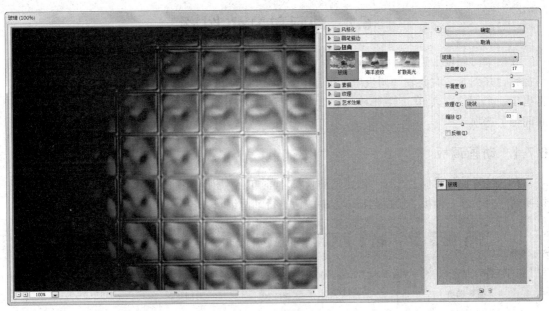

图 6-116 玻璃扭曲设置

⑦ 复制粘贴新图层：选中背景图层，选择"编辑"|"拷贝"、"编辑"|"粘贴"命令，生成图层 2。

⑧ 制作白背景：选中背景图层，选择"编辑"|"填充"，"填充"命令，在打开的对话框中设置填充色为白色。

图 6-117 隐藏 Alpha 通道

图 6-118 "载入选区"对话框

图 6-119 载入的 Alpha 选区

⑨ 保存文件为"通道结果.jpg"，文件结果及其"图层"调板如图 6-120 所示。

图 6-120 图像处理结果及其图层调板

6.7　动画和 Web 图形

在一个时间轴上连续、快速地显示一系列图像，就形成了动画。Photoshop CS6 中将动画与视频合并到了"时间轴"调板中，选择"窗口"|"时间轴"命令，打开"时间轴"调板时，将出现一个下拉列表框 ▢▢▢▢▢ ，在其下拉列表中选择"创建帧动画"或者"创建视频时间轴"选项。

6.7.1　动画调板

在"时间轴"调板上选择"创建帧动画"，同时单击"创建帧动画"按钮，"时间轴"调板将切换到"帧动画"调板。使用调板下方的按钮进行动画编辑，各个按钮的功能如图 6-121 所示。

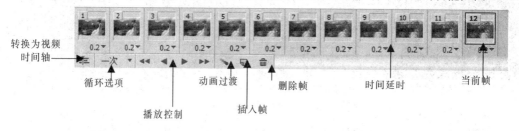

图 6-121　创建"帧动画"调板

6.7.2　制作动画

在 Photoshop 中制作动画的基本方式为：先在"帧动画"调板上插入帧，再增加新的图层，并且在新图层上编辑图像；这个过程反复执行，可得到多个不同的帧，也可先插入多个帧，然后每选择一帧就编辑图像，得到一系列不同效果的帧。最后设置每一帧的时间延时。Photoshop 同时提供了过渡功能，可快速完成淡入/淡出等效果。

制作动画的基本过程是：

① 准备关键帧。先设计动画过程，再将动画变化过程中的各个关键帧的画面，以图层的形式准备好。

② 定义关键帧。在"时间轴"调板上增加关键帧，通过图层的显示与隐藏，定义各个关键帧的内容，并定义各个关键帧的延时。

③ 定义动画效果。在"时间轴"上定义各个关键帧之间的效果，增加过渡。

④ 导出成为 GIF 文件。

【例 6-37】制作简单过渡动画，动画内容为：开头为空白，淡入文字，出现一个模糊的图像，模糊图像变为清晰图像。

【解】具体操作过程如下：

① 打开素材文件"动画.jpg"。

② 设计关键帧：根据动画内容，应该有空白、文字、模糊图像、清晰图像 4 个关键帧。

③ 准备关键帧图像：在背景层上创建新图层 1，并填充白色，即白色关键帧；复制背景层内容为图层 2，选择"滤镜"|"模糊"|"高斯模糊"命令，模糊半径为 5，即模糊图像关键帧；单击"横排文字工具"按钮，输入"动画制作"，黑体、60px、红色创建文字层，即文字关键帧；

背景层为清晰图像关键帧，准备好的"图层"调板如图 6-122 所示。

④ 定义关键帧：打开"时间轴"调板，选择第 1 帧，在"图层"调板上隐藏除"图层 1"以外的所有图层，定义第 1 帧的延时为 0.1 秒；单击"复制所选关键帧"按钮，增加第二个关键帧，隐藏图层 2 和背景层。依此类推将模糊图像和清晰图像分别定义为第 3、第 4 关键帧，完成后的时间轴如图 6-123 所示。

⑤ 定义过渡：选择第 2 关键帧，单击"过渡动画帧"按钮，在打开的"过渡"对话框中的设置如图 6-124 所示；时间轴上将增加 5 帧，修改第 7 帧的延时为 2 秒，结果如图 6-125 所示。

⑥ 依此类推，定义第 8 帧（模糊图像）与文字的过渡，以及第 9 帧（清晰图像）与模糊图像的过渡。

图 6-122　图像的"图层"调板

图 6-123　定义关键帧

⑦ 单击"播放动画"按钮可查看动画预演，保存文件为"动画.psd"。

图 6-124　设置过渡

图 6-125　第 2 帧的过渡

6.7.3　输出为 Web 图像

动画的制作是以 Web 图像的形式输出的，由于互联网行业对图像的大小有一定要求，过大的图片是不便于在互联网上应用的，因此在输出前需要对图像进行优化处理。在保证图像效果为目的和前提下，尽可能的缩小图像大小。

选择"文件"|"存储为 Web 所用格式"命令，打开"存储为 Web 所用格式"对话框，如图 6-126 所示。

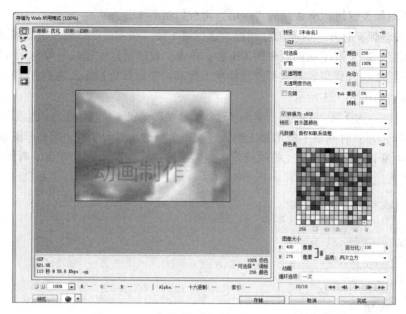

图 6-126 "存储为 Web 所用格式"对话框

其中：

① "图像大小"栏可将文件调整为指定的像素尺寸。

② "循环选项"下拉列表可设置动画的播放次数。

③ "透明度选项"复选框被选中时，可制作透明背景的动画。

提示： 要制作透明背景的动画，首先将背景层删除，或者将背景层转换为普通图层，再将需要透明的部分内容删除。

【例 6-38】动画文件的输出。

【解】具体操作过程如下：

① 打开素材文件"动画.psd"。

② 设置输出参数：选择"文件" | "存储为 Web 所用格式"命令，在打开的对话框中设置"图像大小"栏中的宽度为 300 像素，高度可根据比例自动设置，设置"循环选项"为"永远"。

③ 保存文件：单击"存储"按钮，在文件类型中选择 GIF，文件名字为"动画.gif"。

小　　结

本章重点介绍了 Photoshop 的基本操作，包括工具的使用、图层的概念与应用、图像色调的调整，以及矢量工具、滤镜与通道的应用。图层作为 Photoshop 的灵魂，在实际应用中是处理图像的有效工具与手段，是熟练掌握 Photoshop 的关键。

习　题　6

一、选择题

1. Photoshop 是＿＿＿＿＿＿公司最著名的平面图像编辑软件。

A．Microsoft　　　　　B．Adobe　　　　　C．IBM　　　　　D．Macromedia

2．Photoshop 中使用的各种工具存放在_____。

A．菜单　　　　　　B．工具箱　　　　　C．工具属性栏　　D．面板

3．退出 Photoshop 的快捷键是_____。

A．【Alt+F4】　　　　B．【Ctrl+Q】　　　　C．【Shift+F4】　　　D．【Ctrl+F4】

4．在 Photoshop 的工具箱中的各种工具按钮，用户不能完成的操作是_____。

A．设置前景色和背景色　　　　　　　B．保存正在编辑的图像

C．选择、绘画、编辑和查看图像　　　D．创建快速蒙版

5．在 Photoshop 中，关于暂存盘的叙述错误的是_____。

A．没有暂存磁盘　　　　　　　　　　B．暂存磁盘创建在启动磁盘

C．暂存磁盘创建在任何第二个磁盘上　D．Photoshop 可创建任意多的暂存磁盘

6．在 Photoshop 中文版中，下列对多边形套索工具的描述，正确的是_____。

A．可以形成直线形的多边形选择工具

B．多边形套索工具属于绘图工具

C．按住鼠标左键进行拖动，形成的轨迹就是形成的选择区域

D．多边形套索工具属于规则选框工具

7．当图层中出现🔒符号时，表示该图层_____。

A．是一个填充图层　　　　　　　　　B．设有图层样式

C．是一个调整图层　　　　　　　　　D．图层已被锁定

8．要将当前图层与下一个图层合并，可以按下_____组合键。

A．【Ctrl+E】　　　B．【Ctrl+G】　　　　C．【Ctrl+Shift+】　D．【Ctrl+Shift+G】

9．以下色彩调整命令可提供最精确地调整的命令是_____。

A．色阶　　　　　　B．亮度/对比度　　　C．曲线　　　　　D．色彩平衡

10．在_____模式下，每个像素只能在两种颜色中选择，不是黑就是白，即图像时由许多黑点和白点组成的。

A．灰度　　　　　　B．位图　　　　　　C．双色调　　　　D．索引颜色

11．图像必须是_____模式，才可以转换为位图模式。

A．RGB　　　　　　B．灰度　　　　　　C．多通道　　　　D．索引颜色

12．下列颜色模式的滤镜可以使用 Photoshop 的每一个滤镜的是_____。

A．Lab 颜色模式　　　　　　　　　　B．CMYK 颜色模式

C．索引颜色模式　　　　　　　　　　D．RGB 颜色模式

13．使一副本来清晰的图像变得模糊应该使用的滤镜是_____。

A．模糊滤镜　　　B．锐化滤镜　　　　C．马赛克滤镜　　D．镜头光晕

二、多选题

1．在 Photoshop 中文版的下列工具中，可以选择连续相似颜色的区域的是_____。

A．矩形选择工具　　　　　　　　　　B．快速选择工具

C．魔棒工具　　　　　　　　　　　　D．磁性套索工具

2．下面的工具中，属于绘图工具的是_____。

A．画笔工具　　　B．铅笔工具　　　　C．椭圆工具　　　D．文本工具

3．关于历史记录画笔工具以下说法正确的是_____。

A. 历史记录画笔工具可以将图像的一个状态或快照的副本绘制到当前图像窗口中

B. 选择了"全文档"的快照选项，在当前图层中用历史记录画笔工具绘制，将会根据快照中当前图层的历史状态进行恢复

C. 它只适用于恢复图像最初的状态

D. 在"历史记录"面板内，单击状态或快照左边的方框，可以指定历史记录画笔工具的源

4. 可以产生新图层的方法是_____。

A. 双击"图层"面板的空白处，在弹出的对话框中进行设置并选择"新图层"命令

B. 单击"图层"面板下方的"新图层"按钮

C. 使用鼠标将图像从当前窗口中拖动到另一个图像窗口中

D. 使用文字工具在图像中添加文字

5. 下面的描述正确的是_____。

A. 色相、饱和度和亮度是颜色的 3 种属性

B. "色相/饱和度"命令具有基准色方式、色标方式和着色方式 3 种不同的工作方式

C. "替换颜色"命令实际上相当于使用颜色范围与"色相/饱和度"命令来改变图像中局部的颜色变化

D. 色相的取值范围为 0～180

6. 以下属于 Photoshop 中文版色彩模式的是_____。

A. 灰度模式　　　　B. RGB 模式　　　　C. CMYK 模式　　　　D. TIF 模式

7. 下面选项中对色阶描述正确的是_____。

A. "色阶"对话框中的"输入色阶"用于显示当前的数值

B. "色阶"对话框中的"输出色阶"用于显示将要输出的数值

C. 调整 Gamma 值可改变图像暗调的亮度值

D. "色阶"对话框中共有 5 个三角形的滑钮

8. 下列滤镜属于"渲染"滤镜组的是_____。

A. 云彩　　　　B. 光照效果　　　　C. 扩散亮光　　　　D. 镜头光晕

9. 可以调整笔刷大小的工具有_____。

A. 橡皮工具　　　　B. 画笔工具　　　　C. 仿制图章工具　　　　D. 涂抹工具

10. 以下叙述正确的有_____。

A. 选区可以转换为路径　　　　B. 可以使用自定形状工具绘制路径

C. 钢笔工具绘制的路径可以是不封闭的　　　　D. 对路径进行填充后，路径仍然不变

三、判断题

1. 调整图层是一种比较特殊的图层，主要用来控制图像色调和色彩的调整。　　（　　）

2. 图层是不透明的，上层的内容将遮挡下层的图像。　　（　　）

3. 图层之间是有一定的顺序的，改变图层的顺序会改变图像的显示效果。　　（　　）

4. "曲线"命令与"色阶"命令不同，"色阶"命令使用 3 个变量调整图像，"曲线"可以调整 14 个点。　　（　　）

5. 进行载入选区操作时，只能载入 Alpha 通道。　　（　　）

6. 涂抹工具实际是调整图像饱和度。　　（　　）

7. 和普通图层一样，背景图层也可以被编辑，可以将背景图层转换为普通图层。　（　　）

8. 可通过创建"曲线"调整图层或者通过选择"图像"｜"调整"｜"曲线"命令，对图像进行色彩调整，两种方法对图像本身都没有影响，而且方便修改。　（　　）

9. 图层调整和填充是处理图层的一种方法，颜色叠加属于图层填充范围。　（　　）

10. 蒙版图层上可以绘制彩色效果。　（　　）

四、填空题

1. Photoshop 处理的图像文件格式默认为_____，可通过"文件"菜单中的_____命令，将文件进行格式转换。

2. "图层"面板中的_____图标显示时，表示该图层被_____，而当此图标未显示时，表示该图层被_____。

3. RGB 图像的颜色是由_____、_____、_____ 3 个基本颜色构成的，这 3 个颜色的取值范围都是_____，一共可显示_____种颜色。

4. 饱和度表示的是颜色的_____，颜色越浓饱和度越_____。

5. 如果一幅图像颜色较暗，可以使用_____命令来平衡其亮度值。

6. Photoshop 中的滤镜可分为_____、_____和_____ 3 种类型。

7. 要想在执行滤镜的过程中终止或取消滤镜的执行，可以按_____键。

8. 快速选取相同颜色的区域时，最好的工具是_____。

9. 在 Photoshop 中文版中，要创建一种从中心到周围以圆形图案的形式逐渐改变的渐变色，应使用的渐变是_____。

10. 使用背景橡皮擦工具擦除图像后，其背景色将_____。

五、操作题

1. 打开素材文件"牡丹.jpg"，制作如图 6-127 所示的效果：将图片内容除牡丹花外转成黑白，只有花保留彩色，并在花朵上绘制一个白色相框，添加投影效果。

2. 参考如图 6-128 所示的样张设计一个贺卡，素材文件可自行设计。

图 6-127　操作题 1 样张

图 6-128　操作题 2 样张

第 7 章　常用工具软件

在掌握计算机系统软件和常用应用软件的基础上，学习一些常用工具软件操作，不但可以使计算机发挥更大效用，提高工作效率，而且可以让用户充分享受到使用计算机的乐趣。本章介绍了目前应用最广泛的文件压缩、虚拟光驱、图像浏览、计算机安全与维护方面的几种工具软件的使用。

学习目标：

- 了解文件压缩的基本概念；
- 熟练掌握 WinRar 文件压缩及解压的 3 种方法；
- 了解镜像文件的基本概念；
- 熟练掌握镜像文件的创建、添加、删除、转换操作；
- 熟练掌握 DAEMON Tools 加载镜像文件的操作；
- 掌握 DAEMON Tools 卸载虚拟光驱的操作；
- 掌握 ACDSee 对图片浏览图片的操作；
- 熟练掌握 ACDSee 对图片的批量操作；
- 掌握 ACDSee 转换图片格式的操作；
- 熟练掌握 ACDSee 创建电子相册的操作；
- 了解计算机安全的知识；
- 熟练掌握 360 安全卫士的各项操作。

7.1　文件压缩工具

本节主要内容如下。

7.1.1　文件压缩基本概念

把一个大容量文件压缩成较小容量文件的过程称为文件压缩，压缩后的文件称为原文件的压缩文件。压缩的本质是通过某种特殊的编码方式，在不影响文件基本使用的前提下，只保留原数据中一些"关键信息"，将原来文件数据信息中存在的重复、冗余的信息去除，从而达到将文件压缩的目的。

现在网络上的许多文件都属于压缩文件，文件下载后必须先解压缩才能使用，尤其是在使用电子邮件传输文件时，为了减轻网络的负荷，加快传输速度，最好先对附件进行压缩处理，特别是当附件大小超过邮箱所能传输的文件最大值时，必须先压缩文件。

7.1.2 WinRAR 简介

目前常见的压缩工具是在 Windows 环境下的 WinRar 压缩软件，它可以对多种压缩格式的文件进行操作，并且可以创建自解压可执行文件以及分卷压缩。

WinRar 的主操作界面如图 7-1 所示。

图 7-1 WinRar 主操作界面

主操作界面的工具栏中有 9 个按钮，其功能如下：

① "添加" 按钮：用户可以选择要压缩的文件进行压缩，或添加到已压缩好的文件中。

② "解压到" 按钮：打开对话框，设置文件解压的路径和选项。

③ "测试" 按钮：对已选定的文件进行测试，测试完毕后给出是否有错误等测试结果。

④ "查看" 按钮：显示已选定文件中的内容代码，或已选定文件夹中的文件及子文件夹。

⑤ "删除" 按钮：删除已选定的文件。

⑥ "查找" 按钮：在用户指定的文件夹或磁盘目录中搜索包含指定字符串或文件名的某类文件。

⑦ "向导" 按钮：提供向导式的操作。

⑧ "信息" 按钮：获得已选定的文件或文件夹的信息，包括解压所需最低 RAR 版本、压缩平台、文件总数、文件总大小、压缩包大小、压缩率、自解压模块大小、注释、密码等信息。

⑨ "修复" 按钮：对损坏的压缩文件进行修复。

在 WinRar 的主操作界面中双击一个压缩文件时，工具栏中会出现新的按钮，如图 7-2 所示。

图 7-2 双击压缩文件后的界面

① "扫描病毒"按钮：用户可以自己指定一种杀毒软件对压缩文件进行病毒扫描。

② "注释"按钮：为压缩文件添加注释信息，可以手工输入或从文件添加注释。

③ "保护"按钮：为压缩文件设置保护，锁定压缩文件以禁止修改，或添加身份校验信息以标记压缩文件。

④ "自解压格式"按钮：将压缩文件转为自解压文件。

7.1.3 创建压缩文件

在 WinRar 中，可以使用向导来创建压缩文件，也可以通过单击工具栏上的"添加"按钮来创建压缩文件，还可以使用快捷菜单快速压缩文件。

1. 使用向导创建压缩文件

WinRar 提供了一个非常友好的向导，用户利用该向导提示可以顺利地完成文件的压缩操作。

【例 7-1】使用向导创建压缩文件。

【解】具体操作过程如下：

① 在 WinRar 主界面中单击工具栏中的"向导"按钮，打开"向导：选择操作"对话框，选择"创建新的压缩文件"单选按钮，如图 7-3 所示。

② 单击"下一步"按钮，打开"请选择要添加的文件"对话框，在"查找范围"下拉列表中可以选择要压缩文件所在的磁盘及文件夹的位置，在中间的列表框显示了"查找范围"下的所有文件夹及文件，可以选择一个或多个要压缩的文件或文件夹，如图 7-4 所示。

小贴士：单击可以选择一个文件或文件夹，按住【Shift】键单击第一个文件或文件夹后再单击另一个文件或文件夹即可选择连续的多个文件，按住【Ctrl】键单击每一个文件或文件夹可以选择多个不连续的文件。

图 7-3 "向导：选择操作"对话框

图 7-4 "请选择要添加的文件"对话框

③ 单击"确定"按钮，打开向导：选择压缩文件"对话框，在"压缩文件名"文本框中可以输入压缩文件的名称，单击"浏览"按钮，可以选择压缩文件存放的位置，如图 7-5 所示。

④ 单击"下一步"按钮，打开"向导：压缩文件选项"对话框，如图 7-6 所示。可以选择一些附加的压缩选项。选择"快速压缩，但压缩率较小"复选框则可以快速压缩文件，但是压缩率较小；可以压缩文件后删除源文件；可以创建自解压压缩文件，生成的压缩文件为.EXE（可执行文件格式），在没有安装任何解压软件的计算机上直接运行此压缩文件即可解压；可以

给压缩文件设置密码，在解压此文件时需要密码才可以解压；如果要分卷压缩即把压缩文件分成几部分，则需要在输入框中输入单个部分的大小（注意单位），通常分卷压缩是在将大的压缩文件保存到多个外部存储器（如可移动磁盘）时使用。

图 7-5　"向导：选择压缩文件"对话框

图 7-6　"向导：压缩文件选项"对话框

⑤ 单击"完成"按钮，打开"正在创建压缩文件"提示框，如图 7-7 所示。上面的进度条表示当前正在压缩文件的进度，下面的进度条表示总的压缩任务进度，当下面的进度条显示为 100%时表示整个压缩任务完成，提示框自动消失。在此提示框中，单击"后台处理"按钮，当前提示框缩小到任务栏中，在后台执行压缩操作；单击"暂停"按钮，可以暂停当前的压缩任务，再次单击可以继续执行压缩任务；单击"取消"按钮，可以中止当前的压缩任务；单击"帮助"按钮，可以获取帮助信息。

图 7-7　"压缩文件的进程"对话框

2．利用"添加"按钮创建压缩文件

利用 WinRar 主界面中的"添加"按钮也可以将选定的文件压缩，或添加到已有的压缩文件中。

【例 7-2】利用"添加"按钮创建压缩文件。

【解】具体操作过程如下：

① 在 WinRar 主界面的"文件"窗格中选择要压缩的文件或文件夹，单击工具栏的"添加"按钮，打开"压缩文件名和参数"对话框，如图 7-8 所示。在该对话框中有 7 个选项卡，可以进行相应的压缩设置。

在"常规"选项卡中，主要设置如下：

- 在"压缩文件名"列表框中可以输入压缩文件的名称，单击"浏览"按钮可以选择压缩文件保存的位置。
- "配置"按钮提供了几个预选模式，也可以定制模式。
- 在"更新方式"下拉列表中，可以对以前的压缩文件进行操作。
- "压缩文件格式"下拉列表用于选择压缩文件格式。

图 7-8　"压缩文件名和参数"对话框

- "压缩方式"栏用于对压缩比例和速度进行设置。
- "切分为分卷，大小"列表框用于设置分卷压缩时单个压缩部分的大小。
- "压缩选项"栏用于选择压缩的附加功能。

在"高级"选项卡中可以对"NTFS 选项"、"分卷"、"系统"、"恢复记录"、"压缩"、"自解压选项"进行相应设置。

在"选项"选项卡中可以对"删除模式"、"压缩文件功能"、"快速打开信息"进行相应设置。

在"文件"选项卡中可以设置要添加的文件、要排除的文件、不压缩直接存储的文件、文件存储的相对/绝对位置等相关内容。

在"备份"选项卡中可以对备份选项进行设置。

在"时间"选项卡中可以设置存储文件时间、文件处理时包含文件的时间、压缩文件的时间。

在"注释"选项卡中可以为压缩文件加注释。

② 设置好相应的操作后，单击"确定"按钮，打开"正在创建压缩文件"提示框开始压缩。

③ 压缩完毕，在 Windows 的"资源管理器"窗口查看此压缩文件。

3．利用快捷菜单压缩文件

在 Windows 的"资源管理器"窗口中，可以利用快捷菜单压缩文件。

【例 7-3】利用快捷菜单压缩文件。

【解】具体操作过程如下：

① 在 Windows 的"开始"按钮上右击，在弹出的快捷菜单中选择"打开 Windows 资源管理器"命令，打开"资源管理器"窗口。

② 选择需要压缩的文件或文件夹，右击选中的文件或文件夹，在弹出的快捷菜单中选择"添加到压缩文件"命令，如图 7-9 所示。同样可以打开"压缩文件名和参数"对话框，进行相应的压缩操作。

图 7-9　利用快捷菜单压缩文件

③ 设置好相应的操作后，单击"确定"按钮，同样打开"正在创建压缩文件"提示框开始压缩进程。

小贴士：利用快捷菜单进行压缩时，可以利用"压缩并 E-mail"命令把文件进行压缩并通过邮件发送出去。

7.1.4　解压缩文件

WinRar 可以解压多种格式的压缩文件，用户可以利用向导解压文件，也可以利用 WinRar 主界面中的"解压到"按钮解压文件，还可以利用快捷菜单解压文件。

1．利用向导解压文件

WinRar 提供了一个非常友好的向导，用户利用该向导提示可以顺利地完成文件的解压操作。

【例 7-4】利用向导解压文件。

【解】具体操作过程如下：

① 在 WinRar 主界面上单击"向导"按钮，打开"向导：选择操作"对话框，选择"解压一个压缩文件"单选按钮，如图 7-10 所示。

② 单击"下一步"按钮，打开"向导：选择压缩文件"对话框，单击"浏览"按钮选择在例 7-1 压缩好的文件，如图 7-11 所示。

图 7-10 选择操作

图 7-11 选择压缩文件

③ 单击"下一步"按钮，打开"向导：选择文件夹解压文件"对话框，在"解压文件的目标文件夹"列表框中可以输入解压后的文件要存储的目标路径，也可以单击"浏览"按钮选择解压文件存放的位置，如图 7-12 所示。

④ 单击"完成"按钮，打开"正在解压文件"提示框，如图 7-13 所示。上面的进度条表示当前正解压的文件的进度，下面的进度条表示总的解压任务进度，当下面的进度条显示为100%时表示整个解压任务完成，提示框自动消失。

图 7-12 选择文件夹解压文件

图 7-13 正在解压文件

2．利用"解压到"按钮解压文件

在 WinRar 主界面中的"解压到"按钮也可以将选定的压缩文件进行解压缩。

【例 7-5】利用"解压到"按钮解压文件。

【解】具体操作过程如下：

① 在 WinRar 主界面的"文件"窗格中选择例 7-2 压缩好的文件，单击工具栏中的"解压到"按钮，打开"解压路径和选项"对话框，如图 7-14所示。

在"常规"选项卡中可以进行如下设置：

- "目标路径"列表框可以设置解压后文件的存储目标路径。

图 7-14 "解压路径和选项"对话框

- "更新方式"栏中的"解压并替换文件"单选按钮用于解压并替换文件;"解压并更新文件"单选按钮用于解压并升级文件;"仅更新已经存在的文件"单选按钮用于只有比已有文件新的时候才解压。

- "覆盖方式"栏中的"在覆盖前询问"单选按钮表示在覆盖前询问用户是否覆盖已经存在的文件;"没有提示直接覆盖"单选按钮表示在覆盖前不询问用户是否覆盖已经存在的文件;"跳过已经存在的文件"单选按钮表示解压时跳过已经存在的文件。

- "其他"栏中的"保留损坏的文件"复选框表示不删除不能正确解压的文件;"在资源管理器中显示文件"复选框表示解压完毕后,WinRar 会打开"资源管理器"窗口并显示目标文件夹的内容。

在"高级"选项卡中可以设置解压文件的时间和其他杂项。

② 做好相应的设置后,单击"确定"按钮,打开"正在解压文件"提示框开始解压进程。

③ 提示框消失后表示解压文件成功,在 WinRar 主界面的"文件"窗格中,用户可以找到解压好的文件。

3.利用快捷菜单解压文件

在 Windows 的"资源管理器"窗口中,利用快捷菜单也可以解压文件。

【例 7-6】在"资源管理器"窗口中利用快捷菜单解压文件。

【解】具体操作过程如下:

① 在 Windows 的"开始"按钮上右击,在弹出的快捷菜单中选择"打开 Windows 资源管理器"命令,打开"资源管理器"窗口。

② 右击例 7-3 压缩好的文件,在弹出的快捷菜单中选择"解压文件"命令,如图 7-15 所示。同样可以打开"解压路径和选项"对话框,进行相应的解压缩操作。如果选择"解压到当前文件夹"命令,则可以将压缩文件直接解压到当前文件夹中。如果选择"解压到"+"压缩文件名"的命令,则可以将压缩文件直接解压到以压缩文件名为文件夹名称的文件夹中。

③ 提示框消失后表示解压文件成功,在"资源管理器"的右窗格中,用户可以找到解压好的文件。

注意:如果压缩文件时做了分卷压缩,那么第一,在解压之前,用户必须将全部的分卷文件放在同一个文件夹内;第二,解压分卷压缩的文件时,用户必须从第一个分卷压缩文件开始解压。

图 7-15 利用快捷菜单解压文件

7.2 虚拟光驱管理工具

本节主要包括如下内容。

7.2.1 镜像文件及虚拟光驱

在日常生活中,经常有一些软件、游戏或视频文件存储在光盘中,在运行这些文件时需要有光驱、光盘,但是有时由于光盘不小心被损坏,则无法读取,或者有时因为光驱的问题使得光盘无法读取,为了解决光盘文件的读取,我们可以把光盘中的所有文件制成镜像(ISO, Isolation)文件,类似于全盘复制，把它们存放在计算机硬盘中，在以后使用时用虚拟光驱读出即可。

由于 ISO 文件直接在硬盘上运行，所以其速度比光驱的速度快得多，播放镜像文件则非常流畅。ISO 运行时不用光盘，所以即使计算机没有光驱（尤其是笔记本式计算机）也可以运行，而且可以同时运行多张光盘软件。ISO 文件可以像普通文件一样复制到移动存储介质上从而易于携带及传输。

ISO 镜像文件需要专门的软件才能制作和读取，常用的制作软件有 WinISO，读取软件有DAEMON Tools。常见的镜像文件格式有 ISO、BIN、IMG 等。

7.2.2　WinISO 使用简介

WinISO 是一款功能非常强大的镜像文件处理工具，其主界面如图 7-16 所示。它可以从光驱中创建 ISO 镜像文件，也可以将其他格式的镜像文件转换为标准的 ISO 镜像格式，同时可以方便地实现镜像文件的添加、删除等操作。

1. 创建镜像文件

利用 WinISO 可以将存储器中已有的文件创建为镜像文件。

【例 7-7】创建新的镜像文件。

【解】具体操作过程如下：

① 从 Windows 的 "开始" 菜单中启动 WinISO，单击 WinISO 主界面的 "新建文件" 按钮，或单击菜单栏中的 "文件" | "新建" | "ISO9669 镜像" 命令。

② 打开 Windows 的 "资源管理器" 窗口，从 "资源管理器" 窗口中将要制作成镜像文件的所有文件拖动放到 WinISO 主界面的右窗格中，如图 7-17 所示。

图 7-16　WinISO 主界面

图 7-17　添加要制作镜像文件的源文件

③ 单击 WinISO 主界面上的 "保存" 按钮，打开 "保存" 对话框，选择镜像文件存放的位置，在 "文件名" 文本框中输入镜像文件的名称，如图 7-18 所示。

④ 单击 "保存" 按钮，WinISO 即可在用户指定的存储位置建立一个 ISO 文件，用户在 "资源管理器" 窗口中可以查看到此文件。

2. 添加镜像文件

利用 WinISO 可以为已有的镜像文件添加文件。

图 7-18　镜像文件保存对话框

【例 7-8】 为例 7-7 建立好的镜像文件添加文件。

【解】 具体操作过程如下：

① 在 WinISO 主界面上单击工具栏的"打开文件"按钮，或选择菜单栏中的"文件"|"打开文件"命令，打开"打开镜像文件"对话框，如图 7-19 所示。

② 在对话框中选择例 7-7 建好的镜像文件，然后单击"打开"按钮，打开此文件。

③ 单击 WinISO 主界面工具栏中的"添加文件"按钮，或选择菜单栏中的"编辑"|"添加文件"命令，在打开的"打开"对话框中选择要添加的文件，如图 7-20 所示（本章素材提供的 Word 文件），单击"打开"按钮。

图 7-19　"打开镜像"文件对话框　　　　图 7-20　选择要添加的文件

④ 在 WinISO 的右窗格可以查看添加好的文件，如图 7-21 所示。用户也可以通过从"资源管理器"窗口中直接拖动文件或文件夹至 WinISO 主程序右窗格中来添加文件。

⑤ 单击工具栏的"保存"按钮即可在已有镜像文件中添加文件。

3. 删除镜像文件

利用 WinISO 可以从已有的镜像文件中删除文件。

【例 7-9】 将例 7-8 添加的文件从镜像文件中删除。

【解】 具体操作过程如下：

① 在 WinISO 主界面上单击工具栏的"打开文件"按钮，或选择"文件"|"打开文件"命令，打开"打开镜像文件"对话框。

② 在该对话框中选择例 7-8 建立好的镜像文件，然后单击"打开"按钮，打开此文件，如图 7-21 所示。

图 7-21　添加文件后的界面图

③ 在 WinISO 右窗格中选中要删除的文件，选择菜单栏中的"编辑"|"删除"命令，或者右击，在弹出的快捷菜单中选择"删除"命令，也可以单击工具栏中的垃圾桶小图标，即可删除文件。

④ 完成删除后，必须再次单击工具栏的"保存"按钮保存修改后的镜像文件。

4．制作光盘内容的镜像文件

WinISO 可以方便地将光盘中的文件制作成 ISO 镜像文件，存储在硬盘或移动存储器中，以便于保存及传输。

【例 7-10】将光盘内容制作成 ISO 文件。

【解】具体操作过程如下：

① 将需要制作成镜像文件的光盘放入计算机的光驱中。

② 选择 WinISO 主菜单栏的"工具"｜"从 CD|DVD|BD 制作镜像"命令，打开"制作镜像"对话框，如图 7-22 所示。

③ 在该对话框的"来源"栏中选择光盘的所在盘符，在"目标"栏中选择输出的文件类型，在"文件名"文本框输入用户自定义的文件名，单击省略号按钮打开"保存文件"对话框，可以选择生成的镜像文件存放的位置、名称及保存类型，如图 7-23 所示。

图 7-22　"制作镜像"对话框　　　　　　图 7-23　"保存文件"对话框

④ 完成设置后单击"保存"按钮，返回图 7-22 所示的对话框，单击"确定"按钮开始创建镜像文件，如图 7-24 所示。对话框下面的进度条显示了制作进度，单击"Minimize"按钮可以将制作过程窗口最小化，程序在系统后台执行。

⑤ 制作成功后，系统会弹出提示框，如图 7-25 所示。提示制作完毕后，单击"确定"按钮完成操作。

图 7-24　制作镜像光盘进度显示　　　图 7-25　制作光盘镜像成功对话框

⑥ 在 Windows 的"资源管理器"窗口查看制作完成的光盘镜像文件。

5. 转换镜像文件格式

WinISO 可以将各种格式的镜像文件进行相互转换。

【例 7-11】将 ISO 格式文件转换为 BIN 格式。

【解】具体操作过程如下：

① 单击 WinISO 主界面工具栏中的"转换"按钮，或选择菜单栏中的"工具"|"转换镜像文件格式"命令，打开"转换"对话框。

② 单击来源区域中的"浏览"按钮，打开例 7-7 创建好的镜像文件，如图 7-26 所示。在"目标"栏"输出格式"列表框中选择"CUE 文档（*.cue *.bin）"选项，单击"目标"栏中的省略号按钮，打开"保存文件"对话框，如图 7-27 所示。

③ 选择文件转化后存放的文件夹，输入保存文件名，单击"保存"按钮返回图 7-26 所示对话框，单击"确定"按钮即可开始转换。

图 7-26　转换格式对话框　　　　　　　图 7-27　保存转换文件对话框

④ 转换过程时间长短与源文件大小有关，成功后系统会弹出与图 7-25 类似的提示框提示成功。

⑤ 在 Windows 的"资源管理器"窗口查看转换完成后的文件。

7.2.3　DAEMON Tools 使用简介

DAEMON Tools 是一种模拟光驱工作的虚拟光驱软件，它可以将硬盘上的镜像文件放入虚拟光驱中即可像运行真实的光驱文件一样操作镜像文件，其主界面如图 7-28 所示。

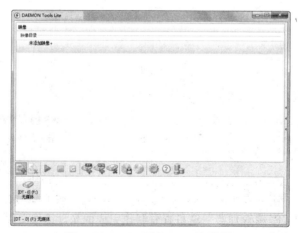

图 7-28　DEAMON Tools 主界面

1．设置虚拟光驱数目

DAEMON Tools 初始状态只有一个虚拟光驱，它最多可以支持 4 个虚拟光驱，用户可以按照自己的需求进行添加。

【例 7-12】将 DAEMON Tools 虚拟光驱数改为 2。

【解】具体操作过程如下：

① 双击桌面上的 DAEMON Tools 图标，启动 DAEMON Tools。

② 单击工具栏中的"添加 DT"按钮，打开"正在添加虚拟设备"提示框，如图 7-29 所示。

图 7-29　"正在添加虚拟设备"提示框

③ 添加完毕后提示框自动消失，在主界面下面的窗格中可以看到增加了一个"DT-1（G:）无媒体"的虚拟光驱，如图 7-30 所示。

图 7-30　增加虚拟光驱数目后界面图

④ 设置完虚拟光驱的数量后，在 Windows 的"资源管理器"窗口的"有可移动存储的设备"区域可以看到 2 个新的光驱图标，如图 7-31 所示。

2．加载光盘镜像文件

设置好虚拟光驱数目后，用户即可利用 DAEMON Tools 加载光盘镜像文件了。

图 7-31　增加光驱后可使用设备图

【例 7-13】从虚拟光驱启动镜像文件。

【解】具体操作过程如下：

① 单击 DAEMON Tools 主界面工具栏的"添加映像"按钮，打开"打开"对话框。

② 选择例 7-10 制作好的镜像文件，如图 7-32 所示，单击"打开"按钮。

③ 在 DAEMON Tools 主界面的"镜像目录"区域显示了打开的文件，如图 7-33 所示，双击此文件。

图 7-32　"打开"对话框

图 7-33　添加映像文件后界面图

④ 系统打开"设备"对话框提示指定一个虚拟光驱以便于运行此文件，如图 7-34 所示。此处选择"DT-0（F:）空"，单击"确定"按钮。

⑤ 系统提示正在载入镜像文件，载入完毕后，在 DAEMON Tools 主界面"最近使用的映像"区域即可看到此文件，如图 7-35 所示。

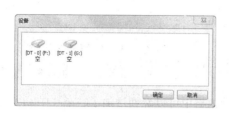

图 7-34　选择设备

图 7-35　加载镜像文件后界面图

⑥ 在 Windows 的"资源管理器"窗口的"有可移动存储的设备"区域显示光驱中有文件了，如图 7-36 所示。双击此光驱即可查看里面的文件，同时可以像运行真实的光盘一样运行文件了。

3. 卸载虚拟光驱

当虚拟光驱不用时要及时地卸载，也可以先卸载原有的镜像文件，再装载其他镜像文件。

图 7-36　加载镜像文件后可使用设备图

【例 7-14】卸载虚拟光驱。

【解】具体操作过程如下：

① 在 DAEMON Tools 主界面的"虚拟设备"区域选择例 7-12 装载好的光驱，单击"移除虚拟光驱"按钮，打开"是否确定要移除选定的光驱吗？"对话框，如图 7-37 所示。在所选的虚拟光驱上右击，在弹出的快捷菜单中选择"移除光驱"命令也可以打开该对话框。

② 在该对话框中单击"是"按钮，系统提示正在移除虚拟设备，如图 7-38 所示。

图 7-37　是否移除光驱

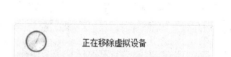

图 7-38　正在移除虚拟设备提示框

③ 移除完毕后提示框自动消失，在 DAEMON Tools 主界面下部的"虚拟设备"区域则只剩下一个设备图标，如图 7-39 所示。

④ 移除后可在 Windows 的"资源管理器"窗口的"有可移动存储的设备"区域查看可用光驱数目。

小技巧：如果只是更换镜像文件，而不是卸载光驱，可以在 DAEMON Tools 主界面的"镜像目录"区域中，在要移除的镜像文件上右击，在弹出的快捷菜单中选择"移除项目"命令即可，此时虚拟光驱的数目不会减少，需要时还可以如例 7-13 所讲重新加载光盘镜像文件。

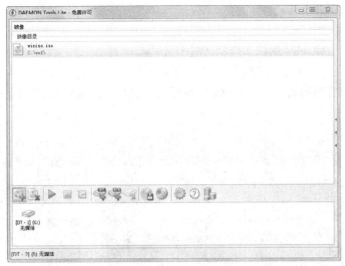

图 7-39 移除虚拟光驱后界面图

7.3 图像浏览工具

本节的图像浏览工具主要介绍 ACDSee。

7.3.1 ACDSee 简介

ACDSee 是一款常用的看图软件，它能快速、高质量显示图片，还能处理一些常用的视频文件。此外 ACDSee 还可以作为图片编辑工具，轻松进行图片的剪切、旋转、去除红眼、对比度调整、饱和度调整、添加特效等操作，同时还能进行批量处理。主界面如图 7-40 所示。

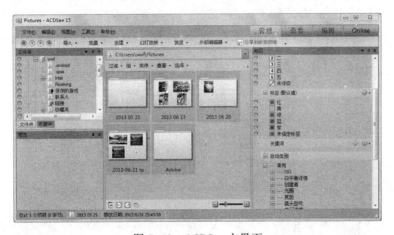

图 7-40 ACDSee 主界面

7.3.2 浏览图片

ACDSee 提供了目录管理模式、查看模式和幻灯片模式三种浏览图片的方式。

【例 7-15】利用 ACDSee 浏览图片。

【解】具体操作过程如下：

① 双击桌面上 ACDSee 图标，启动 ACDSee。

② 在左窗格的"文件夹"列表中单击要查看的文件夹，其中包含的图片的缩略图就在中间的浏览区以目录管理模式显示，单击某一张缩略图，其大图则会在左侧的"预览"区域显示，如图 7-41 所示。

图 7-41　目录管理模式浏览图片界面

③ 在目录管理模式下，双击某一张缩略图，即可打开一个新的窗口以查看模式单独显示该图片，可以单击"上一个"、"下一个"按钮浏览其他图片，如图 7-42 所示。

图 7-42　查看模式浏览图片界面

④ 选择图 7-42 右上角的"管理"选项卡，回到目录管理模式浏览状态下，再选择"工具"|"幻灯放映"命令，可以以幻灯片浏览方式显示所选文件夹中的图片，如图 7-43 所示。

⑤ 在幻灯片自动浏览过程中，可以单击工具栏中的"暂停"按钮以暂时停止幻灯片切换，单击"继续"按钮以继续播放幻灯片切换，单击"<<"按钮以显示上一张图片，单击">>"按钮以显示下一张图片，单击 "退出"按钮退出幻灯片浏览方式。

⑥ 选择"工具"|"配置幻灯放映"命令，打开"幻灯放映属性"对话框，如图 7-44 所示。可以设置幻灯片的转场效果和出现方式，单击"确定"按钮浏览使用切换效果的幻灯片图片。

图 7-43　幻灯片浏览图片界面

图 7-44　"幻灯放映属性"对话框

7.3.3　批量操作

ACDSee 可以对多个图片进行批量操作，如批量修改文件名、批量旋转/翻转图像，批量调整图像大小、批量调整曝光度、批量调整时间标签等。ACDSee 工具栏中的"批量"下拉列表中包括各种批量操作命令。

【例 7-16】利用 ACDSee 批量重命名文件。

【解】具体操作过程如下：

① 在 ACDSee 左窗格的"文件夹"列表中单击目标图片所在的文件夹，在中间的浏览区选择要转换格式的多个图片，注意按住【Ctrl】键单击图片可以选择不连续的文件，按住【Shift】键单击图片可以选择连续的文件，这与 Windows 资源管理器中文件的选择操作相同。

② 选择"工具"|"批量|重命名"命令，或者单击工具栏中的"批量|重命名"按钮，打开"批量重命名"对话框，如图 7-45 所示。

③ 在该对话框中的"开始于"栏中"固定值"数字框中输入开始编号，如"1"，单击"清除模板"按钮，在"模板"列表框输入"wf##"，"#"表示从开始编号开始的整数，右侧预览框中可以看到修改前后对应的文件名，如图 7-46 所示。

④ 单击"开始重命名"按钮，打开"正在重命名"对话框提示修改进程，如图 7-47

图 7-45　"批量重命名"对话框

所示。重命名完毕后单击"完成"按钮，完成批量重命名操作。

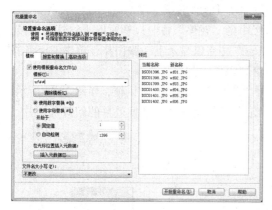

图 7-46　重命名后

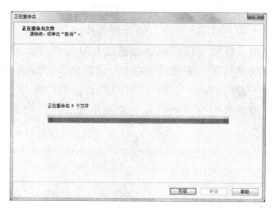

图 7-47　"正在重命名"对话框

7.3.4　转换图片格式

ACDSee 可以修改单个文件的格式，更重要的是它可以批量转换多个图片文件的格式。

【例 7-17】利用 ACDSee 批量转换文件格式。

【解】具体操作过程如下：

① 在 ACDSee 左窗格的"文件夹"列表中单击要转换格式的图片所在的文件夹，在中间的浏览区选择要转换格式的图片。

② 选择"工具"|"批量|转换文件格式"命令，或者单击工具栏中的"批量|转换文件格式"按钮，打开"批量转换文件格式"对话框，如图 7-48 所示。

③ 在"格式"选项卡中选择转换后的文件格式，如"PSD"格式，单击"格式设置"按钮可以打开"PSD 编码选项"对话框，可对转换后的图片品质等进行设置，如图 7-49 所示。设置完毕后单击"确定"按钮回到"批量转换文件格式"对话框，单击"下一步"按钮。

图 7-48　"批量转换文件格式"对话框

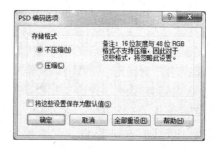

图 7-49　"PSD 编码选项"对话框

④ 此时要设置输出选项，可以设置转换后文件的保存位置，是否删除源文件，如图 7-50 所示。利用"浏览"按钮将修改后的文件放到指定的文件夹中，单击"下一步"按钮。

⑤ 此时要设置多页选项，设置多页图像的输入与输出选项，如图 7-51 所示。单击"开始转换"按钮开始批量转换图片。

图 7-50 设置输出选项

图 7-51 设置多页选项

⑥ 打开"转换文件"进度条来提示转换进程，如图 7-52 所示。转换完毕后单击"完成"按钮完成图片格式的转换。

7.3.5 创建电子相册

ACDSee 可以将图片制作成电子相册，从而动态地显示图片。

【例 7-18】利用 ACDSee 制作电子相册。

【解】具体操作过程如下：

① 在 ACDSee 左窗格的"文件夹"列表中单击要制作电子相册的图片所在的文件夹。

图 7-52 转换进度提示框

② 选择工具栏中的"创建|幻灯放映文件"命令，打开"创建幻灯放映向导"对话框，选择"创建新的幻灯放映"栏中的"独立的幻灯放映（.exe 文件格式）"单选按钮，如图 7-53 所示。

③ 单击"下一步"按钮，选取要包含在幻灯片中的图片，如图 7-54 所示。单击"添加"按钮，打开"添加图像"对话框。

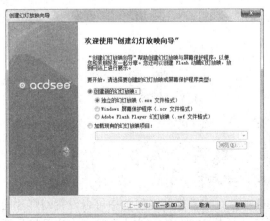

图 7-53 "创建幻灯片放映向导"对话框

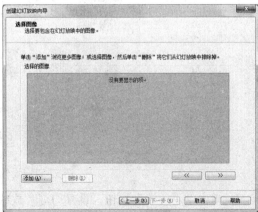

图 7-54 选择图像

④ 在"文件夹"选项卡中选择要添加图像的位置，在"可用的项目"栏中选择要添加的图片后，单击"添加"按钮把图片添加到"选择的项目"栏，也可以单击"全选"按钮将"可用的项目"栏中的全部图片选中，再单击"添加"按钮把全部图片添加到"选择的项目"栏，单击"查看"按钮可以以大图形式查看图片，如图 7-55 所示。

⑤ 在"选择的项目"按钮，可以选中不需要的图片单击"删除"按钮取消图片，单击"<-左移"、"右移->"按钮可以切换选中图片。

⑥ 单击"确定"按钮，在打开的"创建幻灯放映向导"对话框中的"选择的图像"栏可以看到所选图片，此时还可以添加或删除图片，如图 7-56 所示。

图 7-55　"添加图像"对话框　　　　　　　图 7-56　选择好图像后界面

⑦ 单击"下一步"按钮，设置文件特有选项，可以为每张图片设置变换效果、过度持续时间、幻灯片持续时间、标题、音频，如图 7-57 所示。

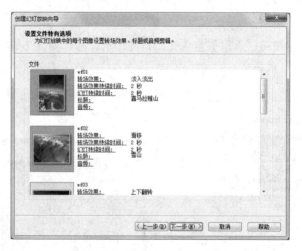

图 7-57　设置文件特有选项

⑧ 单击"下一步"按钮，设置幻灯片放映选项，在"常规"选项卡中可以设置幻灯片的前进方式和顺序，添加背景音乐文件、设置背景音乐播放方式，在"文本"选项卡中可以设置页眉、页脚、标题，如图 7-58 所示。

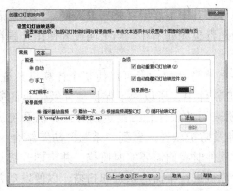 

图 7-58　设置幻灯片放映选项

⑨ 单击"下一步"按钮，设置最大图像大小、输出文件的名称和位置、项目文件的名称和位置，如图 7-59 所示。

⑩ 单击"下一步"按钮，ACDSee 开始创建电子相册，提示创建进程，如图 7-60 所示。

⑪ 创建完毕后如图 7-61 所示，可以单击"启动幻灯放映"按钮即可直接查看效果，单击"完成"按钮完成电子相册的制作。

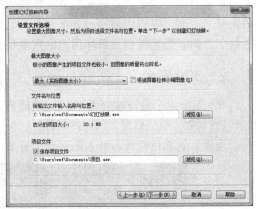

图 7-59　设置文件选项

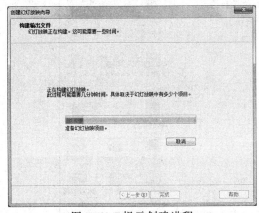 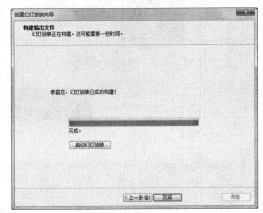

图 7-60　提示创建进程　　　　　　　　图 7-61　创建幻灯片成功

7.4　计算机安全与维护工具

本节主要讲述计算机的安全与维护工具，主要内容如下。

7.4.1　计算机安全概述

计算机安全是指计算机的软、硬件资源不受各种有害因素的威胁和危害。造成计算机不安全的因素有病毒入侵、黑客攻击、用户使用不当等，其中主要因素是病毒入侵。当今随着信息化的飞速发展，网络无处不在，而网络上的各种病毒也无处不在。当上网或者使用外围存储设备时，会增加计算机中病毒的几率。

迄今，我们发现的计算机病毒有上万种，一些恶意性的病毒可以使整个计算机系统瘫痪，所有数据信息被毁。计算机病毒通常隐藏在其他软件中，所以为了保护硬件及信息的安全，防止病毒入侵，一是要加强管理，杜绝使用不明来历的软件；二是定期对计算机系统进行检查和杀毒，因此需要在计算机上安装有效的杀毒及防护软件，做到"杀"、"防"结合。

由于新病毒的在不断地出现，所以使用杀毒软件时我们需要实时监控，并定期升级杀毒软件，及时地给操作系统打补丁。建议定期要对计算机进行全面的杀毒和扫描，以便发现并清除隐藏的病毒。

如果有条件的话，最好安装个人防火墙（Fire Wall）以抵御黑客的袭击。"防火墙"是一种隔离技术，它可以将内部网和外部网分开，允许用户决定哪些数据和用户可以进入自己的网络系统，以防止黑客操作及毁坏用户的重要信息。防火墙安装后，必须对它进行更新和维护。

7.4.2　360 安全卫士简介

360 安全卫士是一款方便、实用、功能强大的网络安全软件。360 安全卫士具有"电脑体检"、"木马查杀"、"系统修复"、"清理插件"、"保护隐私"等多种功能，并有独特的木马防火墙功能，可以全面、智能地拦截各种木马病毒，有效地保护用户的重要信息。主界面如图 7-62 所示。

图 7-62　360 安全卫士主界面图

① 电脑体检——可以对计算机进行细致的检查。

② 木马查杀——使用 360 云引擎、360 启发式引擎、小红伞本地引擎等技术查杀木马病毒。

③ 系统修复——修补系统异常。

④ 电脑清理——清理计算机中的 Cookie、垃圾、痕迹和插件。

⑤ 优化加速——进行开机加速、系统加速、网络加速。

⑥ 电脑救援——提供各种问题的帮助。

⑦ 手机助手——安全下载手机中的各种应用。

⑧ 软件管家——安全下载各种软件。

⑨ 功能大全——提供多种功能。

7.4.3 安全防护

利用 360 安全卫士的"电脑体验"、"木马查杀"、"防火墙"、"电脑清理"等功能可以有效地保护计算机的安全。

1. 电脑体检

"电脑体检"可以帮助用户全面地检查计算机的各项状况。体检完毕后系统会提交给用户一份优化计算机的建议,用户可以根据自己的情况对计算机进行优化,也可以选择一键式优化操作,这样可以对计算机进行一些必要的维护,比如查杀木马,清理垃圾,修补漏洞等,从而可以有效地保持计算机的正常健康。

【例 7-19】利用 360 安全卫士对所使用的计算机进行体验。

【解】具体操作过程如下:

① 双击桌面上的"360 安全卫士"图标,打开 360 安全卫士。

② 单击其主界面工具栏中的"电脑体验"图标,如图 7-62 所示。360 安全卫士会提示用户上次体验的时间或多长时间没有体验了。

③ 单击"立即体验"按钮,体检自动开始进行,如图 7-63 所示,显示了体验的进程以及发现的问题,单击"取消"按钮可以取消当前的体验。

图 7-63 "电脑体验"进程

④ 360 安全卫士会对系统的故障、垃圾、速度、安全、系统强化等几个方面进行检查,如图 7-64 所示。检查完毕会显示共检查了多少项、发现问题数目,并列出问题以供用户进行优化、清除或清理,用户单击相应的按钮可以进行相关操作以优化自己的计算机。

图 7-64 "电脑体验"结果

2．木马查杀

木马是一种利用计算机程序漏洞而侵入计算机后窃取文件的病毒，木马病毒对计算机危害非常大，可能导致用户重要账户密码丢失，如网上银行密码等，还可导致隐私文件被复制或删除，所以我们要定期对计算机进行木马查杀，以保护计算机的安全。360 安全卫士的木马查杀功能可以帮助用户找出计算机中疑似木马病毒的程序并建议删除这些程序。

【例 7-20】利用 360 安全卫士查杀木马病毒。

【解】具体操作过程如下：

① 单击 360 安全卫士主界面工具栏中的"木马查杀"图标，如图 7-65 所示。系统提示用户有多少天未进行木马查杀了，并建议立刻扫描计算机。

图 7-65 木马查杀界面图

② 单击"快速扫描"按钮可以扫描系统内存、开机启动项等关键位置，快速查杀木马；单击"全盘扫描"按钮可以扫描全部磁盘文件，全面查杀木马及其残留；单击"自定义扫描"按钮可以扫面用户指定的文件和文件夹，精准查杀木马。

③ 单击"自定义扫描"按钮，打开"360 木马云查杀"对话框，在扫描区域设置中选择要查杀的对象及磁盘，如图 7-66 所示。

④ 单击"扫描开始"按钮，360 安全卫士开始查杀木马，并给出扫描进度，扫描项目、扫描统计以及扫描结果，如图 7-67 所示。单击"暂停"可以暂时停止查杀进程，单击"停止"按钮可以终止查杀进程。

图 7-66　"360 木马云查杀"对话框

图 7-67　"木马查杀"进程

⑤ 查杀结束后，如图 7-68 所示，若出现疑似木马，用户可以选择删除或加入信任区。

图 7-68　"木马查杀"结果

小技巧：如果查杀木马时误删了文件，还可以恢复，选择 360 安全卫士中的木马查杀功能，单击页面下方的恢复区，选择需要恢复的文件，设定文件的恢复位置后单击"恢复"按钮即可。

3．安全防护中心

启用木马防火墙可以有效地保证计算机不被木马入侵。当用户安装 360 安全卫士之后 360

木马防火墙会根据用户计算机的需要和网络环境自动开启相应的防护。用户也可以根据自己的需要选择关闭全部或者其中的部分防护功能，并可以设置计算机遭遇木马风险时的提示模式。

单击 360 安全卫士主界面右上角的"主菜单"按钮，在弹出的主菜单中选择"设置"命令，打开"360 设置中心"对话框，如图 7-69 所示。选择左侧的"网络安全防护"用户即可对网络安全防护、摄像头安全、驱动防护、应用防护、开发者模式、自我保护、主动防御服务等内容进行相应设置，以便更好地保护自己的计算机。

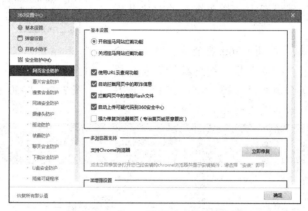

图 7-69 "360 设置中心"对话框

4．电脑清理

在用户反复使用计算机过程中，会无形中产生一些垃圾文件，垃圾文件长时间堆积不仅会浪费磁盘空间，还会影响计算机的运行速度和上网速度，所以要定期清理垃圾。360 安全卫士的"电脑清理"功能不仅可以清理计算机垃圾，还可以方便地帮助用户把一些插件及操作日志或痕迹清理掉。

【例 7-21】利用 360 安全卫士清理计算机垃圾、痕迹和插件。

【解】具体操作过程如下：

① 在 360 安全卫士主界面，单击工具栏中的"电脑清理"按钮进入 360 安全卫士的"一键清理"界面，如图 7-70 所示。单击"一键清理"按钮，360 安全卫士会自动清理计算机中的 Cookie、垃圾、痕迹和插件。

图 7-70 "电脑清理"界面

② 选择 "清理垃圾" 选项卡，如图 7-71 所示。单击"开始扫描"按钮，360 安全卫士可以全面清理计算机垃圾，以最大限度提升系统性能。

图 7-71　"清理垃圾"界面

③ 扫描完成后，如图 7-72 所示，用户可以根据提示对垃圾文件进行"立即清理"。

图 7-72　"清理垃圾"结果

④ 选择"清理插件"选项卡，如图 7-73 所示。单击"开始扫描"按钮，360 安全卫士可以清理系统中的恶意插件，为系统和浏览器减负并提速。

图 7-73 "清理插件"界面

⑤ 扫描完成后界面如图 7-74 所示。用户可以根据提示对插件进行"立即清理"。

图 7-74 "清理插件"结果

⑥ 选择"清理痕迹"选项卡,如图 7-75 所示。单击"开始扫描"按钮,360 安全卫士可以清理上网、打开文档、观看视频后留下的使用痕迹。

⑦ 扫描完成后界面如图 7-76 所示。用户可以根据提示对系统使用痕迹进行"立即清理"。

⑧ 系统清理完成,可以为计算机节省空间。

图 7-75 "清理痕迹"界面

图 7-76 "清理痕迹"结果

7.4.4 系统维护

利用 360 安全卫士的"系统修复"、"电脑教授"、"优化加速"、"功能大全"等功能可以对用户的计算机系统进行有效的维护，保证系统的高效运行。

1. 系统修复

通过 360 安全卫士的系统修复，可以为计算机修复异常（如网页加载缓慢）、打补丁，使计算机时刻保持健康安全。系统修复包括"常规修复"和"漏洞修复"，漏洞修复是指用户的 Windows 操作系统在逻辑设计上的缺陷或在编写时产生的错误。系统漏洞往往会被不法分子或黑客利用，通过植入木马、病毒等方式来攻击或控制用户的计算机，从而窃取用户计算机中的重要信息，其至破坏系统。

【例 7-22】利用 360 安全卫士进行系统修复。

【解】具体操作过程如下：

① 在 360 安全卫士主界面，单击工具栏中的"系统修复"按钮，如图 7-77 所示。

图 7-77 "系统修复"界面

② 单击"常规修复"按钮，360 安全卫士开始对系统进行常规修复扫描，扫描结束后软件给出推荐修复项目和可选修复项目的信息，如图 7-78 所示。单击"立即修复"按钮，360 安全卫士软件开始修复。

图 7-78 "常规修复"扫描结果

③ 单击"漏洞修复"按钮，360 安全卫士开始对系统进行漏洞修复扫描，扫描结束后软件给出结果，如图 7-79 所示。用户可以根据建议单击"立即修复"按钮进行修复。

图 7-79 "系统漏洞"扫描结果

2．电脑救援

"电脑救援"是集成了"上网异常"、"游戏环境"、"电脑卡慢"、"视频声音"、"软件问题"、"其他问题"等 6 大系统常见故障的修复工具，如图 7-80 所示。

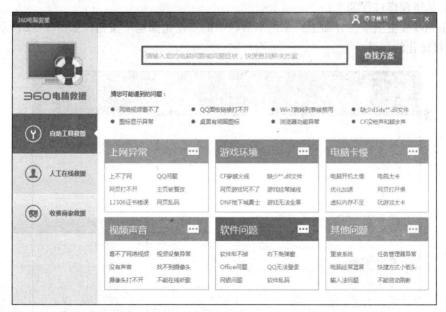

图 7-80 电脑救援界面

用户可以在 6 个异常类别中单击相应的问题，也可以在"查找方案"输入框直接输入使用计算机时遇到的问题，比如"上不了网"，360 安全卫士会给出各种情况下的专业解决方案，如图 7-81 所示。单击"立即修复"按钮则可以一键智能解决用户的计算机故障。

图 7-81 "解决方案"界面

3. 优化加速

360 安全卫士中的"优化加速"功能可以帮助用户全面优化系统，提升计算机运行速度。

【例 7-23】利用 360 安全卫士中的优化加速功能优化计算机。

【解】具体操作过程如下：

① 在 360 安全卫士主界面上，单击工具栏中的"优化加速"按钮，如图 7-82 所示。软件自动给出可优化的项目。

图 7-82 "优化加速"界面

② 选择需要优化的项目后，单击"立即优化"按钮即可进行计算机优化。

③ 优化完毕，软件提示剩余的可优化项目信息，如图 7-83 所示。选择还需要优化的项目后，单击"继续优化"按钮还可以进行计算机优化。

图 7-83　"继续优化"界面

小技巧：利用 360 安全卫士的功能大全中的强力卸载软件功能可以彻底卸载软件。

小　　结

本章 7.1 节详细介绍了 WinRar 压缩文件的 3 种操作过程，解压文件的 3 种操作过程，以及使用 WinRar 时的技巧；7.2 节介绍了镜像文件和虚拟光驱的概念，详细介绍了 WinISO 创建、添加、删除镜像文件的操作过程，制作光盘镜像文件的过程，简单介绍了如何转换镜像文件格式，详细介绍了在 DAEMON Tools 虚拟光驱软件中如何设置虚拟光驱数目、加载光盘镜像文件、卸载虚拟光驱；7.3 节介绍了如何利用 ACDSee 浏览图片、批量处理图片、转换图像格式、创建电子相册；7.4 节介绍了计算机安全的概念、如何利用 360 安全卫士进行计算机安全和系统维护。通过本章操作例题的学习和实践，可以熟练掌握 WinRar、WinISO、DAEMON Tools、ACDSee 和 360 安全卫士的操作。

习　题　7

一、单选题

1. WinRar 默认的压缩文件的格式是＿＿＿＿＿。
　　A. rar　　　　　　　　　B. zip　　　　　　　　　C. exe　　　　　　　D. xls
2. WinRar 工具栏的"添加"按钮的功能是＿＿＿＿＿。
　　A. 添加要压缩的文件　　　　　　　　　B. 添加要解压的文件
　　C. 加密要解压的文件　　　　　　　　　D. 查找要压缩的文件
3. 在 WinRar 的主界面中双击一个压缩文件后，工具栏不会出现的新按钮是＿＿＿＿＿。
　　A. 压缩　　　　　　B. 保护　　　　　　C. 自解压格式　　　D.注释
4. 在 WinRar 的"正在创建压缩文件"提示框中，上面的进度条表示＿＿＿＿＿。
　　A. 当前总的压缩任务进度　　　　　　　　B. 当前正在压缩的文件的进度

　　　C. 当前正在解压的文件的进度　　　　　　D. 当前总的解压任务进度

5. WinRar 生成的自解压文件的格式是_____。

　　　A. rar　　　　　　　　B. doc　　　　　　　　C. exe　　　　　　　D.xls

6. 在 WinRar "压缩文件名和参数" 对话框中，可以设置压缩文件名的选项卡是_____。

　　　A. 高级　　　　　　　B. 文件　　　　　　　C. 常规　　　　　　D. 选项

7. 要解压文件，在 WinRar "向导：选择操作" 对话框中应该选择_____。

　　　A. 解压一个压缩文件　　　　　　　　　　B. 创建新的压缩文件

　　　C. 把文件添加到已存在的压缩文件中　　　D. 更新已存在的压缩文件

8. 在 WinRar "正在解压文件" 提示框中，下面的进度条表示_____。

　　　A. 表示总的压缩任务进度　　　　　　　　B. 当前正在压缩的文件的进度

　　　C. 表示总的解压任务进度　　　　　　　　D. 当前正在解压的文件的进度工具

9. 在 WinRar "向导：选择操作" 对话框中不可以进行的操作是_____。

　　　A. 更新已存在的压缩文件　　　　　　　　B. 创建新的压缩文件

　　　C. 把文件添加到已存在的压缩文件中　　　D. 解压一个压缩文件

10. 镜像文件的格式是_____。

　　　A. IOS　　　　　　　B. OSO　　　　　　　C. ISO　　　　　　D. OSI

11. 利用 WinIso 创建新的镜像文件的第一步需要_____。

　　　A. 新建文件　　　　　B. 打开文件　　　　　C. 删除文件　　　D. 保存文件

12. 利用 WinIso 创建新的镜像文件的最后一步需要_____。

　　　A. 新建文件　　　　　B. 打开文件　　　　　C. 删除文件　　　D. 保存文件

13. 利用 WinIso 添加镜像文件的第一步需要_____。

　　　A. 新建文件　　　　　B. 打开文件　　　　　C. 删除文件　　　D. 保存文件

14. 利用 WinIso 添加镜像文件的最后一步需要_____。

　　　A. 新建文件　　　　　B. 打开文件　　　　　C. 删除文件　　　D. 保存文件

15. DAEMON Tools 最多可以支持_____个虚拟光驱。

　　　A. 2　　　　　　　　B. 3　　　　　　　　C. 4　　　　　　　D. 5

16. 要想利用 DAEMON Tools 播放镜像文件，需要_____。

　　　A. 将镜像文件加载到虚拟光驱中　　　　　B. 将镜像文件从虚拟光驱中移除

　　　C. 将镜像文件加载到真实光驱中　　　　　D. 将镜像文件从真实光驱中移除

17. 要想利用 ACDSee 批量修改文件名，需要打开_____对话框进行操作。

　　　A. 批量改名　　　　　B. 批量重命名　　　　C. 批量换名　　　D. 批量转换

18. 在 ACDSee 批量修改文件名时，使用_____符号作为模板可以产生数字序号的文件名。

　　　A. *　　　　　　　　B. #　　　　　　　　C. %　　　　　　　D. &

19. 利用 ACDSee 制作电子相册时，下列说法正确的是_____。

　　　A. 制作之前需要先选定图片　　　　　　　B. 制作之前可以先不选图片

　　　C. 制作过程中不可以添加图片　　　　　　D. 制作过程中不可以删除图片

20. 利用 360 安全卫士查杀木马病毒时，_____可以扫描用户指定的文件和文件夹。

　　　A. 快速扫描　　　　　B. 全盘扫描　　　　　C. 自定义扫描　　　D. 定时扫描

二、多选题

1. 下列可以压缩文件的操作方法是_____。
　　A. 使用向导创建压缩文件　　　　　　B. 利用"添加"按钮创建压缩文件
　　C. 利用快捷菜单创建压缩文件　　　　D. 利用"查找"按钮创建压缩文件

2. 利用 WinRar 压缩文件时,下列说法正确的是_____。
　　A. 一次可以压缩一个文件　　　　　　B. 一次可以压缩多个文件
　　C. 可以压缩整个文件夹　　　　　　　D. 可以分卷压缩

3. 使用 WinRar 向导创建压缩文件时,在"向导:选择操作"对话框中可以选择_____。
　　A. 解压一个压缩文件　　　　　　　　B. 创建新的压缩文件
　　C. 把文件添加到已存在的压缩文件中　D. 解压所选文件

4. 利用 WinRar 解压缩文件时,以下说法正确的是_____。
　　A. 可以利用向导解压文件　　　　　　B. 利用"解压到"按钮解压文件
　　C. 利用"删除"按钮解压文件　　　　　D. 利用快捷菜单解压文件

5. 在 WinRar 解压文件时,"解压路径和选项"对话框的"常规"选项卡中的更新方式有_____。
　　A. 解压并替换文件　　　　　　　　　B. 解压并更新文件
　　C. 只更新已存在的文件　　　　　　　D. 解压并升级文件

6. 常见的镜像文件格式有_____。
　　A. ISO　　　　　　B. BIN　　　　　　C. IMG　　　　　　D. JPG

7. 利用 WinISO 可以_____。
　　A. 制作新的镜像文件　　　　　　　　B. 向已有镜像文件中添加文件
　　C. 从已有镜像文件中删除文件　　　　D. 转换镜像文件格式

8. 使用镜像文件的优点有_____。
　　A. 由于镜像文件直接在硬盘上运行,所以其速度比光驱的速度快得多,播放镜像文件
　　　　则会非常流畅
　　B. 镜像运行时不用光盘,所以即使计算机没有光驱(尤其是笔记本式计算机)也可以
　　　　执行,而且可以同时执行多张光盘软件
　　C. 镜像文件可以像普通文件一样复制到移动存储介质上从而易于携带及传输
　　D. 镜像文件可以在网上传输

9. 下列关于 WinISO 说法正确的是_____。
　　A. 可以用光盘直接生成镜像文件格式
　　B. 可以用硬盘数据创建镜像文件
　　C. 可以制作可引导光盘镜像文件
　　D. 不能将其他格式的镜像文件转换为标准的 ISO 格式

10. ACDSee 提供了_____方式浏览图片。
　　A. 目录管理模式　　　B. 查看模式　　　C. 幻灯片模式　　　D. 大纲模式

11. ACDSee 可以对多个图片进行批量操作包括_____。
　　A. 批量修改文件名　　　　　　　　　B. 批量旋转/翻转图像
　　C. 批量调整图像大小　　　　　　　　D. 批量调整曝光度

12. ACDSee 软件可以完成_____的格式转换。

    A. BMP->JPEG   B. GIF->BMP   C. TIFF->BMP   D. PCX->BMP

13. 造成计算机不安全的因素有_____。
    A. 病毒入侵   B. 黑客攻击   C. 用户使用不当   D. 长期处于开机状态

14. 为了我们的设备及信息的安全，防止病毒入侵，我们需要_____。
    A. 要加强管理，杜绝使用不明来历的软件
    B. 定期对计算机系统进行检查和杀毒
    C. 定期升级杀毒软件，及时地给操作系统打补丁
    D. 最好安装个人防火墙以抵御黑客的袭击

15. 利用 360 安全卫士可以清理_____。
    A. 计算机垃圾   B. 痕迹   C. 插件   D. Cookie

三、判断题

1. 利用 WinRar 压缩文件时可以指定压缩文件的名称和存储位置。   (   )

2. 利用 WinRar 不可以为已压缩好的文件添加文件。   (   )

3. WinRar 可以给压缩文件设置密码。   (   )

4. WinRar 可以指定分卷压缩文件后的单个部分的大小。   (   )

5. 在安装 WinRAR 的 Windows 操作系统中，右击选中的文件或文件夹，即可利用弹出的快捷菜单中的命令压缩文件。   (   )

6. 在 WinRar 中可以设置解压缩文件存放的目标路径。   (   )

7. 在 WinRar 的"正在创建压缩文件"提示框中，单击"后台"按钮，可以暂停当前的压缩任务。   (   )

8. 利用 WinRar 的"压缩文件名和参数"对话框的"时间"选项卡，可以设置存储文件的时间。   (   )

9. 利用右键快捷菜单解压文件时，不可以更改解压文件的存储位置。   (   )

10. 利用 WinISO 制作镜像文件完成后不可以更改其格式。   (   )

11. 利用 WinISO 制作镜像文件完成后不可以删除其中的部分文件。   (   )

12. 利用 WinISO 制作光盘镜像时，只能指定目标输出格式是 ISO 文件（*.iso）。   (   )

13. 利用 DAEMON Tools 加载光盘镜像文件，可以指定一个虚拟光驱来运行此文件。   (   )

14. 利用 ACDSee 转换文件格式时，不可以设置转换后文件的位置。   (   )

15. 利用 ACDSee 转换文件格式时，不可以删除源文件。   (   )

16. 利用 360 安全卫士查杀木马结束后，若出现疑似木马，360 会不经用户同意直接删除文件。   (   )

四、填空题

1. WinRar 要压缩新的文件时，应该在"向导：选择操作"对话框中选择"_____"单选按钮。

2. 利用 WinISO 制作光盘镜像文件时，需要选择菜单栏中的"_____"|"从 CD|DVD|BD 制作镜像"命令。

3. 利用 WinISO 制作光盘镜像文件时，在制作进度提示框中单击"_____"按钮可以将制作过程窗口最小化，程序在系统后台执行。

4. 要想转换镜像文件格式，需要单击 WinISO 主界面工具栏中的"_____"按钮。

5. 要将光盘内容制作成 ISO 文件，选择 WinISO 主菜单栏"工具"|"_____"命令。

6. DEAMON Tools 设置完虚拟光驱的数量后，在 Windows 的"资源管理器"窗口的"_____"区域可以看到新的光驱图标。

7. 利用 DAEMON Tools 加载光盘镜像文件，需要单击工具栏的"_____"按钮。

8. 载入镜像文件完毕后，在 DAEMON Tools 主界面"_____"区域即可看到此文件。

9. 在 DAEMON Tools 要想卸载虚拟光驱，需要单击工具栏的"_____"按钮。

10. 在 ACDSee 的目录模式显示图片时，单击某一张缩略图，其大图则会在左侧的"_____"区域显示。

11. 批量重命名命令在 ACDSee 的_____菜单中。

12. ACDSee 提供了_____功能，可以对图像文件格式转换。

13. ACDSee 的_____菜单，可以找到"建立幻灯片"命令。

14. 360 安全卫士具有_____、_____、_____、_____等多种功能。

15. 360 安全卫士的系统修复包括_____和_____。

五、操作题

1. 使用 WinRar 压缩一个文件，然后将此压缩文件解压到"我的文档"中。

2. 将自己常用的光盘文件创建为镜像文件，存储在计算机硬盘中，利用 DEAMON Tools 播放此镜像文件

3. 利用 ACDSee 查看自己计算机硬盘中的图片，并批量修改文件名，批量修改文件格式。

4. 利用 ACDSee 将自己喜欢的照片制作成电子相册，并为相册添加背景音乐。

5. 利用 360 安全卫士对自己的计算机进行安全维护和系统维护，包括：电脑体验、木马查杀、系统修复、电脑清理、电脑优化加速等。

习题 1 参考答案

一、单选题

1	2	3	4	5	6	7	8	9	10
B	A	B	C	C	B	B	B	B	B
11	12	13	14	15	16	17	18	19	20
D	C	D	A	B	A	D	B	B	D

二、多选题

1	2	3	4	5	6	7	8	9
ABC	ABC	ACD	BCD	BC	ABCD	ABC	ACD	ABD

三、判断题

1. √ 2. × 3. √ 4. × 5. × 6. √ 7. × 8. × 9. √ 10. √

四、填空题

1. 8 2. 大规模集成电路 3. 核心数 4. 医院信息系统 5. 便笺 6.【Ctrl+Shift+Esc】
7.【Ctrl+X】 8. BIOS

五、操作题

1. 将十进制 IP 地址 192.168.0.1 转换为二进制。

有关 IP 地址的知识请看第 2 章 2.3.2 节。分别将 4 字节的十进制数 192.168.0.1 转换为二进制，具体步骤如下：

（1）十进制整数转换为二进制整数，采用基数为 2 的"余数法"，即除 2 取余数。把十进制整数逐次用基数 2 去除，一直除到商是 0 为止，然后将所得到的余数由下而上排列，即得到二进制数。

余数法计算如下：

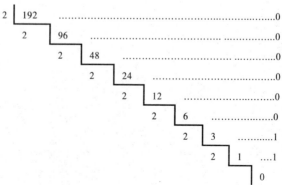

因此，192 转换为 2 进制数后为 11000000。

（2）将第二个字节 168 用基数为 2 的"余数法"转换为二进制数，得到 10101000。第三个字节 0 转换为二进制仍然为 0，因为 1 字节包含 8 bit，也就是 8 位，所以最低位 0 之前的 7 位需要用 0 补齐。补齐高位后第三个字节为 00000000。

（3）第四个字节 1 转换为二进制为 1，补齐高位的 0 之后，得到 IP 地址的第四字节二进制数为 00000001。

（4）最终，十进制 IP 地址 192.168.0.1 转换为二进制后成为 11000000.10101000.00000000.00000001。

小贴士：字节（B）是计算机处理数据的单位，1 字节由 8 位组成，既 1 B=8 bit。将 IP 地址的十进制数转换为二进制数时，若转换后二进制数位数不足 8 位，不足的高位用 0 补足。

常用的二进制与其对应的十进制对照表，以及对应的十六进制如下表所示。

十　进　制	二　进　制	十　六　进　制
0	0000 0000	00
1	0000 0001	01
…	…	…
64	0100 0000	40
128	1000 0000	80
255	1111 1111	FF

2. 操作提示：二进制、十进制之间的相互转换是计算机的重要内容，Win 7 系统自带的计算器则提供了一种可以进行数制转换的模式"程序员计算器"，利用该工具可以快捷地进行数值之间的数制转换。

（1）打开计算器，并选择"程序员计算器"命令，选中左侧位制为"十进制"，输入数值 2014，然后将位制设为"二进制"，此时计算器将直接将 2014 转换为二进制表示。

（2）打开截图工具进行截图。

（3）打开 Win 7 的"画图"工具，将截图之后的图片复制粘贴到"画图"工具中。

（4）选择"重新调整大小"命令，将图片大小设为 600×400 像素。

（5）选择"另存为图片"命令，选择其他格式，在"保存类型"下拉列表中选择"tiff"格式，并将文件名改为"2014 的二进制表示"，保存文件。

习题 2 参考答案

一、单选题

1	2	3	4	5	6	7	8	9	10
D	C	B	C	A	B	B	B	B	B
11	12	13	14	15	16	17	18	19	20
B	D	A	B	A	D	A	C	B	B
21	22	23	24	25	26	27	28	29	30
A	D	A	C	A	D	D	A	A	A

二、多选题：

1	2	3	4	5
ABD	ABC	AC	AC	ABCD

三、判断题

1. ×　　2. ×　　3. ×　　4. √　　5. ×

四、填空题

1. 总线形、星形、环形
2. 双绞线、同轴电缆、光缆
3. 广域网、局域网、城域网
4. 7，4，HTTP、SMTP
5. Windows 类、Linux 类、UNIX 类
6. 集线器、交换机、路由器

习题 3 参考答案

一、单选题

1	2	3	4	5	6	7	8	9	10
D	A	B	A	D	D	D	C	C	C
11	12	13	14	15	16	17	18	19	20
B	D	C	B	C	D	C	B	C	D

二、多选题

1	2	3	4	5
BC	ABC	ACD	ABCD	ABCD

三、判断题

1. √　2. √　3. ×　4. √　5. √　6. ×　7. √　8. ×　9. ×　10. ×

四、填空题

1. 标题栏、工具组　　2.【Ctrl+N】、【Ctrl+O】、【Ctrl+S】、【Ctrl+P】
3.【Ctrl+F】、【Ctrl+H】、【Ctrl+G】　　4. 双击、【Esc】　5. dotx
6. 单击、双击、三击　7. 嵌入、浮动　8. Ctrl+Shift+Enter
9. 拼写错误、语法错误　10. 邮件合并

习题 4 参考答案

一、单选题

1	2	3	4	5	6	7	8	9	10
B	A	A	C	B	D	D	B	B	D
11	12	13	14	15	16	17	18	19	20
A	D	D	B	B	C	A	B	C	B
21	22	23	24	25					
C	D	D	C	B					

二、多选题

1	2	3	4	5	6	7	8	9	10
AB	ABC	ABC	ACD	CD	ABCD	ABC	BCD	BC	CD

三、判断题

1. × 2. √ 3. × 4. √ 5. ×

四、填空题

1. 活动单元格或当前单元格 2. 0，空格 3. −3.21E−05 4. −256 5. #

6. Sheet3!B3

五、操作题

具体实现可以参考例 4-18 和例 4-19 以及关于图表的讲述。

习题 5 参考答案

一、单选题

1	2	3	4	5	6	7	8	9	10
C	B	C	B	A	D	A	B	D	A
11	12	13	14	15	16	17	18	19	20
B	D	A	D	D	A	B	C	D	B

二、多选题

1	2	3	4	5	6	7
ABD	AB	ABD	ABCD	ABCD	BCD	ABC

三、判断题

1. × 2. × 3. √ 4. × 5. √

四、填空题

1. 阅读视图 2. PowerPoint 放映 3. 幻灯片母版，备注母版

4. 幻灯片浏览，【Ctrl】 5. 文本框 6. 幻灯片放映

五、操作题

操作提示：

① 创建演示文稿：启动 PowerPoint 2010，进入主界面，选择"文件"选项卡的"新建"命令。

② 添加文本框：利用"开始"选项卡的"绘图"功能区中的"形状"按钮完成。

③ 添加图片：利用"插入"选项卡的"图像"功能区完成。

④ 添加表格：利用"插入"选项卡的"表格"功能区完成。

⑤ 背景设置：利用"设计"选项卡的"背景"功能区完成。

⑥ 自定义动画设置：利用"动画"选项卡的"动画"、"高级动画"和"计时"功能区完成。

⑦ 幻灯片切换设置：利用"切换"选项卡的"切换到此幻灯片"和"计时"功能区完成。

⑧ 超链接设置：利用"设计"选项卡的"链接"功能区完成。

⑨ 排练计时等幻灯片播放设置：利用"幻灯片放映"选项卡的按钮完成。

⑩ 保存文件：利用"文件"选项卡的"保存"和"另存为"命令。

习题 6 参考答案

一、选择题

1	2	3	4	5	6	7	8	9	10
B	B	A	B	A	A	D	A	C	B
11	12	13							
B	D	A							

二、多选题

1	2	3	4	5	6	7	8	9	10
BC	ABC	ABD	BCD	ABC	ABC	ABC	ABD	ABCD	ABCD

三、判断题

1. √ 2. × 3. √ 4. √ 5. × 6. × 7. √ 8. × 9. √ 10. ×

四、填空题

1. PSD，另存为   2. 眼睛，显示，隐藏   3. 红，绿，蓝，0～255，256×256×256

4. 鲜艳程度，高   5. 亮度/对比度   6. 特殊滤镜，内置滤镜，外挂滤镜

7.【Esc】   8. 魔棒   9. 径向渐变   10. 不变

五、操作题

1. 操作提示：

① 使用魔棒选取花朵。

② 选择"选择"|"反向"命令，选取花朵以外区域。

③ 选择"图像"|"调整"|"去色"命令。

④ 增加新图层，在新图层上绘制白色边框，选择"编辑"|"描边"命令。

⑤ 调整边框位置选择"编辑"|"自由变换"命令。

⑥ 为图层 1 添加样式。

2. 操作提示：

① 改变画布大小为图像增加白色区域，选择"图像"|"画布大小"命令。

② 使用自定形状工具绘制心形路径，将路径转换为选区，在背景层上进行复制；

③ 粘贴出心型图层，选择"编辑"|"自由变换"命令调整位置与大小。

④ 反复②③步骤绘制多个图层。

⑤ 使用文字工具书写文字内容，并为文字层添加图层样式。

⑥ 增加新图层，使用"特殊效果"画笔绘制蝴蝶。

习题 7 参考答案

一、单选题

1	2	3	4	5	6	7	8	9	10
A	A	A	B	C	C	A	C	A	C
11	12	13	14	15	16	17	18	19	20
A	D	B	D	C	A	B	B	B	C

二、多选题

1	2	3	4	5	6	7	8	9	10
ABC	ABCD	ABC	ABD	ABC	ABC	ABCD	ABCD	ABC	ABC

11	12	13	14	15					
ABCD	ABCD	ABC	ABCD	ABCD					

三、判断题

1	2	3	4	5	6	7	8	9	10
√	×	√	√	√	√	×	√	×	×

11	12	13	14	15	16				
×	×	√	×	×	×				

四、填空题

1. 创建新的压缩文件　　　2. 工具　　　3. Minimize

4. 转换　　　5. 从 CD|DVD|BD 制作镜像

6. 可移动存储的设备　　　7. 添加映像　　　8. 最近使用的映像

9. 移除虚拟光驱　　　10. 预览　　　11. 工具

12. 批量|转换文件格式　　　13. 创建|幻灯片放映文件

14. 电脑体检　木马查杀　系统修复　清理插件　　　15. 常规修复　漏洞修复

五、操作题

1. 操作提示：

（1）打开 WinRar，选择要压缩的文件，压缩时可以使用向导来创建压缩文件，也可以通过单击工具栏上的"添加"按钮来创建压缩文件，还可以使用右键快捷菜单快速压缩文件。

（2）解压时可以利用向导解压文件，也可以利用 WinRar 主界面中的"解压到"按钮解压文件，还可以利用右键快捷菜单解压文件，注意设置好解压后文件的存储位置。

2. 操作提示：

（1）打开 WinISO 软件，将需要制作成镜像文件的光盘放入计算机的光驱中，选择 WinISO 主菜单栏的"工具"|"从 CD|DVD|BD 制作镜像"命令，在打开的对话框中的"来源"栏中选择光盘的所在盘符，在"目标"栏中选择输出文件类型，在"文件名"文本框中输入用户自定义的文件名，设置完成后保存即可。

（2）打开 DAEMON Tools 软件，单击 DAEMON Tools 主界面工具栏的"添加映像"按钮，打开"打开"对话框，选择制作好的镜像文件后单击"打开"按钮，在 DAEMON Tools 主界面的"镜像目录"栏双击此文件，指定一个虚拟光驱以运行此文件，在 Windows 的"资源管理器"窗口中的"有可移动存储的设备"区域双击新添加的光驱即可运行文件了。

3. 操作提示：

（1）打开 ACDSee 软件，在 ACDSee 左窗格的"文件夹"列表中单击要转换格式的图片文件所在的文件夹，在中间的浏览区选择要转换格式的多个图片。

（2）选择"工具|批量|重命名"命令，或者单击工具栏中的"批量|重命名"按钮，打开"批量重命名"对话框，进行相应设置即可。

4. 操作提示：

（1）打开 ACDSee 软件，在 ACDSee 左窗格的 "文件夹" 列表中单击要制作电子相册的图片所在的文件夹。

（2）选择 "创建" | "幻灯片放映文件" 命令，打开 "创建幻灯片放映向导" 对话框，选择 "创建新的幻灯片放映" 栏中的 "独立的幻灯片放映（.exe 文件格式）" 单选按钮，按照向导提示进行操作即可。

5. 操作提示：打开 360 安全卫士，利用其提供的 "电脑体验" "木马查杀" "系统修复" "电脑清理" "电脑优化加速" 等功能按其提示向导进行计算机维护。